水稻常用农药100种

何永梅　彭卫锋　王迪轩　主编

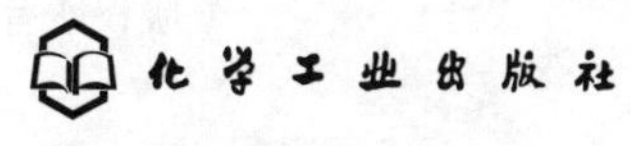
化学工业出版社

·北京·

内容简介

本书精选了100种目前水稻生产上常用的农药品种，包括杀虫剂、除草剂、杀菌剂、植物生长调节剂等，详细介绍了农药的中文通用名、英文通用名、结构式、分子式、分子量、其他名称、主要剂型、毒性、作用机理、在水稻生产上的使用方法、注意事项、安全间隔期、每季作物最多使用次数等内容，并对部分农药品种常用的复配剂在水稻生产上的应用也进行了简要介绍。

本书适合广大农业科技人员、稻农阅读，亦可作为水稻基地、水稻专业化合作组织的培训用书，也可供农业院校农学、植保等相关专业师生参考。

图书在版编目（CIP）数据

水稻常用农药100种 / 何永梅，彭卫锋，王迪轩主编. 北京 : 化学工业出版社，2025. 6. -- ISBN 978-7-122-47697-5

Ⅰ. S435.11

中国国家版本馆CIP数据核字第2025MB7743号

责任编辑：孙高洁　刘　军　　文字编辑：李娇娇
责任校对：边　涛　　装帧设计：关　飞

出版发行：化学工业出版社
（北京市东城区青年湖南街13号　邮政编码100011）
印　　装：大厂回族自治县聚鑫印刷有限责任公司
880mm×1230mm　1/32　印张9　字数265千字
2025年6月北京第1版第1次印刷

购书咨询：010-64518888　　售后服务：010-64518899
网　　址：http://www.cip.com.cn
凡购买本书，如有缺损质量问题，本社销售中心负责调换。

定　　价：39.80元

本书编写人员名单

主　　编： 何永梅　彭卫锋　王迪轩

副 主 编： 夏正清　李建国　谭卫建　徐红辉　汪万祥

编写人员（按姓名汉语拼音排序）：

蔡　龙　董淑欢　傅泰林　郭　健　何永梅
李俭梅　李建国　廖羽琼　刘岳华　彭卫锋
谭卫建　汪端华　汪万祥　王迪轩　王雅琴
吴　琴　夏正清　徐红辉　徐丽红　徐　雯
余　庆　周建芳

前 言

水稻为我国第二大粮食作物（仅次于玉米），2022 年我国水稻种植面积 2945 万公顷，总产量 20849 万吨。由于水稻种植区生态位广，地形地貌和自然气候条件复杂，加之水稻生育期间各种病原物、害虫、杂草等活动频繁，致使水稻遭受不同程度的危害，严重影响了水稻产量和品质。

水稻生产上的常见病虫害有稻飞虱、稻纵卷叶螟、二化螟、纹枯病、稻瘟病、稻曲病，俗称“三虫三病”，此外，还有恶苗病、细菌性条斑病、白叶枯病、南方黑条矮缩病等在局部发生。我国水稻病虫害年发生面积约 15 亿亩（1 亩≈666.7 平方米），草害发生面积 4.5 亿亩，每年通过防治挽回损失约 4000 万吨，但因病虫害损失仍达 500 万吨。目前对水稻病虫害采用的是“绿色防控+化学防治”的综合防治方法，且以化学防治为主。如何正确选好农药、用好农药显得尤为重要。

据统计，我国水稻常见病虫草害至少 610 种（不含非生物病害、鼠害、鸟害），其中常见侵（传）染病害有 47 种、害虫 352 种、杂草 211 种。截至 2022 年 12 月 16 日，我国在水稻上登记的允许使用农药产品总量 9564 个，为登记作物之首，其中单剂 5960 个，复配剂 3604 个，涉及有效成分 286 个。

在登记的水稻杀虫剂中，有效成分有单剂 73 种，如吡虫啉、毒死蜱、吡蚜酮、噻虫嗪、噻嗪酮、阿维菌素、三唑磷、异丙威、甲氨基阿维菌素苯甲酸盐、呋虫胺、杀虫双、苏云金杆菌、仲丁威、杀螟丹、茚虫威、速灭威、烯啶虫胺、杀螺胺乙醇胺盐、杀虫单、噻虫胺、乙酰甲胺磷、丁硫克百威、乐果、马拉硫磷、喹硫磷、杀螺胺、丙溴磷、甲氧虫酰肼、二嗪磷、噻虫啉、氯虫苯甲酰胺、杀螟硫磷等。

在登记的水稻除草剂中，有效成分有单剂69种，如氰氟草酯、五氟磺草胺、双草醚、丁草胺、二氯喹啉酸、苄嘧磺隆、吡嘧磺隆、丙草胺、灭草松、噁草酮、乙氧氟草醚、噁唑酰草胺、2甲4氯钠、莎稗磷、西草净、嘧啶肟草醚、扑草净、乙草胺等。

在登记的水稻杀菌剂中，有效成分有单剂86种、复配剂17种，主要单剂有三环唑、多菌灵、己唑醇、噻呋酰胺、甲基硫菌灵、稻瘟灵、咪鲜胺、井冈霉素A、井冈霉素、春雷霉素、戊唑醇、噁霉灵、嘧菌酯、氟环唑、枯草芽孢杆菌、稻瘟酰胺、苯醚甲环唑、福美双、异稻瘟净等。

植物生长调节剂产品中，登记的有效成分有32种，其中单剂25种（如赤霉酸、多效唑、乙烯利、烯效唑、24-表芸苔素内酯、调环酸钙、萘乙酸、*S*-诱抗素、芸苔素内酯、噻苯隆等），复配剂7种。

近几年，在农药管理和生产应用上，国家陆续发布了《农药管理条例》2017年修订版、2022年修订版，《农药剂型名称及代码》（GB/T 19378—2017），以及新的禁限用农药品种名单。随着农药新品种不断涌现、国家对农产品质量要求的提高，以及药肥"双减"行动的推进，稻农经常使用的农药发生了较大的变化。有些农药退出了历史舞台，有些农药被禁限用。比如之前稻农喜爱且使用较多的水胺硫磷已不再登记，已于2024年9月1日彻底退出历史舞台。

为帮助稻农科学使用农药，编者通过大量的调查，结合生产实际，精选了水稻生产上常用的100种农药，汇编成书。本书从杀虫剂、除草剂、杀菌剂、植物生长调节剂等几个方面进行归类，对每种农药从中文通用名、英文通用名、结构式、分子式、分子量、其他名称、主要剂型、毒性、作用机理、产品特点、在水稻生产上的使用方法、注意事项、安全间隔期、每季作物最多使用次数等方面进行了较为详细的介绍。

据农业农村部公告第736号，自2024年6月1日起，撤销含氧乐果、克百威、灭多威、涕灭威制剂产品的登记，禁止生产，自2026年6月1日起禁止销售和使用，因此，本书把这些不久将禁止销售和使用的产品排除在外。

本书中的单剂、复配剂截至2024年2月均在农药登记有效期范围内，已过登记有效期的产品未列入。同类产品相同剂型其使用量可能不同的生产企业有细微差异，请以该产品所登记的使用说明为准。因篇幅所限，所有复配剂均只选取了其中一种含量剂型的产品，表示该复配剂产品可以防治水稻的某种虫害（或病害、草害等），其他不同含量和不同剂型的产品使用未列入，请以该类型的产品说明为准。

由于时间仓促，加之编者水平有限，不足之处在所难免，恳请读者批评指正。

编　者

2025年2月

目 录 »»

第一章 水稻常用杀虫剂 1

阿维菌素（abamectin）……1
甲氨基阿维菌素苯甲酸盐（emamectin benzoate）……8
噻虫嗪（thiamethoxam）……11
噻嗪酮（buprofezin）……15
呋虫胺（dinotefuran）……17
烯啶虫胺（nitenpyram）……21
吡虫啉（imidacloprid）……23
吡蚜酮（pymetrozine）……28
仲丁威（fenobucarb）……31
异丙威（isoprocarb）……32
茚虫威（indoxacarb）……34
甲氧虫酰肼（methoxyfenozide）……36
氰氟虫腙（metaflumizone）……37
氯虫苯甲酰胺（chlorantraniliprole）……39
溴氰虫酰胺（cyantraniliprole）……43
氟啶虫酰胺（flonicamid）……44
敌百虫（trichlorphon）……46
敌敌畏（dichlorvos）……47

杀螟丹（cartap） 49
杀虫单（monosultap） 51
杀虫双（bisultap） 53
丁硫克百威（carbosulfan） 56
丙溴磷（profenofos） 58
稻丰散（phenthoate） 60
马拉硫磷（malathion） 62
三唑磷（triazophos） 64
毒死蜱（chlorpyrifos） 67
多杀霉素（spinosad） 71
苏云金杆菌（*Bacillus thuringiensis*） 73
乙酰甲胺磷（acephate） 75
四聚乙醛（metaldehyde） 77
杀螺胺乙醇胺盐（niclosamide ethanolamine） 78
球孢白僵菌（*Beauveria bassiana*） 80
金龟子绿僵菌（*Metarhizium anisopliae*） 82
苦参碱（matrine） 83
乙虫腈（ethiprole） 84
二嗪磷（diazinon） 85

第二章　水稻常用除草剂　87

氰氟草酯（cyhalofop-butyl） 87
五氟磺草胺（penoxsulam） 92
双草醚（bispyribac-sodium） 100
丁草胺（butachlor） 102
二氯喹啉酸（quinclorac） 107
苄嘧磺隆（bensulfuron-methyl） 112
苯噻酰草胺（mefenacet） 127

吡嘧磺隆（pyrazosulfuron-ethyl）······132
西草净（simetryn）······141
灭草松（bentazone）······143
噁草酮（oxadiazon）······146
丙炔噁草酮（oxadiargyl）······151
乙氧氟草醚（oxyfluorfen）······158
噁唑酰草胺（metamifop）······160
2 甲 4 氯钠（MCPA）······163
莎稗磷（anilofos）······165
丙草胺（pretilachlor）······167
敌稗（propanil）······174
嘧啶肟草醚（pyribenzoxim）······178

第三章　水稻常用杀菌剂 182

三环唑（tricyclazole）······182
多菌灵（carbendazim）······186
己唑醇（hexaconazole）······189
噻呋酰胺（thifluzamide）······191
甲基硫菌灵（thiophanate-methyl）······195
稻瘟灵（isoprothiolane）······197
咪鲜胺（prochloraz）······199
井冈霉素（jinggangmycin）······203
春雷霉素（kasugamycin）······211
戊唑醇（tebuconazole）······214
噁霉灵（hymexazol）······219
嘧菌酯（azoxystrobin）······221
肟菌酯（trifloxystrobin）······223

氟环唑（epoxiconazole） ………… 225
枯草芽孢杆菌（*Bacillus subtilis*） ………… 228
稻瘟酰胺（fenoxanil） ………… 230
咯菌腈（fludioxonil） ………… 232
苯醚甲环唑（difenoconazole） ………… 234
三唑酮（triadimefon） ………… 237
福美双（thiram） ………… 238
异稻瘟净（iprobenfos） ………… 239
吡唑醚菌酯（pyraclostrobin） ………… 241
敌磺钠（fenaminosulf） ………… 243
精甲霜灵（metalaxyl-M） ………… 244
氯溴异氰尿酸（chloroisobromine cyanuric acid） ………… 247
辛菌胺醋酸盐 ………… 248
三氯异氰尿酸（trichloroisocyanuric acid） ………… 249
噻霉酮（benziothiazolinone） ………… 251
噻菌铜（thiodiazole copper） ………… 252
嘧啶核苷类抗菌素 ………… 252
宁南霉素（ningnanmycin） ………… 253
多抗霉素（polyoxin） ………… 254
申嗪霉素（phenazine-1-carboxylic acid） ………… 255
四霉素（tetramycin） ………… 256
乙蒜素（ethylicin） ………… 257
香菇多糖（fungous proteoglycan） ………… 258
低聚糖素 ………… 259
氨基寡糖素（oligosaccharins） ………… 260
蛇床子素（osthole） ………… 262

第四章　水稻常用植物生长调节剂 264

赤霉酸（gibberellic acid） ······ 264
多效唑（paclobutrazol） ······ 266
烯效唑（uniconazole） ······ 268
S-诱抗素（trans-abscisic acid） ······ 270
芸苔素内酯（brassinolide） ······ 272

主要参考文献 276

第一章 水稻常用杀虫剂

阿维菌素（abamectin）

avermectin B_{1a}：R =CH_2CH_3
avermectin B_{1b}：R=CH_3

avermectin B_{1a}：$C_{48}H_{72}O_{14}$，873.09；avermectin B_{1b}：$C_{47}H_{70}O_{14}$，859.06

其他名称 爱福丁、虫螨克星、绿维虫清、害极灭、齐螨素、爱螨力克、阿巴丁、除虫菌素、杀虫菌素、阿维虫清等。

主要剂型 3%、5%悬浮剂，0.2%、0.3%乳油，0.2%、0.22%可湿性粉剂，0.5%、1.8%微乳剂，0.5%、2%水分散粒剂，1%、5%可溶液剂，0.5%、0.9%、1%、3%、3.2%水乳剂，1%、2%微囊悬浮剂，0.5%颗粒

剂，0.12%高渗可湿性粉剂，0.10%饵剂。

毒性 低毒。

作用机理 阿维菌素是一种由链霉菌产生的新型大环内酯双糖类化合物，其作用机制是干扰害虫神经生理活动。阿维菌素通过作用于昆虫神经元突触或神经肌肉突触的 γ-氨基丁酸（GABA）受体，干扰昆虫体内神经末梢的信息传递，即激发神经末梢放出神经传递抑制剂GABA，促使 GABA 门控的氯离子通道延长开放时间，大量氯离子涌入造成神经膜电位超极化，致使神经膜处于抑制状态，从而阻断神经末梢与肌肉的联系。螨类成螨、若螨、幼螨与药剂接触后即出现麻痹症状，不活动，不取食，2～4 天后死亡。因不引起昆虫迅速脱水，所以它的致死作用较慢。

应用

（1）单剂应用

① 防治水稻稻纵卷叶螟。在稻纵卷叶螟卵孵化盛期或低龄幼虫期，每亩用 1.5%阿维菌素超低容量液剂 50～60 毫升，超低容量喷雾，安全间隔期 14 天，每季最多使用 3 次。或每亩用 1.8%阿维菌素水乳剂 20～30 毫升，或 3%阿维菌素水乳剂 20～30 毫升，或 3%阿维菌素微乳剂 22.5～30 毫升，或 3.2%阿维菌素乳油 12.5～15.63 毫升，或 5%阿维菌素悬浮剂 12～20 毫升，或 5%阿维菌素可湿性粉剂 16～32 克，兑水 30～50 千克均匀喷雾，安全间隔期 14 天，每季最多使用 2 次。或每亩用 5%阿维菌素微乳剂 6～12 毫升，或 10%阿维菌素悬浮剂 5～7 毫升，兑水 30～50 千克均匀喷雾，安全间隔期 21 天，每季最多使用 1 次。或每亩用 2%阿维菌素微囊悬浮剂 15～30 毫升，或 3%阿维菌素可湿性粉剂 20～40 克，或 10%阿维菌素乳油 7～9 毫升，兑水 30～50 千克均匀喷雾，安全间隔期 21 天，每季最多使用 2 次。或每亩用 1.8%阿维菌素乳油 22～33 毫升，或 1.8%阿维菌素微乳剂 35～40 毫升，或 5%阿维菌素乳油 6～8 毫升，或 5%阿维菌素水乳剂 7～9 毫升，兑水 30～50 千克均匀喷雾，安全间隔期 21 天，每季最多使用 3 次。或每亩用 40%阿维菌素水分散粒剂 2.5～3.5 克，兑水 30～50 千克均匀喷雾，安全间隔期 28 天，每季最多使用 1 次。或每亩用 6%阿维菌素水分散粒剂 22.5～30 克，兑水 30～50 千克均匀喷雾，安全间隔期 30 天，每季最多使用 2 次。喷洒时，细雾均匀喷施，保证药液均匀分布在整个田块或者害虫发生点，视虫情可

增加施药次数，喷雾时要均匀彻底。施药期田间应灌浅水3～6厘米，保持3～4天。

② 防治水稻二化螟。在害虫卵孵化盛期至钻蛀前喷药防治，每亩用3.2%阿维菌素乳油20～40毫升，或5%阿维菌素乳油10～15毫升，兑水30～50千克均匀喷雾，安全间隔期14天，每季最多使用2次。或每亩用3%阿维菌素水乳剂27～33毫升，或5%阿维菌素微乳剂20～40毫升，或10%阿维菌素悬浮剂7～10毫升，或10%阿维菌素水分散粒剂6～8克，兑水30～50千克均匀喷雾，安全间隔期21天，每季最多使用1次。或每亩用3%阿维菌素微乳剂15～20毫升，兑水30～50千克均匀喷雾，安全间隔期21天，每季最多使用2次。或每亩用1.8%阿维菌素微乳剂30～40毫升，兑水30～50千克均匀喷雾，视虫害发生情况，每隔7天左右施药一次，可连续用药2～3次，安全间隔期21天，每季最多使用3次。药后保持稻田5～7厘米的水层。

（2）复配剂应用

① **阿维·毒死蜱**。由阿维菌素与毒死蜱复配的广谱杀虫剂。防治水稻稻纵卷叶螟，幼虫高峰期施药，每亩用21%阿维·毒死蜱微乳剂60～90毫升，兑水45～50千克均匀喷雾，安全间隔期21天，每季最多使用1次。

防治水稻二化螟，卵孵化高峰期，每亩用15%阿维·毒死蜱乳油60～80毫升，兑水50～60千克均匀喷雾，安全间隔期30天，每季最多使用2次。施药时田间应保持2厘米浅水层。

② **阿维·二嗪磷**。由阿维菌素与二嗪磷复配的低毒复合杀虫剂。防治水稻二化螟，在早、晚稻分蘖期或晚稻孕穗、抽穗期，螟卵孵化高峰后5～7天，或枯鞘丛率5%～8%，早稻每亩有中心为害株100株或丛害率1%～1.5%，或晚稻为害团高于100个时使用。每亩用20%阿维·二嗪磷乳油100～150毫升，兑水30～45千克均匀喷雾，安全间隔期20天，每季最多使用2次。药后田间保持6～10厘米水层3天。

③ **阿维·氯苯酰**。由阿维菌素与氯虫苯甲酰胺复配的一种复合低毒杀虫剂。防治水稻二化螟，在枯鞘初期，每亩用6%阿维·氯苯酰悬浮剂40～50毫升，兑水30～45千克均匀喷雾，安全间隔期21天，每季最多使用2次。

防治水稻稻纵卷叶螟，在1～2龄虫发生期，每亩用10%阿维·氯苯酰悬浮剂15～25毫升，兑水30～45千克均匀喷雾，安全间隔期14天，每季最多使用1次。

④ **阿维·马拉松**。由阿维菌素与马拉硫磷复配的广谱低毒复合杀虫剂。防治水稻稻纵卷叶螟等，在害虫卵孵化盛期至低龄幼虫期或卷叶为害初期开始均匀喷药，每亩用36%阿维·马拉松乳油50～70毫升，兑水30～45千克均匀喷雾，上午9点之前和下午5点以后喷药效果较好，根据害虫发生情况，每隔5～7天喷1次，连喷1～2次，安全间隔期14天，每季最多使用2次。

⑤ **阿维·三唑磷**。由阿维菌素与三唑磷复配的广谱中毒杀虫剂。防治水稻二化螟，2龄幼虫发生盛期，每亩用20%阿维·三唑磷乳油60～70毫升，兑水30～45千克均匀喷雾，视虫害发生情况，每隔10天左右喷1次，连喷2次，安全间隔期30天，每季最多使用2次。

防治水稻三化螟，发生初期和盛期，每亩用20%阿维·三唑磷乳油100～120毫升，兑水30～45千克均匀喷雾，安全间隔期30天，每季最多使用2次。

⑥ **阿维·杀虫单**。由阿维菌素与杀虫单复配的广谱复合低毒杀虫剂。防治水稻二化螟，在卵孵化盛期至1～2龄幼虫高峰期，每亩用15%阿维·杀虫单微乳剂60～100毫升，兑水40～60千克均匀喷雾，安全间隔期14天，每季最多使用2次。

防治水稻稻纵卷叶螟，卵孵盛期至低龄幼虫期，每亩用20%阿维·杀虫单微乳剂50～90毫升，兑水30～45千克均匀喷雾，安全间隔期20天，每季最多使用2次。

⑦ **阿维·杀螟松**。由阿维菌素与杀螟硫磷复配的一种杀虫、杀螨剂。防治水稻二化螟，于早、晚稻分蘖期或晚稻孕穗、抽穗期，螟卵孵化高峰后5～7天，枯鞘丛率5%～8%，或早稻每亩有中心为害株100株或丛害率1%～1.5%，或晚稻为害团高于100个时施药，第一次施药后间隔10天可以再施一次，每亩用20%阿维·杀螟松乳油50～70毫升，兑水30～45千克均匀喷雾，每隔5～7天喷1次，连喷2次，注意喷洒植株中下部，安全间隔期21天，每季最多使用2次。

防治水稻稻纵卷叶螟，于卵孵盛期至1～2龄幼虫发生为害高峰期，每亩用 16%阿维·杀螟松乳油 50～60 毫升，兑水 30～45 千克均匀喷雾，安全间隔期 21 天，每季最多使用 3 次。

⑧ **阿维·苏云菌**。由阿维菌素与苏云金杆菌复配的一种复合低毒杀虫剂。防治水稻稻纵卷叶螟，从害虫卵孵化盛期至卷叶前开始喷药，虫害严重时，5～7 天后再喷 1 次，每亩用 0.1%阿维菌素·100 亿芽孢/克苏云金杆菌可湿性粉剂 100～120 克，兑水 30～45 千克均匀喷雾，安全间隔期 14 天，每季最多使用 2 次。

⑨ **阿维·三氟苯**。由阿维菌素与三氟苯嘧啶复配而成。在水稻营养生长期（分蘖期至幼穗分化期前）田间稻飞虱发生数量达到 5～10 头/丛，或稻纵卷叶螟低龄幼虫 1～2 龄期，每亩用 11%阿维·三氟苯悬浮剂 15～20 毫升，兑水 30～45 千克均匀喷雾，安全间隔期 21 天，每季最多使用 1 次。

⑩ **阿维·噻虫嗪**。由阿维菌素与噻虫嗪复配而成。防治水稻稻飞虱，每亩用 12%阿维·噻虫嗪微囊悬浮-悬浮剂 10～15 毫升，兑水 30～45 千克均匀喷雾，安全间隔期 14 天，每季最多使用 1 次。

⑪ **阿维·噻嗪酮**。由阿维菌素与噻嗪酮复配而成。防治水稻稻飞虱，在 1～2 龄若虫高峰期，每亩用 15%阿维·噻嗪酮可湿性粉剂 30～40 克，兑水 30～45 千克均匀喷雾于植株中下部，视虫情可进行第二次施药，安全间隔期 14 天，每季最多使用 2 次。

⑫ **阿维·吡蚜酮**。由阿维菌素与吡蚜酮复配而成。防治水稻稻飞虱，发生为害初期，若虫 3 龄期以前使用。每亩用 18%阿维·吡蚜酮悬浮剂 20～25 毫升，兑水 30～45 千克均匀喷雾，喷雾重点部位为水稻中下部，安全间隔期 21 天，每季最多使用 2 次。

⑬ **阿维·吡虫啉**。由阿维菌素与吡虫啉复配而成。防治水稻稻飞虱，在低龄若虫发生盛期，每亩用 1.45%阿维·吡虫啉可湿性粉剂 60～80 克，兑水 30～50 千克均匀喷雾，视虫害发生情况，每隔 7 天喷 1 次，安全间隔期 14 天，每季最多使用 2 次。施药时保持田间 3～5 厘米水层，药后田间保水 3～5 天。

⑭ **阿维·丙溴磷**。由阿维菌素与丙溴磷复配而成。防治水稻稻纵卷叶螟，在害虫低龄幼虫期或卵孵盛期，每亩用 20%阿维·丙溴磷乳油 60～100 毫升，兑水 40～50 千克均匀喷雾，安全间隔期 21 天，每季最多使

用 2 次。

防治水稻二化螟，每亩用 40%阿维·丙溴磷水乳剂 40～50 毫升，兑水 40～50 千克均匀喷雾，安全间隔期 21 天，每季最多使用 2 次。

⑮ **阿维·氟啶**。阿维菌素与氟啶虫酰胺复配而成。防治水稻稻飞虱，在低龄若虫高峰期，每亩用 24%阿维·氟啶悬浮剂 25～33 毫升，兑水 30～45 千克均匀喷雾，着重向水稻中下部及叶片正背面均匀透彻喷雾，安全间隔期 14 天，每季最多使用 1 次。

⑯ **阿维·呋虫胺**。由阿维菌素与呋虫胺复配而成。防治水稻稻飞虱，于低龄若虫盛发期，每亩用 7%阿维·呋虫胺悬浮剂 60～80 毫升，兑水 30～45 千克均匀喷雾，安全间隔期 21 天，每季最多使用 2 次。

⑰ **阿维·稻丰散**。由阿维菌素与稻丰散混配而成。早、晚稻分蘖期，或晚稻孕穗、抽穗期，水稻螟虫螟卵孵化高峰期至低龄幼虫期，每亩用 45%阿维·稻丰散水乳剂 100～120 毫升，兑水 30～45 千克均匀喷雾，第一次施药后间隔 10 天可以再施一次，安全间隔期 30 天，每季最多使用 3 次。

⑱ **阿维·仲丁威**。由阿维菌素与仲丁威复配而成。在水稻稻纵卷叶螟、二化螟卵孵高峰期至低龄幼虫期，每亩用 12%阿维·仲丁威乳油 50～60 毫升，兑水 30～45 千克均匀喷雾，安全间隔期 21 天，每季最多使用 2 次。

⑲ **阿维·杀虫双**。由阿维菌素和杀虫双复配制成的微囊悬浮剂。水稻二化螟于卵孵高峰期，稻纵卷叶螟于卵孵盛期或低龄幼虫期，每亩用 22%阿维·杀虫双微囊悬浮剂 20～30 毫升，兑水 30～45 千克均匀喷雾，安全间隔期 14 天，每季最多使用 2 次。

⑳ **阿维·抑食肼**。由阿维菌素和抑食肼复配而成。防治水稻稻纵卷叶螟，在卵孵高峰期施药，每亩用 42%阿维·抑食肼水分散粒剂 25～35 克，兑水 30～45 千克均匀喷雾，安全间隔期 14 天，每季最多使用 1 次。

㉑ **阿维·甲虫肼**。由阿维菌素和甲氧虫酰肼复配而成。防治水稻二化螟，应于卵孵化盛期至低龄幼虫发生期，每亩用 20%阿维·甲虫肼悬浮剂 20～30 毫升，兑水 30～45 千克均匀喷雾，安全间隔期 45 天，每季最多使用 1 次。

防治水稻稻纵卷叶螟，每亩用 10%阿维·甲虫肼悬浮剂 40～50 毫升，兑水 40～50 千克均匀喷雾，安全间隔期 21 天，每季最多使用 1 次。施药时田间保持3～5厘米水层，施药后保水3～5天。

㉒ **阿维·多霉素**。由阿维菌素与多杀霉素复配而成。防治水稻稻纵卷叶螟，于卵孵化高峰至低龄幼虫盛发期，每亩用4%阿维·多霉素水乳剂50～60毫升，兑水30～45千克均匀喷雾，安全间隔期14天，每季最多使用2次。

㉓ **阿维·茚虫威**。由阿维菌素与茚虫威复配而成。防治水稻稻纵卷叶螟，在卵孵化盛期或1～2龄幼虫发生高峰期，或稻田初见苞时，每亩用5%阿维·茚虫威悬浮剂30～40毫升，兑水30～45千克均匀喷雾，安全间隔期21天，每季最多使用1次。

㉔ **阿维·氰虫**。由阿维菌素与氰氟虫腙复配。防治水稻稻纵卷叶螟，发生始盛期，每亩用33%阿维·氰虫悬浮剂14.7～22毫升，兑水30～45千克均匀喷雾，安全间隔期21天，每季最多使用1次。

防治水稻稻纵卷叶螟、二化螟，在低龄若虫发生始盛期，每亩用25%阿维·氰虫悬浮剂20～40毫升，兑水30～45千克均匀喷雾，安全间隔期28天，每季最多使用1次。

注意事项

（1）阿维菌素对稻田蜘蛛、黑肩绿盲蝽等捕食性天敌有较大的杀伤力，有直接的触杀作用，对鱼高毒，对蚕高毒，对蜜蜂高毒，对鸟类低毒。

（2）阿维菌素杀虫、杀螨的速度较慢，在施药后3天才出现死虫高峰，但在施药当天害虫、害螨即停止取食为害。

（3）该药无内吸作用，喷药时应注意喷洒均匀、细致周密。

（4）合理混配用药。在使用阿维菌素类药剂前，应注意所用药剂的种类、有效成分的含量、施药面积和防治对象等，严格按照要求，正确选择施药面积上所需喷洒的药液量，并准确配制使用浓度，以提高防治效果，不能随意增加或减少用量。

（5）慎用阿维菌素。对一些用常规农药就能完全控制的害虫，不必使用阿维菌素。对一些钻蛀性害虫或已对常规农药产生抗药性的害虫，宜使用阿维菌素。不能长期、单一使用阿维菌素，以防害虫产生抗药性，应与其他类型的杀虫剂轮换使用。

甲氨基阿维菌素苯甲酸盐（emamectin benzoate）

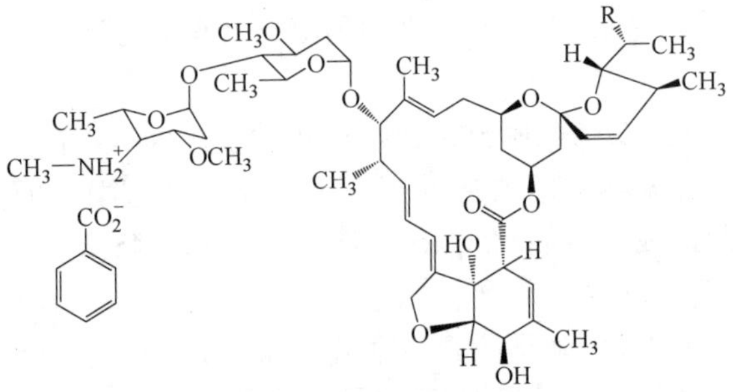

B_{1a} $R = CH_2CH_3$

B_{1b} $R = CH_3$

$C_{56}H_{81}NO_{15}(B_{1a})$，$C_{55}H_{79}NO_{15}(B_{1b})$；1008.24($B_{1a}$)，994.23($B_{1b}$)

其他名称 甲维盐、威克达、剁虫、绿卡一。

主要剂型 0.2%高渗微乳剂，2.88%乳油，5%、5.7%微乳剂，5%、5.7%、8%水分散粒剂，3%、3.4%泡腾片剂，3%、3.4%水乳剂，2.3%、5.7%可溶粒剂，1%、3%可湿性粉剂，3%悬浮剂，2%可溶液剂，0.1%饵剂，0.2%高渗乳油，0.2%高渗可溶粉剂。

毒性 低毒。

作用机理 甲氨基阿维菌素苯甲酸盐是从发酵产品阿维菌素 B_1 开始合成的一种新型高效半合成抗生素类杀虫、杀螨剂。其作用机理是通过刺激 γ-氨基丁酸的释放，阻碍害虫运动神经信息传递，使虫体麻痹死亡。

应用

（1）单剂应用

① 防治水稻稻纵卷叶螟。在卵孵高峰至低龄幼虫高峰期，每亩用5%甲氨基阿维菌素苯甲酸盐水分散粒剂 15～20 克，兑水 30～50 千克均匀喷雾，安全间隔期 14 天，每季最多使用 1 次。或每亩用 1%甲氨基阿维菌素苯甲酸盐微乳剂 45～75 毫升，或 2%甲氨基阿维菌素苯甲酸盐微囊悬浮剂 30～50 毫升，兑水 30～50 千克均匀喷雾，安全间隔期 14 天，每季最多使用 2 次。或每亩用 0.5%甲氨基阿维菌素苯甲酸盐乳油 100～

200 毫升，或 3%甲氨基阿维菌素苯甲酸盐微乳剂 20～27 毫升，或 3%甲氨基阿维菌素苯甲酸盐水乳剂 20～40 毫升，或 5%甲氨基阿维菌素苯甲酸盐乳油 10～20 毫升，或 5%甲氨基阿维菌素苯甲酸盐微乳剂 15～20 毫升，或 5%甲氨基阿维菌素苯甲酸盐悬浮剂 10～20 毫升，或 5%甲氨基阿维菌素苯甲酸盐水乳剂 15～25 毫升，兑水 30～50 千克均匀喷雾，安全间隔期 21 天，每季最多使用 2 次。

② 防治水稻二化螟、三化螟。在害虫卵孵化盛期至钻蛀前或低龄幼虫期（1～3 龄）喷药，每亩用 0.5%甲氨基阿维菌素苯甲酸盐微乳剂 60～80 毫升，或 2%甲氨基阿维菌素苯甲酸盐乳油 25～50 毫升，或 5%甲氨基阿维菌素苯甲酸盐可湿性粉剂 20～30 克，兑水 30～50 千克均匀喷雾，安全间隔期 4 天，每季最多使用 2 次。或每亩用 1%甲氨基阿维菌素苯甲酸盐乳油 50～100 毫升，或 1%甲氨基阿维菌素苯甲酸盐可湿性粉剂 70～90 克，或 1%甲氨基阿维菌素苯甲酸盐微乳剂 50～60 毫升，或 2%甲氨基阿维菌素苯甲酸盐水乳剂 22～39 毫升，兑水 30～50 千克均匀喷雾，安全间隔期 21 天，每季最多使用 2 次。

（2）复配剂应用

① **甲维·丙溴磷**。由甲氨基阿维菌素苯甲酸盐与丙溴磷复配的广谱中毒复合杀虫、杀螨剂。防治水稻稻纵卷叶螟，在害虫卵孵化期至卷叶为害前开始喷药，每隔 10～15 天喷 1 次，连喷 1～2 次，每亩用 20%甲维·丙溴磷乳油 107～133 毫升，兑水 30～50 千克均匀喷雾，安全间隔期 21 天，每季最多使用 2 次。

防治水稻二化螟，卵孵盛期，每亩用 40.2%甲维·丙溴磷乳油 40～80 毫升，兑水 50～75 千克均匀喷雾，安全间隔期 30 天，每季最多使用 2 次。

② **甲维·甲虫肼**。由甲氨基阿维菌素苯甲酸盐与甲氧虫酰肼复配的一种低毒复合杀虫剂。防治水稻二化螟，卵孵化盛期，每亩用 20%甲维·甲虫肼悬浮剂 20～25 毫升，兑水 30～45 千克均匀喷雾，可连用 2 次，每隔 7～10 天喷 1 次，安全间隔期 45 天，每季最多使用 1 次。

③ **甲维·毒死蜱**。由甲氨基阿维菌素苯甲酸盐与毒死蜱复配的广谱复合杀虫剂。防治水稻稻纵卷叶螟，卵孵盛期至低龄幼虫发生期，每亩用 51%甲维·毒死蜱乳油 30～50 毫升，兑水 40～60 千克均匀喷雾，安

全间隔期 14 天，每季最多使用 2 次。

防治水稻二化螟，孵化盛期或低龄幼虫发生初期，每亩用 30%甲维·毒死蜱乳油 60～85 毫升，兑水 40～60 千克均匀喷雾，安全间隔期 21 天，每季最多使用 2 次。

防治水稻稻飞虱，在其发生期，每亩用 20%甲维·毒死蜱乳油 100～120 毫升，兑水 30～45 千克均匀喷雾，视害虫情况，每隔 15 天左右喷 1 次，可连喷 2 次，安全间隔期 14 天，每季最多使用 2 次。

④ **甲维·杀虫双**。由甲氨基阿维菌素苯甲酸盐和杀虫双复配而成。防治水稻二化螟，于 1～2 龄幼虫高峰期或卵孵化高峰期，每亩用 20.1%甲维·杀虫双微囊微乳剂 100～180 毫升，兑水 30～50 千克均匀喷雾，安全间隔期 21 天，每季最多使用 3 次。

⑤ **甲维·茚虫威**。由甲氨基阿维菌素苯甲酸盐与茚虫威复配而成。防治水稻稻纵卷叶螟，于卵孵化盛期，每亩用 16%甲维·茚虫威悬浮剂 10～15 毫升，兑水 30～45 千克均匀喷雾，安全间隔期 21 天，每季最多使用 1 次。

防治水稻二化螟，卵孵化高峰期，每亩用 10%甲维·茚虫威可分散油悬浮剂 10～12 毫升，兑水 30～45 千克均匀喷雾，安全间隔期 14 天，每季最多使用 2 次。

⑥ **甲维·杀虫单**。由甲氨基阿维菌素苯甲酸盐与杀虫单复配而成。防治水稻稻纵卷叶螟，在卵孵化盛期至 1～3 龄幼虫期，每亩用 60%甲维·杀虫单可湿性粉剂 60～70 克，兑水 40～60 千克均匀喷雾，安全间隔期 14 天，每季最多使用 2 次。

⑦ **甲维·三唑磷**。由甲氨基阿维菌素苯甲酸盐与三唑磷复配而成。防治水稻二化螟，卵孵化高峰期，每亩用 10%甲维·三唑磷微乳剂 100～140 毫升，兑水 30～45 千克喷雾，安全间隔期 21 天，每季最多使用 2 次。

⑧ **甲维·仲丁威**。由甲氨基阿维菌素苯甲酸盐与仲丁威复配而成。防治水稻稻纵卷叶螟，在若虫盛发期，每亩用 21%甲维·仲丁威微乳剂 80～100 毫升，兑水 30～45 千克均匀喷雾，在水稻上使用的前后 10 天，要避免使用除草剂敌稗，安全间隔期 21 天，每季作物最多使用 2 次。

⑨ **甲维·苏云金**。由甲氨基阿维菌素苯甲酸盐与苏云金杆菌复配而

成。防治水稻稻纵卷叶螟，于卵孵化盛期至幼虫发生高峰期施药，每亩用2.4%甲维·苏云金悬浮剂20～40毫升，兑水30～45千克均匀喷雾，安全间隔期14天，每季最多使用2次。

注意事项

（1）提倡轮换使用不同类别或不同作用机理的杀虫剂，以延缓抗性的发生。不能在作物的生长期内连续用药，最好是在第一次虫发期过后，第二次虫发期使用别的农药，间隔使用。

（2）禁止和百菌清、代森锌及铜制剂混用。

（3）与其他农药混用时，应先将甲氨基阿维菌素苯甲酸盐兑水搅匀后再加入其他药剂。

噻虫嗪（thiamethoxam）

$C_8H_{10}ClN_5O_3S$，291.7

其他名称 阿克泰、锐胜、快胜、亮盲、领绣、噻农。

主要剂型 10%、21%水分散粒剂，10%、12%悬浮剂（微囊悬浮剂、种子处理悬浮剂、种子处理微囊悬浮剂），16%、30%悬浮种衣剂，0.08%、0.12%颗粒剂，10%微乳剂，10%泡腾粒剂，25%、75%可湿性粉剂，3%超低容量液剂，50%种子处理干粉剂，25%、50%、70%种子处理可分散粉剂，1%饵剂。

毒性 低毒。

作用机理 作用机理与吡虫啉等烟碱类杀虫剂相似，但具有更高的活性；有效成分干扰昆虫体内神经的传导作用，其作用方式是模仿乙酰胆碱，刺激受体蛋白，而这种模仿的乙酰胆碱又不会被乙酰胆碱酯酶所降解，使昆虫一直处于高度兴奋中，直到死亡。

应用

（1）单剂应用 噻虫嗪主要用于防治刺吸式口器害虫，如粉虱、介壳虫、蚜虫、蓟马、飞虱、叶蝉等，也可用于种子处理或灌根。

① 防治水稻稻飞虱

a. 喷雾　在稻飞虱卵孵化盛期至1～2龄若虫高峰期，每亩用30%噻虫嗪悬浮剂2～4毫升，兑水30～60千克均匀喷雾，安全间隔期14天，每季最多使用2次。或每亩用21%噻虫嗪悬浮剂4～5毫升，或25%噻虫嗪悬浮剂4～6毫升，兑水30～60千克均匀喷雾，安全间隔期14天，每季最多使用3次。或每亩用25%噻虫嗪可湿性粉剂3～4克，或25%噻虫嗪水分散粒剂2～4克，或75%噻虫嗪可湿性粉剂1～1.5克，兑水30～60千克均匀喷雾，安全间隔期21天，每季最多使用2次。或每亩用35%噻虫嗪悬浮剂3～4毫升，兑水30～60千克均匀喷雾，安全间隔期40天，每季最多使用1次。或每亩用10%噻虫嗪泡腾粒剂65～80克，或70%噻虫嗪水分散粒剂1～1.5克，兑水30～60千克均匀喷雾，安全间隔期28天，每季最多使用1次。或每亩用30%噻虫嗪可湿性粉剂4～6克，或30%噻虫嗪水分散粒剂1.7～3.3克，兑水30～50千克均匀喷雾，安全间隔期28天，每季最多使用2次。

b. 撒施　在水稻低龄若虫始盛期，每亩用0.5%噻虫嗪颗粒剂1000～1200克，或3%噻虫嗪颗粒剂200～300克，在稻田水深4～6厘米时用毒土撒施1次，并保水10天以上，安全间隔期21天，每季最多使用1次。或于水稻施基肥或者追肥时，飞虱低龄幼虫始发初期，每亩用0.08%噻虫嗪颗粒剂7500～11250克，均匀撒施，安全间隔期28天，每季最多使用2次。

c. 种子包衣　浸种催芽后，按100千克种子用25%噻虫嗪种子处理可分散粉剂300～500克，或25%噻虫嗪悬浮种衣剂240～350克，或30%噻虫嗪种子处理悬浮剂250～350毫升，或70%噻虫嗪种子处理可分散粉剂100～200克，加水1～2.5升稀释后，将药浆与种子充分搅拌，直到药液均匀分布到种子表面，晾干后播种，每季最多使用1次。

② 防治水稻蓟马

a. 先浸种，后拌种　先将水稻种子按照当地常规方法浸种处理后，沥干水分。按照每100千克种子用30%噻虫嗪悬浮种衣剂233～350毫升，或35%噻虫嗪悬浮种衣剂200～400克，或35%噻虫嗪种子处理微囊悬浮-悬浮剂200～342毫升，或40%噻虫嗪种子处理悬浮剂132～265毫升，或46%噻虫嗪种子处理悬浮剂100～200毫升，或48%噻虫嗪悬浮种衣剂 120～200 毫升，或 70%噻虫嗪种子处理可分散粉剂 100～150 克，加水 1～2.5 升稀释后，与种子充分搅拌，直到药液均匀分布到种子表面，晾干后催芽播种。

b. 先拌种，后浸种　按照每 100 千克种子用 30%噻虫嗪种子处理悬浮剂 100～400 毫升，加水 1～2.5 升，稀释后，与种子充分搅拌，直到药液均匀分布到种子表面，晾干后，浸种，催芽，播种。

c. 机械包衣　选用适宜的包衣机械，根据机械要求调整药浆种子比进行包衣处理。按照每 100 千克种子用 30%噻虫嗪种子处理悬浮剂 830～1250 毫升拌种处理。

（2）复配剂应用

① **噻虫嗪·咯菌腈**。由噻虫嗪与咯菌腈复混而成的种子处理剂。防治水稻恶苗病和水稻稻蓟马，浸种水稻种子催芽至露白后，每 100 千克种子用 17%噻虫嗪·咯菌腈种子处理悬浮剂 500～747 毫升，加适量清水稀释后，与种子充分搅拌，直到药液均匀分布到种子表面，包衣处理，晾干后播种，配制好的药液应在 24 小时内使用，包衣后的种子应及时播种。

② **噻虫嗪·噻呋酰胺**。由噻虫嗪和噻呋酰胺复配而成的拌种剂，兼具杀虫和杀菌作用，可供种子公司作种子包衣剂，亦可供农户直接拌种。可防治水稻纹枯病、水稻稻蓟马。按 100 千克种子用 28%噻虫嗪·噻呋酰胺种子处理悬浮剂 360～570 毫升的量，进行种子包衣。配制好的药液应在 24 小时内使用。播种时，将药剂与适量水稀释后与催芽露白的水稻种子拌匀，晾干后播种。

③ **噻虫·吡蚜酮**。由噻虫嗪和吡蚜酮复配而成，具有内吸和胃毒作用。防治水稻稻飞虱，在低龄若虫发生期，每亩用 50%噻虫·吡蚜酮水分散粒剂 8～10 克，兑水 30～45 千克均匀喷雾，安全间隔期 14 天，每季最多使用 2 次。

④ **噻虫·毒死蜱**。由噻虫嗪与毒死蜱复配而成的杀虫剂。防治水稻稻飞虱，应于发生初盛期，每亩用 36%噻虫·毒死蜱微囊悬浮-悬浮剂 10～20 毫升，兑水 30～45 千克均匀喷雾，安全间隔期 21 天，每季最多使用 2 次。

⑤ **噻虫·异丙威**。由噻虫嗪与异丙威混配。防治水稻稻飞虱，在卵

孵化盛期或幼虫期，每亩用25%噻虫·异丙威可湿性粉剂40～60克，兑水30～45千克均匀喷雾，安全间隔期14天，每季最多使用2次。

⑥ **噻虫·噻嗪酮**。由噻虫嗪与噻嗪酮复配而成的一种杀虫剂。防治水稻稻飞虱，于盛发初期，每亩用30%噻虫·噻嗪酮悬浮剂12～16毫升，兑水30～45千克均匀喷雾，安全间隔期14天，每季最多使用1次。

⑦ **噻虫·茚虫威**。由噻虫嗪与茚虫威复配而成。防治水稻二化螟、水稻稻纵卷叶螟、水稻褐飞虱，在害虫卵孵盛期至低龄幼虫期，每亩用34%噻虫·茚虫威悬浮剂10～20毫升，兑水30～45千克均匀喷雾，安全间隔期14天，每季最多使用1次。

⑧ **噻虫·咪鲜胺**。由噻虫嗪和咪鲜胺复配而成的杀虫、杀菌剂。防治水稻蓟马和恶苗病，应于水稻播种前，按100千克种子用35%噻虫·咪鲜胺悬浮种衣剂200～250毫升的比例，将药剂加水适量后，进行种子包衣。种子包衣应均匀，阴干后播种。

⑨ **噻虫·咯·精甲**。由咯菌腈、精甲霜灵、噻虫嗪三元复配而成的杀虫杀菌剂。防治水稻恶苗病、烂秧病、蓟马，每100千克种子用10%噻虫·咯·精甲种子处理悬浮剂500～1000毫升进行种子包衣，种子包衣方法：根据播种量，量取推荐剂量的药剂，加入适量水稀释并充分搅拌至均匀[药浆种子比为1：（50～100），即100千克种子对应的药浆为1～2升]，与种子充分混合，晾干后即可播种。配制好的药液应在24小时内使用。包衣后的种子应及时播种，如需储存，应将种子含水量控制在安全范围内。

注意事项

（1）在施药以后，害虫接触药剂后立即停止取食等活动，但死亡速度较慢，死虫的高峰通常在药后2～3天出现。因此，在害虫发生初期，或者提前预防时，建议使用噻虫嗪，因为其成本低，适合预防使用。而害虫一旦处于高发期，建议使用噻虫胺，能够快速灭虫。

（2）噻虫嗪杀虫速效性偏慢，配合联苯菊酯、阿维菌素等杀虫剂使用，效果会更好。

（3）由于噻虫嗪不杀卵，在防治刺吸式口器害虫蓟马、飞虱等时，为提高杀虫效果，建议搭配吡丙醚杀卵。

（4）采用噻虫嗪种子药剂处理过的种子必须放置在有明显标签的容

器内，勿与食物、饲料放在一起，不得饲喂禽畜，更不得用来加工饲料或食品。拌种后的水稻种子应及时催芽播种。播种后必须覆土，严禁畜禽进入。

（5）水稻褐飞虱对噻虫嗪已产生高水平抗药性，不宜用于防治褐飞虱。

噻嗪酮（buprofezin）

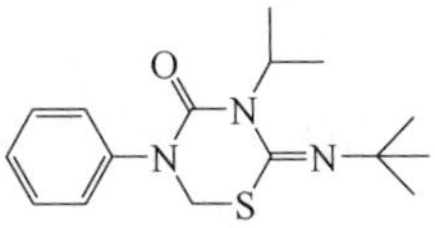

$C_{16}H_{23}N_3OS$，305.4

其他名称 扑虱灵、优乐得、稻虱净、噻唑酮、稻虱灵。

主要剂型 8%展膜油剂，40%、50%悬浮剂，5%、20%可湿性粉剂，5%、10%乳油，20%、40%胶悬剂，20%、40%水分散粒剂。

毒性 低毒。

作用机理 属于噻二嗪酮类杀虫剂，抑制昆虫几丁质合成和干扰新陈代谢，致使幼（若）虫蜕皮畸形而缓慢死亡，或致畸形不能正常生长发育而死亡。

应用

（1）单剂应用 防治水稻稻飞虱。

① 滴洒。于稻飞虱低龄若虫发生始盛期，每亩用 8%噻嗪酮展膜油剂 125～150 毫升，直接在稻田水面选几个点进行洒滴，并保持 10 天左右；如有必要可再防治一次，一个生长季节不超过 2 次，安全间隔期 21 天，每季最多使用 2 次。

② 喷雾。在稻飞虱低龄若虫盛发期，每亩用 25%噻嗪酮可湿性粉剂 20～30 克，或 25%噻嗪酮乳油 20～40 毫升，或 40%噻嗪酮悬浮剂 25～30 毫升，或 40%噻嗪酮水分散粒剂 15～20 克，或 50%噻嗪酮可湿性粉剂 15～20 克，或 65%噻嗪酮可湿性粉剂 10～15 克，或 75%噻嗪酮可湿性粉剂 10～15 克，或 80%噻嗪酮可湿性粉剂 9～13 克，兑水 30～50 千克均匀喷雾，安全间隔期 14 天，每季最多使用 2 次。或每亩用 25%噻嗪酮悬浮剂 30～40 毫升，或 37%噻嗪酮乳油 22～27 毫升，或 50%噻嗪

酮可湿性粉剂15～20克，或70%噻嗪酮水分散粒剂10～14克，兑水30～50千克均匀喷雾，安全间隔期21天，每季最多使用2次。

（2）复配剂应用

① **噻嗪·敌敌畏**。由噻嗪酮与敌敌畏复配的一种中毒复合杀虫剂。防治水稻稻飞虱，在发生危害初期开始喷药，注意喷洒植株中下部，害虫发生较重时，7～10天后再喷施1次，每亩用50%噻嗪·敌敌畏乳油80～100毫升，兑水30～45千克均匀喷雾，安全间隔期21天，每季最多使用2次。

② **噻嗪·毒死蜱**。由噻嗪酮与毒死蜱复配的一种专用中毒复合杀虫剂。防治水稻稻飞虱，从稻飞虱发生为害初期或卵孵化高峰期至1～2龄若虫高峰期开始喷药，每亩用30%噻嗪·毒死蜱乳油80～100毫升，兑水30～45千克均匀喷雾，每隔10～15天喷1次，连喷2次，重点喷洒植株中下部，安全间隔期15天，每季最多使用2次。

③ **噻嗪·异丙威**。由噻嗪酮与异丙威复配的复合杀虫剂。防治水稻稻飞虱、水稻叶蝉，从害虫发生为害初期或若虫发生初期开始，每亩用50%噻嗪·异丙威可湿性粉剂20～40克，兑水30～45千克均匀喷雾，安全间隔期21天，每季最多使用2次。

④ **噻嗪·呋虫胺**。由呋虫胺和噻嗪酮复配而成。防治水稻稻飞虱，卵孵盛期到低龄若虫盛期，每亩用50%噻嗪·呋虫胺水分散粒剂4～6克，兑水30～45千克均匀喷雾，安全间隔期21天，每季最多使用3次。

注意事项

（1）噻嗪酮作用速度缓慢，用药3～5天后若虫才大量死亡，所以必须在低龄若虫为主时施药，如需兼治其他害虫，可与其他药剂混配使用。

（2）噻嗪酮无内吸传导作用，要求喷药均匀周到。

（3）噻嗪酮不能与碱性药剂、强酸性药剂混用。不宜多次、连续、高剂量使用，一般1年只宜用1～2次。连续喷药时，注意与不同杀虫机理的药剂交替使用或混合使用。

（4）噻嗪酮只宜喷雾使用，不可用于毒土法。

（5）噻嗪酮对家蚕和部分鱼类有毒，桑园、蚕室及其周围禁用。

（6）在水稻褐飞虱对噻嗪酮已产生高水平抗药性的地区，不宜用于防治褐飞虱。

呋虫胺（dinotefuran）

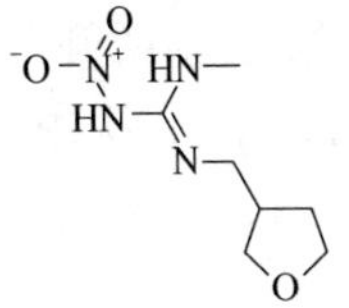

$C_7H_{14}N_4O_3$，202.21

其他名称 护瑞、匿迹、护瑞、希比、呋啶胺、呋喃烟碱、丁诺特呋喃。

主要剂型 25%、50%、60%可湿性粉剂，20%、24%、25%水分散粒剂，20%、30%悬浮剂，40%可湿性粒剂，8%悬浮种衣剂，0.05%饵剂，0.06%可溶粒剂，10%、35%可溶液剂，3%超低容量液剂，10%干拌种剂，0.025%、0.05%、0.15%、0.4%、1%、3%颗粒剂，25%可分散油悬浮剂，20%、40%可溶粉剂，0.2%水剂，4%展膜油剂。

毒性 低毒。

作用机理 呋虫胺是第三代呋喃型烟碱类杀虫剂，为烟碱乙酰胆碱受体的兴奋剂。能从作物根部向茎部、叶部渗透，害虫取食带有呋虫胺的作物汁液后，通过作用于昆虫的乙酰胆碱受体，进而阻断昆虫中枢神经系统正常传导，使昆虫异常兴奋，全身痉挛、麻痹而死，消除或减轻害虫对作物/场所的为害，从而使作物增加产量，生活环境无忧。

应用

（1）单剂应用

① 防治水稻稻飞虱

a. 拌种　水稻浸种催芽后至露白，自然晾干，播种前，按每100千克种子用10%呋虫胺干拌种剂1500～2260克，或22%呋虫胺种子处理可分散粒剂800～1100克，拌种1次，注意使药剂均匀包裹在种子表面，按照常规方法进行播种。

b. 撒施　发生初期，每亩用0.025%呋虫胺颗粒剂30～40千克直接撒施1次，安全间隔期21天，每季最多使用1次。或在水稻移栽田移栽后7～10天，或水稻直播田播种后35～40天，每亩用0.05%呋虫胺颗粒剂25～50千克均匀撒施，每季最多使用1次，不得用于漏水田，施药时要有3～5厘米水层，用药后保水5～7天，以确保药效。或在稻飞虱卵孵化高峰期至1～2龄若虫发生盛期施药，每亩用1%呋虫胺颗粒剂1300～1800克，拌沙或拌土撒施，2次用药间隔10天，安全间隔期14天，每季最多使用2次，施药时田间要有水层3～5厘米，药后保水3～5天。

c. 机插育秧盘撒施　计算好1亩水稻需要用的秧盘数量，按照每亩用3%呋虫胺颗粒剂597～933克的量，把药剂用到这些秧盘上。提前1天把每盘用药量分配好后，放入塑料袋中保存，以便当日用药。颗粒剂按规定药量在插秧当日起秧前均匀地撒在育秧盘上（先在秧盘四周边缘撒一圈，然后循环“Z”字形将颗粒剂均匀地撒入秧盘）。抖落沾在叶面上的药剂后，喷洒少量的水，使药剂黏附在育秧盘基质土上，随后进行机插秧处理。若有稻叶湿润的情况，在处理前先抖落叶面的水珠再进行处理。对软弱徒长苗、立枯苗、生长不良苗、错过移植时间的秧苗等容易发生药害的，不建议使用本品。沙质土壤水田、漏水田、使用未成熟有机肥的水田不建议使用。过量使用本药剂会产生秧苗叶子黄化、枯萎等药害，因此应严格遵守规定的使用量、使用时期及使用方法。大田不平整的话，可能会发生药害，因此应仔细地耙田。移栽后田间必须保水，注意移植后不要让田面露出。每季最多施用1次。

d. 超低容量喷雾　在稻飞虱低龄若虫发生始盛期，每亩用3%呋虫胺超低容量液剂100～200毫升，或20%呋虫胺可溶粒剂30～40克，进行超低容量喷雾，安全间隔期21天，每季最多使用3次。

e. 洒滴　在稻飞虱卵孵盛期或低龄若虫盛发期，每亩用4%呋虫胺展膜油剂175～200毫升洒滴，安全间隔期20天，每季最多使用2次，保证稻田水层3～5厘米，药剂在稻田内直接滴施并保水5天。

f. 喷雾　在稻飞虱低龄若虫发生盛期，每亩用20%呋虫胺水分散粒剂25～30克，或20%呋虫胺可溶粒剂20～40克，或40%呋虫胺水分散粒剂15～20克，50%呋虫胺可湿性粉剂12～16克，兑水30～50千克均匀喷雾，安全间隔期14天，每季最多使用1次。或每亩用25%呋虫胺可分散油悬浮剂25～30毫升，或25%呋虫胺水分散粒剂24～32克，兑水 30～50 千克均匀喷雾，安全间隔期 14 天，每季最多使用 2 次。或每亩用 65%呋虫胺水分散粒剂 8～12 克，或 70%呋虫胺水分散粒剂 6～11 克，兑水 30～50 千克均匀喷雾，安全间隔期 14 天，每季最多使用 3 次。或每亩用 25%呋虫胺可湿性粉剂 16～32 克，或 350 克/升呋虫胺可分散油悬浮剂 18～26 毫升，或 50%呋虫胺可溶粒剂 12～16 克，或 60%呋虫胺水分散粒剂 7～13 克，兑水 30～50 千克均匀喷雾，安全间隔期 21 天，每季最多使用 1 次。或每亩用 10%呋虫胺可溶液剂 25～30 毫升，或 50%呋虫胺水分散粒剂 9～15 克，兑水 30～50 千克均匀喷雾，安全间隔期 21 天，每季最多使用 2 次。或每亩用 20%呋虫胺可溶粒剂 30～40 克，安全间隔期 21 天，每季最多使用 3 次。或每亩用 20%呋虫胺悬浮剂 25～30 毫升，或 30%呋虫胺悬浮剂 18～24 毫升，兑水 30～50 千克均匀喷雾，安全间隔期 30 天，每季最多使用 2 次。

② 防治水稻二化螟

a. 撒施　在二化螟卵孵化盛期或低龄幼虫期，每亩用 0.025%呋虫胺颗粒剂 36～48 千克撒施，安全间隔期 21 天，每季最多使用 1 次。或在卵孵化盛期或低龄幼虫盛发期撒施，每亩用 0.06%呋虫胺可溶粒剂 15～20 千克直接撒施，施药后立即覆土，安全间隔期 14 天，每季最多使用 1 次。或水稻移栽（抛秧）后 5～7 天施药，直播田在播种后 35～40 天，每亩用 0.1%呋虫胺颗粒剂 10～15 千克均匀撒施，施药时田间水层应有 3～5 厘米保水 5～7 天，每季最多使用 1 次。

b. 喷雾　二化螟卵孵高峰期至低龄幼虫期，每亩用 20%呋虫胺水分散粒剂 30～37 克，或 25%呋虫胺可湿性粉剂 24～40 克，或 50%呋虫胺可溶粒剂 12～16 克，兑水 30～50 千克均匀喷雾，安全间隔期 21 天，每季最多使用 1 次。或每亩用 20%呋虫胺可溶粒剂 40～50 克，兑水 30～50 千克均匀喷雾，安全间隔期 21 天，每季最多使用 2 次。或每亩用 50%呋虫胺可湿性粉剂 16～20 克，兑水 30～50 千克均匀喷雾，安全间隔期 21 天，每季最多使用 3 次。

（2）复配剂应用

① **呋虫·异丙威**。为呋虫胺和异丙威复配制剂。防治水稻稻飞虱，低龄若虫盛发期，每亩用 30%呋虫·异丙威悬浮剂 40～60 毫升，兑水 40～50 千克均匀喷雾，安全间隔期 30 天，每季最多使用 1 次。

② **呋虫·毒死蜱**。由呋虫胺与毒死蜱复配而成的杀虫剂。防治水稻稻飞虱，若虫盛发期施药，每亩用40%呋虫·毒死蜱可分散油悬浮剂80～100毫升，兑水40～50千克均匀喷雾，抽穗前重点喷水稻中下部，抽穗至乳熟期重点喷水稻中上部，若虫口密度较大，则在施药10天以后进行第二次施药或与其他措施相结合，安全间隔期21天，每季最多使用3次。

③ **呋虫·噻虫嗪**。由呋虫胺与噻虫嗪复配而成。防治水稻稻飞虱，虫卵孵化盛期至低龄若虫期，每亩用50%呋虫·噻虫嗪水分散粒剂4～6克，兑水30～45千克均匀喷雾，发生高峰期7天后视虫情进行第二次施药，安全间隔期21天，每季最多使用3次。

④ **呋虫胺·氯虫苯甲酰胺**。由呋虫胺与氯虫苯甲酰胺复配而成的杀虫剂。防治水稻二化螟，于卵孵盛期至低龄（1、2龄）幼虫发生高峰期，每亩用30%呋虫胺·氯虫苯甲酰胺悬浮剂10～20毫升，兑水30～40千克均匀喷雾，或根据当地农业生产实际兑水均匀喷雾，安全间隔期28天，每季最多使用1次。

⑤ **呋虫胺·仲丁威**。呋虫胺与仲丁威的复配制剂。防治水稻稻飞虱，低龄若虫发生期，每亩用30%呋虫胺·仲丁威水乳剂80～100毫升，兑水45～50千克均匀喷雾，安全间隔期21天，每季最多使用1次。

⑥ **呋虫胺·茚虫威**。由呋虫胺与茚虫威复配而成的杀虫剂。防治水稻二化螟，在卵孵化高峰期至低龄幼虫盛发期，每亩用60%呋虫胺·茚虫威水分散粒剂8～10克，兑水40～50千克均匀喷施，具体兑水量以达到药液喷到叶面湿润又刚好不滴水为宜，安全间隔期21天，每季最多使用1次。

⑦ **呋虫胺·嘧菌酯·种菌唑**。由呋虫胺、嘧菌酯、种菌唑复配而成，主要用于种子包衣。防治水稻立枯病、稻飞虱等，按每100千克种子用25%呋虫胺·嘧菌酯·种菌唑种子处理悬浮剂545～825毫升的药量，1∶（6～7）倍兑水，药种充分搅拌，直到药液均匀分布到种子表面，干籽后可直接播种，每季最多使用1次。

注意事项

（1）建议与其他作用机制不同的杀虫剂轮换使用，以延缓抗性产生。

（2）在作物开花期间，禁止使用呋虫胺，因为呋虫胺对蜜蜂等有毒。呋虫胺对家蚕、虾、蟹等有毒，所以在蚕室、桑园附近、虾蟹套养稻田等地方禁止使用。另外，呋虫胺容易造成地下水污染，所以在土壤渗透性好或地下水位较浅的地方慎用。

（3）呋虫胺不能与碱性物质混用，为提高喷药质量，药液应随配随用，不能久存。

烯啶虫胺（nitenpyram）

$C_{11}H_{15}ClN_4O_2$，270.72

其他名称 吡虫胺、强星、蚜虱净、联世、天下无蚜。

主要剂型 5%、10%水剂，10%、15%水分散粒剂，20%、60%可湿性粉剂，10%、15%、20%可溶液剂，50%可溶粉剂，5%超低容量液剂，25%、50%、60%可溶粒剂。

毒性 低毒。

作用机理 烯啶虫胺是烟碱乙酰胆碱酯酶受体抑制剂，具有内吸和渗透作用，主要作用于昆虫神经，抑制乙酰胆碱酯酶活性，作用于胆碱能受体，在自发放电后扩大隔膜位差，并使突触隔膜刺激下降，导致神经的轴突触隔膜电位通道刺激殆失，对昆虫的神经轴突触受体具有神经阻断作用，致使害虫麻痹死亡。

应用

（1）单剂应用 防治水稻稻飞虱，在低龄若虫高峰期施药，每亩用20%烯啶虫胺可溶液剂20～30毫升，兑水30～45千克均匀喷雾，安全间隔期14天，每季最多使用1次。或每亩用5%烯啶虫胺超低容量液剂80～120毫升，或20%烯啶虫胺水分散粒剂15～20克，或20%烯啶虫胺水剂20～30毫升，或30%烯啶虫胺水分散粒剂20～25克，或60%烯啶虫胺可溶粒剂6.7～8克，兑水30～45千克均匀喷雾，低龄若虫期施药，如果稻飞虱基数较大，视情况每隔10天左右喷1次，连喷2次，安全间隔期14天，每季最多使用2次。或每亩用50%烯啶虫胺可湿性粉剂5～10克，或60%烯啶虫胺可湿性粉剂3～5克，兑水30～45千克均匀喷雾，安全间隔期 14 天，每季最多使用 3 次。或每亩用 50%烯啶虫胺可溶粒剂 5～10 克，或 50%烯啶虫胺水分散粒剂 6～10 克，兑水 30～45 千克均匀喷雾，安全间隔期 21 天，每季最多使用 1 次。或每亩用 10%烯啶虫胺可溶液剂 20～30 毫升，兑水 30～45 千克均匀喷雾，安全间隔期 21 天，每季最多使用 2 次。或每亩用 10%烯啶虫胺水剂 30～40 毫升，或 20%烯啶虫胺可湿性粉剂 10～20 克，兑水 30～45 千克均匀喷雾，视害虫发生情况，每隔 10 天左右喷 1 次，连喷 2 次，在清晨或傍晚，安全间隔期 21 天，每季最多使用 3 次。喷雾时重点喷水稻的中下部，并保持水田有 5～7 厘米的浅水层，药后保水 3～5 天；最佳施药时间选择在晴天早上 9 点前或傍晚 4 点后，避免正午阳光直射时用药。

（2）复配剂应用

① **烯啶·吡蚜酮**。由烯啶虫胺和吡蚜酮两种作用机理不同的杀虫剂复配而成。防除水稻稻飞虱，低龄若虫盛发期，每亩用 40%烯啶·吡蚜酮可湿性粉剂 10～15 克，兑水 30～45 千克均匀喷雾，安全间隔期 14 天，每季最多使用 1 次。

② **烯啶·呋虫胺**。由烯啶虫胺与呋虫胺复配而成的杀虫剂。防治水稻稻飞虱，于 1～2 龄若虫盛发期，每亩用 60%烯啶·呋虫胺水分散粒剂 10～15 克，兑水 30～45 千克均匀喷雾，安全间隔期 14 天，每季最多使用 4 次。

③ **烯啶·噻嗪酮**。由烯啶虫胺和噻嗪酮复配而成的杀虫剂。防治水稻稻飞虱，于低龄若虫盛发期，每亩用 15%烯啶·噻嗪酮可湿性粉剂 24～36 克，兑水 30～45 千克均匀喷雾，安全间隔期 14 天，每季最多使用 1 次。

④ **烯啶·异丙威**。由烯啶虫胺和异丙威复配而成。防治水稻稻飞虱，在若虫低龄发生盛期，每亩用 25%烯啶·异丙威可湿性粉剂 50～80 克，兑水 30～45 千克均匀喷雾，并保持水田有 2 厘米的浅水层，施用本品前后 10 天内不能使用除草剂敌稗，安全间隔期 21 天，每季最多使用 2 次。

⑤ **烯啶·噻虫嗪**。由烯啶虫胺和噻虫嗪复配而成的杀虫剂。防治水稻稻飞虱，于低龄若虫盛发期，每亩用 50%烯啶·噻虫嗪水分散粒剂 2.5～3.3 克，兑水 30～45 千克均匀喷雾，安全间隔期 14 天，每季最多使用 2 次。

● **注意事项**

（1）烯啶虫胺不可与碱性农药及碱性物质混用，也不要与其他同类的烟碱类产品（如吡虫啉、啶虫脒等）进行复配，以免诱发交互抗性。

（2）为延缓抗性，烯啶虫胺要与其他不同作用机制的药剂交替使用。

（3）尽可能喷在嫩叶上，有露水或雨后未干时不能施药，以免产生药害。

（4）烯啶虫胺对水生生物风险大，使用时注意远离河塘等水域。

吡虫啉（imidacloprid）

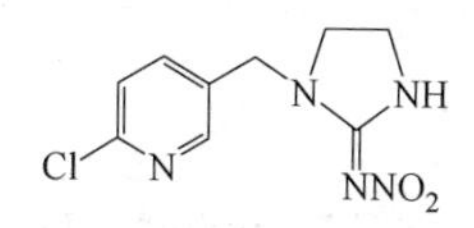

$C_9H_{10}ClN_5O_2$，255.7

● **其他名称**　高巧、咪蚜胺、大功臣、蚜虱净、扑虱蚜、一遍净。

● **毒性**　低毒。

● **主要剂型**　2.5%、5%可湿性粉剂，5%、6%、20%可溶液剂，10%、30%微乳剂，40%、65%水分散粒剂，10%、15%、350 克/升、600 克/升悬浮剂，15%微囊悬浮剂，2.5%、5%片剂，15%泡腾片剂，5%展膜油剂，2%颗粒剂，0.03%、1.85%胶饵，0.5%、1%饵剂，2.5%、4%乳油，70%湿拌种剂，10 毫克/片杀蝇纸，1%、60%悬浮种衣剂，70%种子处理可分散粉剂等。

● **作用机理**　吡虫啉属硝基亚甲基类内吸杀虫剂，是一种结构全新的神经毒剂化合物，其作用靶标是害虫体神经系统突触后膜的烟酸乙酰胆碱酯酶受体，干扰害虫运动神经系统正常的刺激传导，因而表现为麻痹致死。这与一般传统的杀虫剂作用机制完全不同，因而对有机磷、氨基甲酸酯、拟除虫菊酯类杀虫剂产生抗性的害虫，改用吡虫啉仍有较佳的防治效果。且吡虫啉与这三类杀虫剂混用或混配增效明显。

● **应用**

（1）单剂应用　主要用于喷雾，也可用于种子处理等。

①防治水稻秧田蓟马

a. 种子包衣　按照每 100 千克种子用 1%吡虫啉悬浮种衣剂 2500～3333 毫升，或 600 克/升吡虫啉悬浮种衣剂 400～600 毫升，或 600 克/升吡虫啉种子处理悬浮剂 200～400 毫升，按药种比机械或手工包衣。手工包衣，按照 1 千克种子加稀释后的药液 20～30 毫升，与水稻种子充分混匀，待种子均匀着药后，摊开于通风阴凉处，水稻稍晾干后催芽播种或晾干后播种。机械包衣，选用适宜的包衣机械，根据机械要求调整药种比进行包衣处理。或用 70%吡虫啉种子处理可分散粒剂按药种比 1：（83～125）拌种。

b. 喷雾　在稻蓟马低龄若虫盛发期，每亩用 10%吡虫啉可湿性粉剂 4～6 克，兑水 30～50 千克均匀喷雾，安全间隔期 14 天，每季最多使用 2 次。

② 防治水稻稻飞虱

a. 种子包衣　每 100 千克种子用 600 克/升吡虫啉悬浮种衣剂 641.7～700 毫升进行种子包衣。在水稻浸种催芽至芽长约为种子的 1/4 时，按每千克种子用 20～30 毫升的水量，将药剂调成浆状液，然后将药液与种子充分拌匀，摊开置于通风处，阴干后播种。

b. 喷雾　在稻飞虱低龄若虫发生始盛期，每亩用 200 克/升吡虫啉可溶液剂 5～10 毫升，兑水 30～50 千克均匀喷雾，安全间隔期 7 天，每季最多使用 2 次。或每亩用 5%吡虫啉乳油 18～24 毫升，或 10%吡虫啉乳油 10～20 毫升，或 10%吡虫啉可溶液剂 20～30 毫升，或 10%吡虫啉微乳剂 20～30 毫升，或 20%吡虫啉可溶液剂 7.5～10 毫升，或 20%吡虫啉可湿性粉剂 7～10 克，或 25%吡虫啉可湿性粉剂 4～8 克，或 30%吡虫啉微乳剂 5～7 毫升，或 50%吡虫啉可湿性粉剂 3～4 克，或 70%吡虫啉可湿性粉剂 1.5～3 克，兑水 30～50 千克均匀喷雾，安全间隔期 14 天，每季最多使用 2 次。或每亩用 10%吡虫啉乳油 15～20 毫升，兑水 30 千克均匀喷雾，安全间隔期 20 天，每季最多使用 2 次。或每亩用 600 克/升吡虫啉悬浮剂 3～5 毫升，或 350 克/升吡虫啉悬浮剂 5～7 毫升，在稻飞虱低龄若虫发生高峰期，兑水 30～50 千克均匀喷雾，安全间隔期 21 天，每季最多使用 2 次。或每亩用 70%吡虫啉水分散粒剂 3～4 克，兑水 30～50 千克均匀喷雾，安全间隔期 21 天，每季最多使用 3 次。或每亩用 20%吡虫啉乳油 5～10 毫升，兑水 30 千克均匀喷雾，安全间隔期

28 天，每季最多使用 1 次。或每亩用 15%吡虫啉泡腾片剂 15～20 克，或 480 克/升吡虫啉悬浮剂 3.6～4.4 毫升，兑水 30～50 千克均匀喷雾，安全间隔期 28 天，每季最多使用 2 次。喷雾施药时，要将药液喷到植株中下部，有些地区飞虱抗药性比较严重，应注意与噻嗪酮、异丙威等药剂混配使用。

c. 撒施　低龄若虫发生高峰期，每亩用 5%吡虫啉片剂 30～40 克，直接撒施于稻田中，施药时稻田必须保持 3～5 厘米水层，施药后要保水 7 天以上，安全间隔期 7 天，每季最多使用 2 次。

③ 防治水稻稻瘿蚊

a. 拌种　用 5%吡虫啉乳油按药种比 1∶100 拌种。

b. 喷雾　在稻瘿蚊发生期，每亩用 10%吡虫啉可湿性粉剂 40～47 克，兑水 30～50 千克均匀喷雾，安全间隔期 14 天，每季最多使用 2 次。

④ 防治水稻蚜虫　在蚜虫发生始盛期，每亩用 70%吡虫啉水分散粒剂 2～4 克，兑水 30～50 千克均匀喷雾，安全间隔期 14 天，每季最多使用 2 次。

（2）复配剂应用

① **吡虫·毒死蜱**。由吡虫啉与毒死蜱复配的广谱中毒复合杀虫剂。防治水稻稻飞虱，从害虫发生为害初期或若虫发生始盛期开始喷药，每隔 7～10 天喷 1 次，连喷 2 次，注意喷洒植株中下部。每亩用 22%吡虫·毒死蜱乳油 35～40 毫升，兑水 30～45 千克均匀喷雾，安全间隔期 14 天，每季最多使用 2 次。宜在晴天露水干后喷药，务必将药液喷到稻丛中、下部。

② **吡虫·噻嗪酮**。由吡虫啉与噻嗪酮复配的专用低毒复合杀虫剂。防治水稻稻飞虱，从害虫发生为害初期或若虫发生始盛期开始喷药，每隔 7 天左右喷 1 次，连喷 2 次，每亩用 10%吡虫·噻嗪酮可湿性粉剂 50～100 克，兑水 50～75 千克均匀喷雾，安全间隔期 14 天，每季最多使用 2 次。施药时按要求兑足水量，细雾均匀喷洒到植株中下部位，田间保持浅水层 3～4 厘米 2～3 天。

③ **吡虫·三唑磷**。由吡虫啉与三唑磷复配的广谱中毒复合杀虫剂。防治水稻二化螟，在幼虫 3 龄前或若虫孵化高峰期，每亩用 20%吡虫·三唑磷乳油 100～130 毫升，兑水 30～45 千克均匀喷雾，安全间隔期 30

天，每季最多使用 2 次。

防治水稻稻飞虱，在幼虫 3 龄前或若虫孵化高峰期，每亩用 20%吡虫·三唑磷乳油 100～130 毫升，兑水 30～45 千克均匀喷雾，安全间隔期 30 天，每季最多使用 2 次。

防治水稻三化螟，在螟卵孵化始盛期，每亩用 21%吡虫·三唑磷乳油 100～150 毫升，兑水 30～45 千克均匀喷雾，安全间隔期 30 天，每季最多使用 2 次。

防治二化螟、三化螟、稻飞虱时，注意将药液喷洒到植株中下部。

④ **吡虫·杀虫单**。由吡虫啉与杀虫单复配的广谱中毒复合杀虫剂。防治水稻三化螟，害虫卵孵化高峰和低龄幼虫盛发期，每亩用 35%吡虫·杀虫单可湿性粉剂 85～140 克，兑水 50 千克均匀喷雾，安全间隔期 20 天，每季最多使用 2 次。

防治水稻二化螟，害虫卵孵化高峰和低龄幼虫盛发期，每亩用 33%吡虫·杀虫单可湿性粉剂 120～150 克，兑水 50 千克均匀喷雾，安全间隔期 20 天，每季最多使用 2 次。

防治水稻稻纵卷叶螟，害虫卵孵化高峰和低龄幼虫盛发期，每亩用 35%吡虫·杀虫单可湿性粉剂 85～140 克，兑水 50 千克均匀喷雾，安全间隔期 20 天，每季最多使用 2 次。

防治水稻稻飞虱，若虫盛发期，每亩用 33%吡虫·杀虫单可湿性粉剂 120～150 克，兑水 50 千克均匀喷雾，安全间隔期 20 天，每季最多使用 2 次。

防治二化螟、三化螟、稻飞虱时，注意将药液喷洒到植株中下部。

⑤ **吡虫·杀虫双**。由吡虫啉与杀虫双复配的广谱中毒复合杀虫剂。防治水稻螟虫时，从害虫卵孵化期开始喷药，每隔 5～7 天喷 1 次，连喷 1～2 次；防治稻飞虱时，从飞虱发生为害初期或若虫发生始盛期开始喷药，每隔 5～7 天喷 1 次，连喷 2 次。每亩用 14.5%吡虫·杀虫双微乳剂 150～200 毫升，兑水 30～45 千克均匀喷雾，防治稻飞虱、二化螟、三化螟时，注意将药液喷洒到植株中下部，安全间隔期 14 天，每季最多使用 2 次。

⑥ **吡虫·异丙威**。由吡虫啉与异丙威复配的专用低毒复合杀虫剂。防治水稻稻飞虱，在飞虱发生为害初期或若虫发生始盛期，每亩用 24%

吡虫·异丙威可湿性粉剂 50～100 克，兑水 30～45 千克均匀喷雾，安全间隔期 7 天，每季最多使用 2 次。

⑦ **吡虫·仲丁威**。由吡虫啉与仲丁威复配的中毒复合杀虫剂。防治水稻稻飞虱，从飞虱发生为害初期，或若虫发生始盛期，每亩用 20%吡虫·仲丁威乳油 60～80 毫升，兑水 30～45 千克均匀喷雾，安全间隔期 21 天，每季最多使用 2 次。

⑧ **吡·井·杀虫单**。由吡虫啉与井冈霉素、杀虫单复配的一种低毒或中毒复合杀虫、杀菌剂。防治水稻稻纵卷叶螟、纹枯病、稻飞虱，害虫盛发期或低龄若虫高峰且遇纹枯病发生期，每亩用 54%吡·井·杀虫单可湿性粉剂 100～120 克，兑水 60～70 千克均匀喷雾，安全间隔期 14 天，每季最多使用 2 次。

防治水稻二化螟，卵孵化始盛期，每亩用 40%吡·井·杀虫单可湿性粉剂 100～120 克，兑水 30～45 千克均匀喷雾，安全间隔期 20 天，每季最多使用 2 次。

⑨ **吡虫·辛硫磷**。由吡虫啉、辛硫磷复配的杀虫剂。防治水稻稻飞虱，在虫口密度较高时，每亩用 25%吡虫·辛硫磷乳油 80～100 毫升，兑水 30～45 千克均匀喷雾，施药间隔期为 15～20 天。与其他类型的药剂轮换交替使用，安全间隔期 15 天，每季最多使用 2 次。

注意事项

（1）水稻种子浸种催芽至露白到芽长为水稻种子 1/4 时进行种子包衣。处理后的种子禁止供人畜食用，也不要与未处理种子混合或一起存放。

（2）吡虫啉对黑肩绿盲蝽、龟纹瓢虫具有一定的杀伤作用。尽管本药低毒，使用时仍需注意安全。

（3）不要与碱性农药混用，不宜在强阳光下喷雾使用，以免降低药效。

（4）为避免出现结晶，使用时应先把药剂在药桶中加少量水配成母液，然后再加足水，搅匀后喷施。

（5）不能用于防治线虫和螨类害虫。

（6）吡虫啉对人畜低毒，但对家蚕和虾类属高毒农药，对蜜蜂的毒性极高。对鱼类等水生生物有毒，养鱼稻田禁用。

吡蚜酮（pymetrozine）

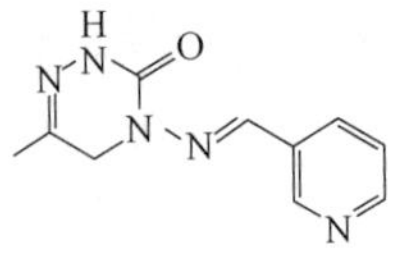

$C_{10}H_{11}N_5O$，217.23

● **其他名称** 吡嗪酮、飞电、拒嗪酮。

● **主要剂型** 25%、40%、50%、70%可湿性粉剂，50%泡腾片剂，25%悬浮剂，50%、60%、70%、75%水分散粒剂，6%颗粒剂，30%悬浮种衣剂，50%、70%种子处理可分散粉剂。

● **毒性** 低毒。

● **作用机理** 属于吡啶杂环类或三嗪酮类杀虫剂，是全新的非杀生性杀虫剂。害虫一旦接触该药剂，立即停止取食，产生“口针穿刺阻塞”效果，且该过程为不可逆的物理作用。该药剂通过触杀、植物内吸方式都会对害虫产生“口针阻塞作用”，使其丧失对植物的为害能力，并最终使其饥饿死亡。

● **应用**

（1）单剂应用 防治水稻稻飞虱。

① 种子包衣。在水稻浸种催芽露白后，每 100 千克种子用 30%吡蚜酮悬浮种衣剂 700～1000 克包衣，每季最多使用 1 次。或每 100 千克种子用 50%吡蚜酮种子处理可分散粉剂 150～200 克，或 70%吡蚜酮种子处理可分散粒剂 643～857 克，在水稻浸种催芽后，将药剂加适量水稀释，与种子充分拌匀，晾干后播种。

② 撒施。每亩用 6%吡蚜酮颗粒剂 560～700 克，在插秧当日或前一天均匀地撒施在育秧盘上，每季最多使用 1 次，收获期安全。

③ 喷雾。在稻飞虱低龄若虫始盛期，每亩用 25%吡蚜酮悬浮剂 20～24 克，或 25%吡蚜酮可湿性粉剂 20～30 克，或 40%吡蚜酮可湿性粉剂 10～15 克，或 50%吡蚜酮水分散粒剂 12～20 克，或 50%吡蚜酮可湿性粉剂 10～12 克，或 70%吡蚜酮水分散粒剂 8.6～11.4 克，兑水 30～50

千克均匀喷雾，每隔 10～14 天左右喷 1 次，视虫害发生情况，连喷 2 次，安全间隔期 14 天，每季最多使用 2 次。或每亩用 50%吡蚜酮泡腾片剂 8～16 克，或 60%吡蚜酮水分散粒剂 8.3～11.7 克，或 70%吡蚜酮可湿性粉剂 7.5～11 克，兑水 30～45 千克均匀喷雾，安全间隔期 21 天，每季最多使用 2 次。或每亩用 30%吡蚜酮可湿性粉剂 17～20 克，兑水 30～50 千克均匀喷雾，安全间隔期 21 天，每季最多使用 3 次。

（2）复配剂应用

① **吡蚜·呋虫胺**。吡蚜酮和呋虫胺的复配制剂。防治水稻二化螟，卵孵盛期至低龄幼虫发生盛期，每亩用 30%吡蚜·呋虫胺可湿性粉剂 20～25 克，兑水 30～45 千克均匀喷雾，安全间隔期 21 天，每季最多使用 1 次。

防治水稻稻飞虱，于低龄若虫高峰期，每亩用 40%吡蚜·呋虫胺水分散粒剂 20～25 克，兑水 30～45 千克均匀喷雾，安全间隔期 14 天，每季最多使用 1 次。

② **吡蚜·异丙威**。为吡蚜酮和异丙威复配。防治水稻稻飞虱，在低龄若虫盛发期，每亩用 45%吡蚜·异丙威可湿性粉剂 20～30 克，兑水 50 千克均匀喷雾，安全间隔期 14 天，每季最多使用 2 次。喷雾时务必将药液喷到稻丛中、下部，以保证药效。

③ **吡蚜·毒死蜱**。由吡蚜酮与毒死蜱复配而成，具有触杀、胃毒、内吸和熏蒸作用。防治水稻稻飞虱，在卵孵化高峰至 2～3 龄幼虫盛期，每亩用 25%吡蚜·毒死蜱悬浮剂 80～100 毫升，兑水 30～45 千克均匀喷雾，安全间隔期 15 天，每季最多使用 2 次。施药时田间保持 3～5 厘米水层，施药后保水 3～5 天。使用本剂前后 7 天不得使用敌稗，以免产生药害。

④ **吡蚜·噻虫胺**。由吡蚜酮与噻虫胺复配而成。防治水稻稻飞虱，1～2 龄若虫盛发期，每亩用 60%吡蚜·噻虫胺水分散粒剂 10～15 克，兑水 30～45 千克均匀喷雾，安全间隔期 14 天，每季最多使用 2 次。喷雾时确保均匀周到，应着重对稻丛中、下部施药。施药时田间保持 5～7 厘米的水层，药后保水 3～5 天。

⑤ **吡蚜·噻虫啉**。由吡蚜酮与噻虫啉复配。防治水稻稻飞虱，于低龄若虫盛发期，每亩用 25%吡蚜·噻虫啉悬浮剂 20～24 毫升，兑水 30～

45 千克均匀喷雾，安全间隔期 28 天，每季最多使用 1 次。

⑥ **吡蚜·速灭威**。为吡蚜酮与速灭威复配而成的一种杀虫剂。防治水稻稻飞虱，低龄若虫高峰期，每亩用 30%吡蚜·速灭威可湿性粉剂 20～30 克，兑水 50～60 千克均匀喷雾，安全间隔期 21 天，每季最多使用 2 次。施药时田间保持 5～7 厘米的水层，药后保水 3～5 天。

⑦ **吡蚜·仲丁威**。由吡蚜酮和仲丁威两种作用机理不同的杀虫剂复配而成。防治水稻稻飞虱，于低龄若虫盛发期，每亩用 36%吡蚜·仲丁威悬浮剂 50～62.5 毫升，兑水 30～50 千克均匀喷雾，安全间隔期 21 天，每季最多使用 2 次，施药时田间保持 5～7 厘米的水层，药后保水 3～5 天。

⑧ **吡蚜·哌虫啶**。由吡蚜酮与哌虫啶两者复配而成。防治水稻稻飞虱，在低龄若虫盛发期，每亩用 30%吡蚜·哌虫啶悬浮剂 15～20 毫升，兑水 30～50 千克均匀喷雾，安全间隔期 14 天，每季最多使用 1 次。

⑨ **吡蚜·噻嗪酮**。为吡蚜酮和噻嗪酮复配而成的一种杀虫剂。防治水稻稻飞虱，于稻飞虱低龄若虫高峰期，每亩用 18%吡蚜·噻嗪酮悬浮剂 30～40 毫升，兑水 30～50 千克均匀喷雾，安全间隔期 14 天，每季最多使用 2 次。施药时田间保持 5～7 厘米水层，药后保水 3～5 天。本品对白菜、萝卜较敏感，施药时应避免药液飘移到上述作物。

⑩ **吡蚜酮·甲维**。由吡蚜酮和甲氨基阿维菌素苯甲酸盐复配而成。防治水稻稻飞虱，于低龄幼虫期，每亩用 4.9%吡蚜酮·甲维悬浮剂 75～105 毫升，兑水 30～45 千克均匀喷雾，以叶片喷湿而不滴水为度，安全间隔期 21 天，每季最多使用 1 次。

⑪ **吡蚜·甲萘威**。由吡蚜酮和甲萘威复配而成的杀虫剂，防治水稻稻飞虱，在低龄若虫发生盛期，每亩用 24%吡蚜·甲萘威可湿性粉剂 110～170 克，兑水 30～45 千克均匀喷雾，安全间隔期 21 天，每季最多使用 2 次。

注意事项

（1）吡蚜酮防治水稻褐飞虱，施药时田间应保持 3～4 厘米水层，施药后保水 3～5 天，喷雾时要均匀周到，将药液喷到目标害虫的为害部位。

（2）开花植物花期、蚕室及桑园附近慎用吡蚜酮，远离水产养殖区施药。

仲丁威（fenobucarb）

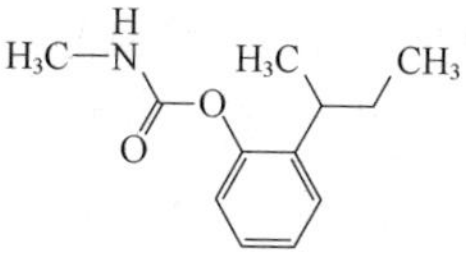

$C_{12}H_{17}NO_2$，207.27

- **其他名称** 扑杀威、速丁威、丁苯威、巴沙、丁基灭必虱。
- **主要剂型** 20%、25%、50%、80%乳油，20%水乳剂，20%微乳剂。
- **毒性** 低毒。
- **作用机理** 具有较强的触杀作用，兼有胃毒、熏蒸、杀卵作用。主要通过抑制昆虫乙酰胆碱酯酶使害虫中毒死亡，杀虫迅速，但持效期短，一般只能维持 4～5 天。可防治水稻稻飞虱、稻叶蝉，对稻纵卷叶螟也有一定防效。
- **应用**

（1）单剂应用

① 防治水稻稻飞虱。于卵孵化盛期至低龄若虫期，每亩用 20%仲丁威微乳剂 150～180 毫升，兑水 30～50 千克均匀喷雾，安全间隔期 14 天，每季最多使用 2 次。施药时可田间保持 3～5 厘米水层，施药后保水 3～5 天。

② 防治水稻叶蝉。在卵孵化盛期至低龄若虫盛发期，每亩用 80%仲丁威乳油 30～45 毫升，兑水 30～50 千克均匀喷雾，安全间隔期 21 天，每季最多使用 3 次。

③ 防治水稻稻纵卷叶螟。在卵孵化高峰期至低龄幼虫高峰期，每亩用 20%仲丁威水乳剂 150～180 毫升，兑水 45～60 千克均匀喷雾，安全间隔期 21 天，每季最多使用 3 次。

（2）复配剂应用

① **仲威·毒死蜱**。由仲丁威与毒死蜱复配的一种广谱复合杀虫剂。防治水稻稻飞虱，在害虫发生初期或低龄幼虫期开始喷药，每亩用 20%仲威·毒死蜱乳油 200～220 毫升，兑水 30～45 千克均匀喷雾，每隔 7

天左右喷 1 次，连喷 1～2 次，安全间隔期 21 天，每季最多使用 2 次。重点喷洒植株中下部，用药前后 10 天，避免使用除草剂敌稗。

② **仲丁·吡蚜酮**。由仲丁威与吡蚜酮复配。防治水稻稻飞虱，在稻飞虱若虫盛发期，每亩用 30%仲丁·吡蚜酮悬浮剂 40～60 毫升，兑水 30～45 千克均匀喷雾，安全间隔期 14 天，每季最多使用 2 次。施药时田间保持 5～7 厘米的水层，药后保水 3～5 天。

注意事项

（1）仲丁威不得与碱性农药混合使用。

（2）在稻田施药后的前后 10 天，避免使用敌稗，以免发生药害。

（3）仲丁威不能在鱼塘附近使用，避免药液污染水源。桑园、蚕室附近以及蜜源植物花期禁用。

异丙威（isoprocarb）

$C_{11}H_{15}NO_2$，193.24

其他名称　灭扑散、灭扑威、叶蝉散、异灭威。

主要剂型　20%乳油，15%烟剂，2%、10%粉剂，40%可湿性粉剂，20%、30%悬浮剂。

毒性　中等毒性。

作用机理　异丙威为触杀性、速效性杀虫剂，具有胃毒、触杀和熏蒸作用，对昆虫的作用是抑制乙酰胆碱酯酶活性，致使昆虫麻痹死亡。可防治稻飞虱、稻叶蝉等害虫，击倒力强，药效迅速，但持效期短，一般只有 3～5 天，可兼治蓟马和蚂蟥，也可用于防治果树、蔬菜、粮食、烟草、观赏植物上的蚜虫。

应用

（1）单剂应用

① 防治水稻稻飞虱

a. 喷粉　在若虫高峰期，每亩用 2%异丙威粉剂 1500～3000 克，或

4%异丙威粉剂 900～1000 克喷粉，安全间隔期 14 天，每季最多使用 3 次。

b. 喷雾　在若虫低龄发生盛期，每亩用 20%异丙威乳油 150～200 毫升，或 40%异丙威可湿性粉剂 75～100 克，兑水 45～60 千克均匀喷雾，安全间隔期 14 天，每季最多使用 2 次。或每亩用 20%异丙威悬浮剂 150～200 毫升，兑水 30～50 千克均匀喷雾，安全间隔期 30 天，每季最多使用 1 次。或每亩用 30%异丙威悬浮剂 100～130 毫升，兑水 30～50 千克均匀喷雾，安全间隔期 35 天，每季最多使用 2 次。

② 防治水稻叶蝉

a. 喷粉　在低龄若虫发生期 ，虫孵化高峰期（2～3 龄若虫发生盛期），每亩用 2%异丙威粉剂 1500～3000 克，或 4%异丙威粉剂 1000 克喷粉。重点往稻株中下部喷粉，同时埂边杂草也是防治重点，间隔 10～15 天，防治 1～2 次，安全间隔期 14 天，每季最多使用 3 次。

b. 喷雾　低龄幼虫发生始盛期，每亩用 20%异丙威乳油 150～200 毫升，兑水 30～50 千克均匀喷雾，视虫害发生情况可继续用药，安全间隔期 14 天，每季最多使用 2 次。施用本品前后 10 天内不可使用敌稗。

（2）复配剂应用

① **丙威·毒死蜱**。由异丙威与毒死蜱复配的一种复合广谱低毒杀虫剂。防治水稻稻飞虱、叶蝉，在害虫 1～2 龄高峰期或发生为害初期，每亩用 20%丙威·毒死蜱可湿性粉剂 100～120 克，兑水 30～45 千克均匀喷雾，安全间隔期 15 天，每季最多使用 2 次。重点喷洒植株中下部。喷药时田间保持 2～3 厘米浅水层效果更好。

防治水稻二化螟，低龄幼虫盛发期施药，每亩用 25%丙威·毒死蜱乳油 100～120 毫升，兑水 30～45 千克均匀喷雾，安全间隔期 22 天，每季最多使用 2 次。

② **丙威·噻虫胺**。由异丙威与噻虫胺复配而成。防治水稻稻飞虱，于低龄若虫发生高峰期，每亩用 50%丙威·噻虫胺可湿性粉剂 12～24 克，兑水 30～45 千克均匀喷雾，安全间隔期 28 天，每季最多使用 2 次。

③ **异威·矿物油**。由异丙威与矿物油复配而成。防治水稻叶蝉，在若虫高峰期，每亩用 20%异威·矿物油乳油 150～200 毫升，兑水 30～45 千克均匀喷雾，视虫害发生情况，每隔 5 天左右喷 1 次，可连喷 2 次，安全间隔期 30 天，每季最多使用 2 次。施药时田间保持浅水层 2～3 天。

● **注意事项**

（1）异丙威不能与碱性农药等物质混用。水稻生育中后期，稻飞虱成虫、若虫主要集中于稻丛中、下部危害，应着重对这些部位喷雾施药。

（2）异丙威不能与除草剂敌稗同时使用或混用，用药须间隔 10 天以上，否则易引起药害。

（3）异丙威对水稻田拟水狼蛛、黑肩绿盲蝽、稻虱缨小蜂有一定杀伤作用，对稻螟赤眼蜂成蜂羽化有不利影响。对蜜蜂有毒，对鱼类低毒。施药期间应避免对周围蜂群的影响，蜜源作物花期、蚕室和桑园附近禁用。避免污染江河、池塘、蜂场等场所。

（4）异丙威对芋、薯类作物有药害，不宜在该类作物上使用。

茚虫威（indoxacarb）

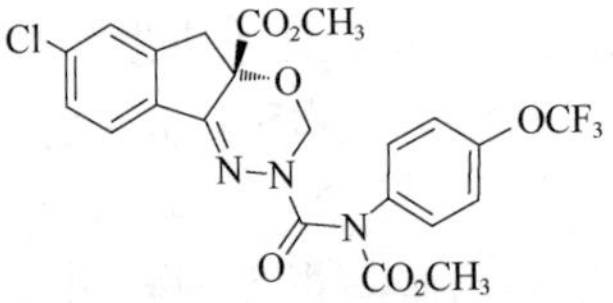

$C_{22}H_{17}ClF_3N_3O_7$，527.83

● **其他名称**　安打、安美、全垒打。

● **主要剂型**　15%、20%乳油，15%、30%水分散粒剂，4%微乳剂，5%、23%、30%悬浮剂，3%超低容量液剂。

● **毒性**　低毒。

● **作用机理**　茚虫威为二嗪类杀虫剂，其独特的作用方式是通过阻止钠离子流进入神经细胞，把钠离子通道完全关闭，干扰钠离子通道，使害虫麻痹死亡。药剂进入害虫体内的途径是害虫的取食作用，或通过体壁渗透到体内，使害虫中毒，然后致神经麻痹，行为失调。由于茚虫威的杀虫途径主要是胃毒作用兼触杀作用，所以害虫死亡时间比较长，不如有机磷及氨基甲酸酯类死亡时间快。害虫中毒后虽然未立即死亡，但不进食，口器被封住，不再为害作物，虫体呈“C”形，1～2 天内死亡。

● **应用**

（1）单剂应用

① 防治水稻稻纵卷叶螟

a. 超低容量喷雾　于低龄幼虫始盛期，每亩用 3%茚虫威超低容量液剂 100～200 毫升，使用超低容量喷雾器进行超低容量喷雾，安全间隔期 21 天，每季最多使用 2 次，防治时，田间保持 5～7 厘米的水层，药后保水 3～5 天。

b. 常规喷雾　于卵孵化盛期至低龄幼虫期，每亩用 20%茚虫威乳油 10～12 毫升，兑水 30～50 千克均匀喷雾，安全间隔期 14 天，每季最多使用 1 次。或每亩用 4%茚虫威微乳剂 45～60 毫升，或 150 克/升茚虫威悬浮剂 12～16 毫升，或 23%茚虫威悬浮剂 10～13 毫升，或 30%茚虫威水分散粒剂 6～9 克，或 30%茚虫威悬浮剂 6～8 毫升，兑水 30～50 千克均匀喷雾，安全间隔期 21 天，每季最多使用 2 次。或每亩用 150 克/升茚虫威乳油 12～16 毫升，兑水 40～50 千克均匀喷雾，安全间隔期 28 天，每季最多使用 1 次。或每亩用 15%茚虫威悬浮剂 13～18 毫升，兑水 30～50 千克均匀喷雾，安全间隔期 28 天，每季最多使用 2 次。

② 防治水稻二化螟　于卵孵化盛期至低龄幼虫高峰期，每亩用 15%茚虫威悬浮剂 15～20 毫升，兑水 30～50 千克均匀喷雾，安全间隔期 21 天，每季最多使用 2 次。或每亩用 150 克/升茚虫威悬浮剂 15～20 毫升，兑水 40～50 千克均匀喷雾，安全间隔期 28 天，每季最多使用 1 次。

（2）复配剂应用　**茚虫·甲维盐**。由茚虫威与甲氨基阿维菌素苯甲酸盐复配的优良杀虫剂。防治水稻稻纵卷叶螟，于卵孵化盛期，每亩用 20%茚虫·甲维盐悬浮剂 10～20 毫升，兑水 30～45 千克均匀喷雾，安全间隔期 28 天，每季最多使用 2 次。

● **注意事项**

（1）用药后，害虫从接触到药液或食用含有药液的叶片到其死亡会有一段时间，但害虫此时已停止对作物取食和为害。

（2）茚虫威是以油基为载体的悬浮剂，属环保型，黏着力强，持效期较长，但在水中的分散较慢，用药时一定要先将农药稀释配成母液，即先将药倒入一个小的容器中，溶解稀释，然后再倒入喷雾器中，按所需浓度兑水稀释，再行喷雾，切不可直接将药液倒入喷桶中直接稀释喷雾，采用这种二次稀释法的喷雾防治效果更好。

（3）鱼或虾、蟹套养稻田禁用。赤眼蜂等天敌放飞区域禁用。

甲氧虫酰肼（methoxyfenozide）

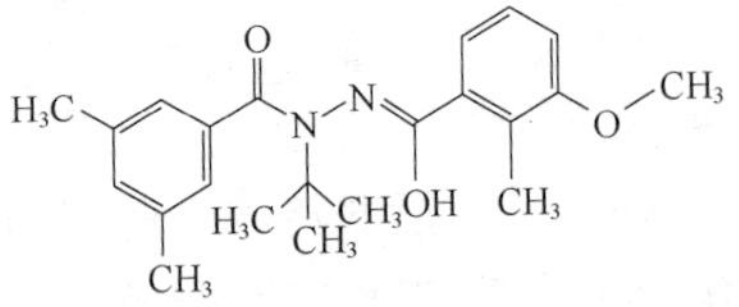

$C_{22}H_{28}N_2O_3$，368.47

● **其他名称**　氧虫酰肼、雷通、美满。

● **主要剂型**　5%、240 克/升悬浮剂，5%乳油，0.3%粉剂。

● **毒性**　低毒。

● **作用机理**　甲氧虫酰肼属双酰肼类杀虫剂。对鳞翅目害虫具有高度选择杀虫活性，以触杀作用为主，并具有一定的内吸作用。为一种非固醇型结构的蜕皮激素，模拟天然昆虫蜕皮激素——20-羟基蜕皮激素，激活并附着蜕皮激素受体蛋白，促使鳞翅目幼虫在成熟前提早进入蜕皮过程不能形成健康的新表皮，从而导致幼虫提早停止取食，最终死亡。

● **应用**

（1）单剂应用　防治水稻二化螟，在以双季稻为主的地区，一代二化螟多发生在早稻秧田及移栽早、开始分蘖的本田禾苗上。防止造成枯梢和枯心苗，一般在蚁螟孵化高峰前 2～3 天施药。防治虫伤株、枯孕穗和白穗，一般在蚁螟孵化盛期至高峰期施药，每亩用 24%甲氧虫酰肼悬浮剂 20～30 毫升，或 240 克/升甲氧虫酰肼悬浮剂 20～30 毫升，兑水 30～45 千克均匀喷雾，安全间隔期 45 天，每季最多使用 1 次。

（2）复配剂应用

① **甲氧·茚虫威**。由甲氧虫酰肼与茚虫威复配而成。防治水稻稻纵卷叶螟，在卵孵高峰期至低龄幼虫发生始盛期，每亩用 40%甲氧·茚虫威悬浮剂 10～20 毫升，兑水 30～45 千克均匀喷雾，安全间隔期 28 天，每季最多使用 1 次。

防治水稻二化螟，在卵孵高峰期至低龄幼虫发生始盛期，每亩用25%甲氧·茚虫威悬浮剂30～40毫升，兑水30～45千克均匀喷雾，安全间隔期45天，每季最多使用2次。

② **甲氧肼·氯虫苯**。由甲氧虫酰肼与氯虫苯甲酰胺复配。防治水稻二化螟，孵化盛期至低龄幼虫期，每亩用22%甲氧肼·氯虫苯悬浮剂30～35毫升，兑水30～45千克均匀喷雾，安全间隔期45天，每季最多使用1次。施药后田间保持浅水层。

注意事项

（1）使用前先将药剂充分摇匀，先用少量水稀释，待溶解后边搅拌边加入适量水。喷雾务必均匀周到。

（2）甲氧虫酰肼对家蚕高毒，在桑蚕和桑园附近禁用。避免污染水塘等水体。

（3）甲氧虫酰肼可与其他药剂如与杀虫剂、杀菌剂、生长调节剂、叶面肥等混用（不能与碱性农药、强酸性药剂混用），混用前应先做预试，将预混的药剂按比例在容器中混合，用力摇匀后静置15分钟，若药液迅速沉淀而不能形成悬浮液，则表明混合液不相容，不能混合使用。

氰氟虫腙（metaflumizone）

$C_{24}H_{16}F_6N_4O_2$，506.40

其他名称　艾法迪、氟氰虫酰肼、艾杀特。

主要剂型　22%、24%、33%悬浮剂，0.1%饵剂，20%乳油。

毒性　微毒。对鸟类的急性毒性低，对蜜蜂低危害。由于在水中能迅速地水解和光解，对水生生物无实际危害。

作用机理　氰氟虫腙属于缩氨基脲类杀虫剂，为钠离子通道阻滞剂，具有胃毒作用，触杀作用较小，无内吸作用。作用机制独特，取食后进入虫体，通过附着于钠离子通道的受体，阻断害虫神经元轴突膜上的钠离子通道，使钠离子不能通过轴突膜，进而抑制神经冲动，使虫体过度放松，麻痹，停止取食，1～3 天内死亡。

● **应用**

（1）单剂应用

① 防治稻纵卷叶螟　在低龄幼虫始盛期，每亩用 33%氰氟虫腙悬浮剂 20～40 毫升，兑水 45～60 千克均匀喷雾，虫害发生较轻或防治低龄幼虫时使用登记剂量范围内低剂量，虫害发生较重或防治高龄幼虫时使用登记剂量范围内高剂量，安全间隔期 21 天，每季最多使用 1 次。或每亩用 20%氰氟虫腙乳油 45～60 克，或 22%氰氟虫腙悬浮剂 28～54 毫升，兑水 40～50 千克均匀喷雾，安全间隔期 28 天，每季最多使用 1 次。

② 防治水稻二化螟　在发生初期，每亩用 22%氰氟虫腙悬浮剂 40～50 毫升，兑水 30～50 千克均匀喷雾，安全间隔期 21 天，每季最多使用 1 次。或每亩用 20%氰氟虫腙乳油 45～60 毫升，兑水 40～50 千克均匀喷雾，安全间隔期 28 天，每季最多使用 1 次。

（2）复配剂应用

① **氰虫·甲虫肼**。由氰氟虫腙与甲氧虫酰肼复配。防治水稻二化螟，在卵孵化始盛期（水稻分蘖初期），每亩用 20%氰虫·甲虫肼悬浮剂 30～40 毫升均匀喷雾，安全间隔期 21 天，每季最多使用 1 次。

防治水稻稻纵卷叶螟，在低龄幼虫发生盛期，每亩用 20%氰虫·甲虫肼悬浮剂 40～50 毫升，兑水 30～45 千克均匀喷雾，安全间隔期 21 天，每季最多使用 1 次。

② **氰虫·甲维盐**。由氰氟虫腙与甲维盐复配而成。防治水稻稻纵卷叶螟，于卵孵化高峰期至低龄幼虫期，每亩用 22%氰虫·甲维盐悬浮剂 30～40 毫升，兑水 30～45 千克均匀喷雾，安全间隔期 21 天，每季最多使用 1 次。

③ **氰虫·毒死蜱**。由氰氟虫腙与毒死蜱复配。防治水稻稻纵卷叶螟，在卵孵高峰至低龄幼虫盛发期，每亩用 36%氰虫·毒死蜱悬浮剂 100～120 毫升，兑水 30～45 千克均匀喷雾，安全间隔期 21 天，每季最多使用 2 次。

注意事项

（1）氰氟虫腙无内吸作用，喷药时应使用足够的喷液量，以确保作物叶片的正反面能被均匀喷药。

（2）防治稻纵卷叶螟时，建议施药前田间灌浅层水，保水 7 天左右。

（3）氰氟虫腙对鱼类等水生生物、蜜蜂高毒。

氯虫苯甲酰胺（chlorantraniliprole）

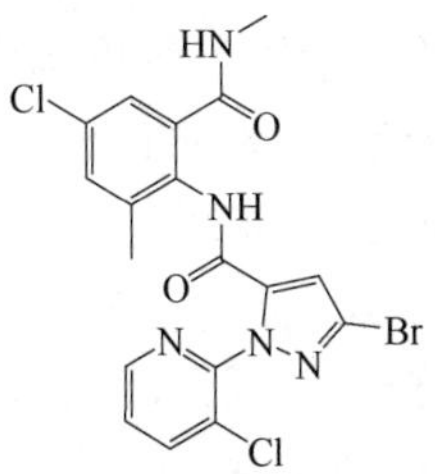

$C_{18}H_{14}BrCl_2N_5O_2$，483.15

其他名称　康宽、氯虫酰胺、普尊、奥德腾。

主要剂型　95.3%原药，5%、18.5%悬浮剂，35%水分散粒剂，0.01%、1%颗粒剂，5%超低容量液剂，50%悬浮种衣剂。

毒性　微毒。

作用机理　氯虫苯甲酰胺的化学结构具有其他任何杀虫剂不具备的全新杀虫原理，能高效激活害虫肌肉上的鱼尼丁受体，从而过度释放平滑肌和横纹肌细胞内钙离子，导致昆虫肌肉麻痹，使害虫停止活动和取食，致使害虫瘫痪死亡。该有效成分表现出对哺乳动物和害虫鱼尼丁受体极显著的选择差异，大大提高了对哺乳动物和其他脊椎动物的安全性。

应用

（1）单剂应用

① 防治水稻稻纵卷叶螟

a. 大田撒施　在稻纵卷叶螟卵孵高峰期前 5～7 天施药，每亩用 0.4%氯虫苯甲酰胺颗粒剂 600～700 克拌沙（土）均匀撒施，不得用于漏水田，且用药的水稻田要平整，施药时要有 3～5 厘米水层，用药后保水 5～7 天，以确保药效，安全间隔期 14 天，每季最多使用 1 次。

b. 育秧田苗床撒施　每平方米用 1%氯虫苯甲酰胺颗粒剂 159～198 克，在插秧当日或前一天均匀撒在育秧盘上。抖落沾在叶面上的药剂后，喷洒少量的水，使药剂黏附在育秧盘基质土上，随后进行插秧（请务必均匀喷洒，以免因喷洒不均匀导致叶片发黄、叶尖枯萎等药害的发生）。每季最多使用 1 次。

c. 喷雾　于稻纵卷叶螟卵孵盛期至低龄幼虫期，每亩用 70%氯虫苯甲酰胺水分散粒剂 2～3 克，兑水 40～60 千克均匀喷雾，安全间隔期 21 天，每季最多使用 1 次。或每亩用 5%氯虫苯甲酰胺悬浮剂 20～40 毫升，或 10%氯虫苯甲酰胺可分散油悬浮剂 15～20 毫升，或 30%氯虫苯甲酰胺悬浮剂 5～7 毫升，或 35%氯虫苯甲酰胺水分散粒剂 4～6 克，兑水 30 千克均匀喷雾，安全间隔期 28 天，每季最多使用 1 次。或每亩用 200 克/升氯虫苯甲酰胺悬浮剂 5～10 毫升，兑水 30～50 千克均匀喷雾，安全间隔期 28 天，每季最多使用 2 次。

d. 超低容量喷雾　卵孵高峰期，每亩用 5%氯虫苯甲酰胺超低容量液剂 30～40 毫升超低容量喷雾，应随配随用，不能久存，安全间隔期 21 天，每季最多使用 1 次。

② 防治水稻二化螟

a. 大田撒施　在二化螟卵孵高峰期前 7～10 天施药，每亩用 0.01%氯虫苯甲酰胺颗粒剂 20～40 千克均匀撒施，安全间隔期为收获期，每季最多使用 1 次。或每亩用 0.4%氯虫苯甲酰胺颗粒剂 600～700 克拌沙（土）均匀撒施，不得用于漏水田，且用药的水稻田要平整，施药时要有 3～5 厘米水层，用药后保水 5～7 天，以确保药效，安全间隔期 14 天，每季最多使用 1 次。

b. 育秧田苗床撒施　每平方米用 1%氯虫苯甲酰胺颗粒剂 159～198 克，在插秧当日或前一天均匀撒在育秧盘上。抖落沾在叶面上的药剂后，喷洒少量的水，使药剂黏附在育秧盘基质土上，随后进行插秧（请务必均匀喷洒，以免因喷洒不均匀导致叶片发黄、叶尖枯萎等药害的发生）。每季最多使用 1 次。

c. 喷雾　在水稻二化螟卵孵高峰期至低龄幼虫期，每亩用 35%氯虫苯甲酰胺水分散粒剂 4～6 克，兑水 30～50 千克均匀喷雾，安全间隔期

21天，每季最多使用2次。或每亩用5%氯虫苯甲酰胺悬浮剂30～40毫升，兑水30～50千克均匀喷雾，安全间隔期28天，每季最多使用2次。

d. 超低容量喷雾　卵孵高峰期，每亩用5%氯虫苯甲酰胺超低容量液剂30～40毫升超低容量喷雾，应随配随用，不能久存，安全间隔期21天，每季最多使用1次。

③ 防治水稻三化螟　在三化螟卵孵化高峰期，每亩用200克/升氯虫苯甲酰胺悬浮剂5～10毫升，兑水30～50千克均匀喷雾，安全间隔期7天，每季最多使用2次。或每亩用35%氯虫苯甲酰胺水分散粒剂4～6克，兑水30～50千克均匀喷雾，安全间隔期21天，每季最多使用2次。

④ 防治水稻大螟　在大螟卵孵高峰期开始施药，每亩用200克/升氯虫苯甲酰胺悬浮剂8.3～10毫升，兑水50～75千克茎叶均匀喷雾，安全间隔期7天，每季最多使用2次。

⑤ 防治水稻稻水象甲

a. 大田撒施　在稻水象甲成虫初现时（通常在移栽后1～2天）开始施药，每亩用0.4%氯虫苯甲酰胺颗粒剂700～1000克拌沙（土）均匀撒施，不得用于漏水田，且用药的水稻田要平整，施药时要有3～5厘米水层，用药后保水5～7天，以确保药效，安全间隔期14天，每季最多使用1次。

b. 喷雾　在稻水象甲成虫初现时，每亩用200克/升氯虫苯甲酰胺悬浮剂6.7～13.4毫升，兑水30～50千克均匀喷雾，安全间隔期7天，每季最多使用2次。

（2）复配剂应用

① **氯虫·噻虫嗪**。由氯虫苯甲酰胺与噻虫嗪复配的一种新型低毒复合杀虫剂。防治水稻稻纵卷叶螟，卵孵高峰至低龄幼虫期，每亩用40%氯虫·噻虫嗪悬浮剂6～10毫升，兑水40～50千克均匀喷雾，安全间隔期21天，每季最多使用1次。

防治水稻稻水象甲，在稻水象甲成虫发生期，每亩用40%氯虫·噻虫嗪水分散粒剂6～8克，兑水30～45千克均匀喷雾，安全间隔期21天，每季最多使用2次。

防治水稻二化螟，在2龄幼虫以前（水稻枯鞘初期），每亩用40%氯虫·噻虫嗪水分散粒剂8～10克，兑水30～45千克均匀喷雾，安全间隔期 21 天，每季最多使用 2 次。

防治水稻三化螟，在卵孵化高峰期，每亩用 40%氯虫·噻虫嗪水分散粒剂 10～12 克，兑水 30～45 千克均匀喷雾，安全间隔期 21 天，每季最多使用 2 次。

防治水稻褐飞虱，低龄若虫发生期，每亩用 40%氯虫·噻虫嗪水分散粒剂 6～8 克，兑水 45～60 千克均匀喷雾，安全间隔期 21 天，每季最多使用 2 次。

② **氯虫·三氟苯**。由氯虫苯甲酰胺与三氟苯嘧啶复配的杀虫剂，对水稻稻飞虱、二化螟、稻纵卷叶螟有良好的防治效果。在水稻营养生长期（分蘖至幼穗分化期前）田间稻飞虱发生数量达到 5～10 头/丛，或稻纵卷叶螟或二化螟卵孵盛期时，每亩用 19%氯虫·三氟苯悬浮剂 15～20 毫升，兑水 30～45 千克均匀喷雾，安全间隔期 21 天，每季最多使用 1 次。

③ **氯虫·吡蚜酮**。由氯虫苯甲酰胺与吡蚜酮复配而成。防治水稻二化螟、稻纵卷叶螟、稻飞虱，卵孵化盛期至低龄幼虫期，每亩用 60%氯虫·吡蚜酮水分散粒剂 15～20 克，兑水 30～45 千克均匀喷雾，安全间隔期 30 天，每季最多使用 1 次。或按每平方米育苗盘，用 6%氯虫·吡蚜酮颗粒剂 119～158 克的量，在插秧当日或前一天均匀撒在育秧盘上，抖落沾在叶面上的药剂后，喷洒少量的水，使药剂黏附在育秧盘基质土上，随后插秧，请务必均匀喷洒，以免因喷洒不均匀导致叶片发黄、叶尖枯萎等药害的发生，如果有稻叶上有露水，在处理前先抖落叶面的露水再进行处理，每季最多使用 1 次，收获期安全。

④ **氯虫苯·杀虫单**。由氯虫苯甲酰胺与杀虫单复配而成。防治水稻稻纵卷叶螟，在卵孵高峰至低龄幼虫发生始盛期，每亩用 34%氯虫苯·杀虫单悬浮剂 60～100 毫升，兑水 40～60 千克均匀喷雾，安全间隔期 21 天，每季最多使用 1 次。

防治水稻二化螟，卵孵化高峰期至低龄幼虫期，每亩用 33%氯虫苯·杀虫单悬浮剂 40～60 毫升，兑水 30～50 千克均匀喷雾，安全间隔期 21 天，每季最多使用 1 次。

⑤ **氯虫苯甲酰胺·茚虫威**。由氯虫苯甲酰胺与茚虫威复配。防治水稻二化螟，于卵孵盛期至低龄幼虫期，每亩用 25%氯虫苯甲酰胺·茚虫

威悬浮剂 3～7 毫升，兑水 30～45 千克均匀喷雾，安全间隔期 28 天，每季最多使用 1 次。

防治水稻稻纵卷叶螟，于卵孵盛期至低龄幼虫期，每亩用 10%氯虫苯甲酰胺·茚虫威悬浮剂 20～40 毫升，兑水 30～60 千克均匀喷雾，或根据当地农业生产实际兑水均匀喷雾，安全间隔期 28 天，每季最多使用 1 次。

注意事项

（1）因为氯虫苯甲酰胺具有较强的渗透性，药剂能穿过作物茎部表皮细胞层进入木质部传导至其他没有施药的部位，所以在施药时可弥雾或喷雾，这样效果更好。

（2）氯虫苯甲酰胺对藻类、家蚕及某些水生生物有毒，特别是对家蚕剧毒，具高风险性。

（3）氯虫苯甲酰胺在多年大量使用的地方已产生抗药性，建议已产生抗药性的地区停止使用。该药虽有一定内吸传导性，喷药时还应均匀周到。连续用药时，注意与其他不同类型药剂交替使用，以延缓害虫产生抗药性。为避免该农药抗药性的产生，每季作物或一种害虫最多使用 3 次，每次间隔时间在 15 天以上。

溴氰虫酰胺（cyantraniliprole）

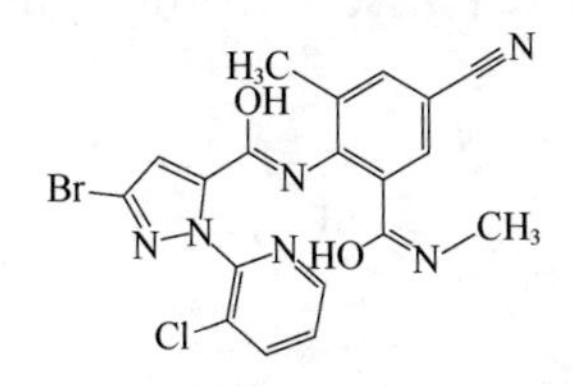

$C_{19}H_{14}BrClN_6O_2$

其他名称 倍内威、维瑞玛、氰虫酰胺。

主要剂型 10%可分散油悬浮剂，10%、19%悬浮剂，48%种子处理悬浮剂。

毒性 微毒。

作用机理 溴氰虫酰胺属于新型邻氨基苯甲酰胺类杀虫剂，为鱼尼丁受体调节剂，该药与氯虫苯甲酰胺一样，通过激活昆虫体内的鱼尼丁受体，过度释放肌肉细胞内的钙离子，导致肌肉抽搐、麻痹，最终死亡。

应用

（1）单剂应用　防治稻纵卷叶螟、二化螟、三化螟、蓟马，在卵孵化高峰期，每亩用10%溴氰虫酰胺可分散油悬浮剂20～26毫升，兑水30～45千克均匀喷雾，安全间隔期21天，每季最多使用2次。

（2）复配剂应用　**溴酰·三氟苯**。由溴氰虫酰胺和三氟苯嘧啶复配而成。防治水稻二化螟、稻纵卷叶螟、稻飞虱，在水稻营养生长期（分蘖至幼穗分化期前）田间稻飞虱发生数量达到5～10头/丛或鳞翅目害虫（二化螟或稻纵卷叶螟）卵孵盛期，每亩用23%溴酰·三氟苯悬浮剂15～20毫升，兑水30～45千克喷雾施药，安全间隔期14天，每季最多使用1次。

注意事项

（1）禁止在河塘等水体内清洗施药用具；蚕室和桑园附近禁用。

（2）溴氰虫酰胺与其他作用机理的杀虫剂复配，以延缓抗性的产生和发展。防治靶标害虫危害的当代，只使用溴氰虫酰胺或其他双酰胺类杀虫剂。在防治同一靶标害虫的下一代时，建议与其他不同作用机理的杀虫剂（非双酰胺类杀虫剂）轮换使用。

氟啶虫酰胺（flonicamid）

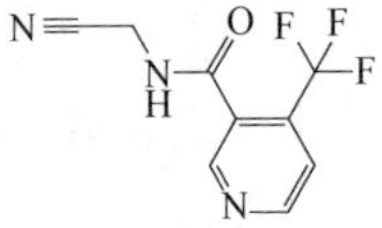

$C_9H_6F_3N_3O$，229.16

其他名称　氟烟酰胺、Teppeki、Ulala、Carbine。

主要剂型　8%、30%可分散油悬浮剂，15%片剂，10%、20%、50%水分散粒剂，10%、20%、30%悬浮剂，5%微乳剂。

毒性　低毒。

作用机理　氟啶虫酰胺属于一种吡啶酰胺类昆虫生长调节剂，能从作物根部向茎部、叶部渗透，但由叶部向茎、根部渗透作用相对较弱。

该药剂通过阻碍害虫吮吸作用而生效。害虫摄入药剂后很快停止吮吸，最后饥饿而死。据电子的昆虫吮吸行为解析，氟啶虫酰胺可使蚜虫等刺吸式口器害虫的口针组织无法插入植物组织而生效。

应用

（1）单剂应用　防治水稻稻飞虱，在低龄若虫高峰期，每亩用20%氟啶虫酰胺悬浮剂20～25毫升，或30%氟啶虫酰胺可分散油悬浮剂20～33毫升，或50%氟啶虫酰胺水分散粒剂8～10克，兑水30～50千克均匀喷雾，安全间隔期21天，每季最多使用1次。或每亩用8%氟啶虫酰胺可分散油悬浮剂50～60毫升，兑水30～50千克均匀喷雾，安全间隔期28天，每季最多使用1次。或每亩用10%氟啶虫酰胺水分散粒剂50～70克，兑水30～50千克均匀喷雾，安全间隔期35天，每季最多使用1次。

（2）复配剂应用　相比单剂靶标单一、害虫易产生抗药性的特点，二元复配制剂是将对害虫具有不同类型作用机制的杀虫剂产品混用，复配剂除具有渗透、触杀、内吸活性、快速拒食、影响神经系统等作用外，还可干扰代谢，杀虫剂混用不仅协同、增效作用效果优异，杀虫谱广，持效期长，且能提高杀虫活性、延缓杀虫剂的抗药性。

① **氟啶虫酰胺·烯啶虫胺**。由氟啶虫酰胺与烯啶虫胺复配而成。防治水稻稻飞虱，在若虫发生始盛期，每亩用50%氟啶虫酰胺·烯啶虫胺水分散粒剂12～16克，兑水30～50千克均匀喷雾，以达到药液喷到叶面湿润不滴水为宜，安全间隔期28天，每季最多使用1次。

② **氟啶·异丙威**。为氟啶虫酰胺与异丙威复配而成。防治水稻稻飞虱，低龄若虫高峰期，每亩用53%氟啶·异丙威可湿性粉剂70～90克，兑水30～45千克向水稻中下部以及叶片正背面均匀透彻喷雾1次，安全间隔期28天，每季最多使用1次。

③ **氟啶虫酰胺·噻虫胺**。由氟啶虫酰胺和噻虫胺复配而成。防治水稻稻飞虱，于低龄若虫发生始盛期，每亩用20%氟啶虫酰胺·噻虫胺悬浮剂20～30毫升，兑水30～50千克均匀喷雾，安全间隔期21天，每季最多使用1次。

注意事项

（1）氟啶虫酰胺为昆虫拒食剂，施药后2～3天才能见到蚜虫死亡。注意不要重复施药。

（2）氟啶虫酰胺对水生生物有毒，鱼或虾、蟹套养稻田禁用。

敌百虫（trichlorphon）

$C_4H_8Cl_3O_4P$，257.44

- **其他名称** 三氯松、毒霸、得标、雷斯顿。
- **主要剂型** 30%、40%乳油，80%、90%可溶粉剂，80%可溶液剂。
- **毒性** 低毒。对蜜蜂有毒。
- **作用机理** 抑制昆虫体内乙酰胆碱酯酶的活性，破坏神经传导，使害虫过度兴奋而死亡。
- **应用**

（1）单剂应用 防治水稻二化螟，在幼龄期，每亩用 80%敌百虫可溶粉剂 85～100 克，兑水 30～45 千克均匀喷雾。或用 90%敌百虫可溶粉剂 115～130 克，兑水 30～45 千克喷雾、泼浇或毒土法撒施，安全间隔期 15 天，每季最多使用 3 次。用此药量还可防治稻潜叶蝇、稻苞虫、稻纵卷叶螟、稻叶蝉、稻飞虱、稻蓟马等。

（2）复配剂应用

① **敌百·毒死蜱**。由敌百虫与毒死蜱复配的广谱中毒复合杀虫剂。防治水稻二化螟，卵孵化高峰期，每亩用 30%敌百·毒死蜱乳油 100～150 毫升，兑水 30～45 千克均匀喷雾，安全间隔期 14 天，每季最多使用 2 次。

防治水稻稻纵卷叶螟，卵孵盛期至 2 龄幼虫高峰期，每亩用 40%敌百·毒死蜱乳油 80～100 毫升，兑水 30～45 千克均匀喷雾，安全间隔期 30 天，每季最多使用 3 次。

② **敌百·辛硫磷**。由敌百虫与辛硫磷复配的广谱低毒复合杀虫剂。防治水稻二化螟、稻飞虱，从害虫发生为害初期或二化螟卵孵化期开始喷药，每亩用 30%敌百·辛硫磷乳油 100～150 毫升，兑水 30～45 千克均匀喷雾，每隔 5～7 天喷 1 次，连喷 2 次，注意喷洒植株中下部，安全间隔期 15 天，每季最多使用 3 次。

③ **敌百·仲丁威**。由敌百虫与仲丁威复配的广谱低毒杀虫剂。防治水稻稻飞虱、稻叶蝉，从害虫发生初期开始喷药，每亩用 36%敌百·仲丁威乳油 90～120 毫升，兑水 30～45 千克均匀喷雾，每隔 7 天左右喷 1 次，连喷 2 次，注意喷洒植株中下部，在水稻上使用本剂前、后的各 10 天内，不能使用除草剂敌稗，安全间隔期 21 天，每季最多使用 3 次。

④ **敌百·三唑磷**。由敌百虫与三唑磷复配而成的有机磷杀虫剂。防治水稻二化螟，在害虫发生初期，每亩用 36%敌百·三唑磷乳油 150～180 毫升，兑水 30～45 千克均匀喷雾，间隔 7 天左右，连续喷施 1～2 次，安全间隔期 30 天，每季最多使用 2 次。

防治水稻三化螟，每亩用 50%敌百·三唑磷乳油 100～120 毫升，兑水 30～45 千克均匀喷雾，间隔 7 天左右，连续喷施 1～2 次，安全间隔期 30 天，每季最多使用 2 次。施药后保持田间 3～5 厘米水层 3～5 天。

⑤ **敌百·乙酰甲**。为敌百虫和乙酰甲胺磷两种有机磷农药复配而成的杀虫剂。防治水稻稻纵卷叶螟，卵孵化高峰期至 2 龄幼虫高峰期，每亩用 25%敌百·乙酰甲乳油 80～120 毫升，兑水 50～75 千克均匀喷雾，安全间隔期 30 天，每季最多使用 3 次。

注意事项

（1）敌百虫对蜜蜂、家蚕有毒，花期蜜源作物周围禁用；对鱼类等水生生物有毒，养鱼稻田禁用。

（2）敌百虫对玉米、苹果敏感，对高粱、豆类特别敏感，易产生药害，使用时注意避免药液飘移到上述作物上。

敌敌畏（dichlorvos）

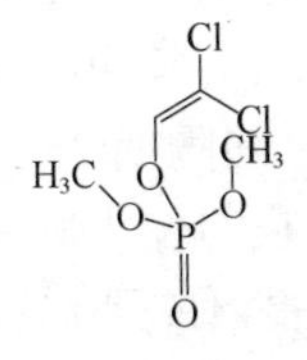

$C_4H_7Cl_2O_4P$，221.0

其他名称 DDVP、DDV、二氯松、百扑灭、棚虫净。

主要剂型 30%、48%、50%乳油，28%缓释剂，80%、90%可溶液剂，22.5%油剂。

毒性 中等毒。

作用机理 通过抑制害虫体内乙酰胆碱酯酶的活性，使害虫过度兴奋而死亡。

应用

（1）单剂应用 防治水稻稻飞虱，在低龄若虫盛发期，每亩用30%敌敌畏乳油100～120毫升，或48%敌敌畏乳油58.3～62.5毫升，或50%敌敌畏乳油60～90毫升，兑水30～50千克均匀喷雾，适合水稻后期稻飞虱的应急防治，安全间隔期28天，每季最多使用2次。

（2）复配剂应用

① **敌畏·吡虫啉**。由敌敌畏与吡虫啉复配的中毒复合杀虫剂。防治水稻稻飞虱，从飞虱发生为害初期，或若虫发生初盛期，每亩用26%敌畏·吡虫啉乳油60～80毫升，兑水30～45千克均匀喷雾，安全间隔期7天，每季最多使用2次。

② **敌畏·毒死蜱**。由敌敌畏与毒死蜱复配的广谱中毒复合杀虫剂。防治水稻稻飞虱、稻纵卷叶螟，从飞虱发生为害初期，每亩用40%敌畏·毒死蜱乳油80～100毫升，兑水30～45千克均匀喷雾，安全间隔期30天，每季最多使用3次。

③ **敌畏·马**。由敌敌畏与马拉硫磷复配的一种广谱中毒复合杀虫剂。防治水稻稻水象甲，在水稻移栽后10天内、成虫发生初盛期开始均匀用药，每亩用35%敌畏·马乳油80～100毫升，兑水30～45千克均匀喷雾。

④ **敌畏·辛硫磷**。由敌敌畏与辛硫磷复配的一种广谱中毒复合杀虫剂。防治水稻稻纵卷叶螟，从害虫卵孵化盛期开始喷药，每亩用25%敌畏·辛硫磷乳油80～120毫升，兑水40～50千克均匀喷雾，每隔5～7天喷1次，连喷1～2次，安全间隔期28天，每季最多使用2次。

⑤ **敌畏·仲丁威**。由敌敌畏与仲丁威复配的杀虫剂。防治水稻稻飞虱，发生初期，每亩用20%敌畏·仲丁威乳油100～120毫升，兑水30～50千克均匀喷雾，安全间隔期21天，每季最多使用2次。

注意事项

（1）敌敌畏对高粱、花卉等易产生药害，不宜使用。对玉米、豆类、瓜类幼苗及柳树也较敏感，稀释浓度不能低于 800 倍液，最好应先进行试验再使用。

（2）敌敌畏对蜜蜂、鱼类等水生生物、家蚕、赤眼蜂有毒。

杀螟丹（cartap）

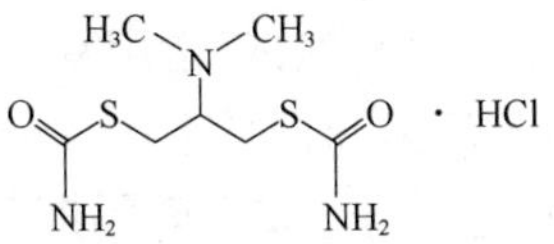

$C_7H_{15}N_3O_2S_2 \cdot HCl$，273.8

其他名称 巴丹、派丹、杀螟单、卡塔普。

主要剂型 25%、50%可溶粉剂，2%、10%粉剂，6%水剂，0.8%、5%、9%颗粒剂。

毒性 中等毒性。

作用机理 属于广谱性沙蚕毒素类杀虫剂。作用机理是作用于昆虫中枢神经系统突触后膜上的乙酰胆碱受体，与受体结合后，抑制和阻滞神经细胞接点在中枢神经系统中正常的神经冲动传递，使昆虫麻痹致死，这与一般有机氯、有机磷、拟除虫菊酯和氨基甲酸酯类杀虫剂的作用机制不同，因而不易产生交互抗性。

应用

（1）单剂应用

① 防治水稻稻纵卷叶螟

a. 撒施 水稻移栽后 7 天至水稻扬花期前使用，在害虫卵孵化盛期施药效果更理想，追肥时，每亩用 0.8%杀螟丹颗粒剂 12.5～15 千克撒施，不需要增加其他肥料一起施用，使用本品后保水 5～10 天，是一款用于水稻田的杀虫药肥颗粒剂。施药后，能有效防治水稻稻纵卷叶螟，安全间隔期 21 天，每季最多使用 3 次。或每亩用 4%杀螟丹颗粒剂 1.8～2.25 千克，拌 15～20 千克细潮土，进行全田均匀撒施，一般年份用药 1 次，大发生年份用药 1～2 次，并适当提前第一次施药时间，安全间隔期 21 天，每季最多使用 2 次。

b. 喷雾　害虫卵孵化盛期，每亩用50%杀螟丹可溶粉剂80～100克，兑水30～50千克均匀喷雾，安全间隔期21天，每季最多使用3次。

② 防治水稻干尖线虫病　用于水稻浸种，用6%杀螟丹水剂1000～2000倍液浸种。浸种时水量要称量好，不可以浓度过小或过大，浸种浓度过大会影响种子发芽。

③ 防治水稻二化螟

a. 撒施　在二化螟卵孵化盛期，每亩用9%杀螟丹颗粒剂600～1000克，拌适量细土撒施，施药后田间保持水层3～5厘米一周左右，水稻扬花期和被雨露淋湿时，不宜施药，安全间隔期21天，每季最多使用1次。或在卵孵化高峰期至低龄幼虫高峰期，每亩用6%杀螟丹颗粒剂1000～1500克拌细土撒施，不得用于漏水田，且用药的水稻田要平整，施药时要有3～5厘米水层，用药后保水5～7天，以确保药效，安全间隔期30天，每季最多使用2次。

b. 喷雾　在害虫低龄期，每亩用50%杀螟丹可溶粉剂80～120克，或95%杀螟丹可溶粉剂55～60克，或98%杀螟丹可溶粉剂45～65克，兑水30～50千克均匀喷雾，安全间隔期21天，每季最多使用3次。

④ 防治水稻三化螟　在三化螟卵孵化高峰期至低龄幼虫高峰期，每亩用50%杀螟丹可溶粉剂80～100克，兑水30～50千克均匀喷雾，安全间隔期21天，每季最多使用3次。

（2）复配剂应用　**杀螟·乙蒜素**。由杀螟丹与乙蒜素复配的一种中毒复合种子处理剂，主要用于水稻种子处理（浸种），使用方便，对水稻的恶苗病、干尖线虫病具有很好的预防效果。通过药液浸种进行用药，用17%杀螟·乙蒜素可湿性粉剂200～400倍液浸种，浸种后捞出，用清水冲洗后催芽、播种，浸种时间因不同水稻品种对杀螟丹的敏感性不同，应先进行浸种及发芽试验进行确定。

注意事项

（1）水稻扬花期和被雨淋湿时不宜施药，喷药浓度大对水稻也会有药害，十字花科蔬菜幼苗对该药敏感，使用时小心。

（2）杀螟丹对黄瓜、菜豆、甜菜敏感，使用时应避免飘移到这些作物上产生药害。

（3）杀螟丹对蜜蜂、鱼类等水生生物、家蚕有毒。鱼或虾、蟹套养稻田禁用。

杀虫单（monosultap）

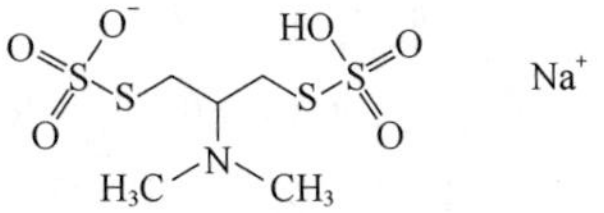

$C_5H_{12}NNaO_6S_4$，333.40

其他名称 杀螟克、丹妙、稻道顺、稻刑螟。

主要剂型 50%泡腾粒剂，36%、40%可溶粉剂，20%水乳剂，3.6%颗粒剂。

毒性 中等毒性。

作用机理 杀虫单是人工合成的沙蚕毒素类杀虫剂，具有较强的触杀、胃毒、内吸作用，兼有杀卵作用。药剂进入昆虫体内迅速转化为沙蚕毒素或二氢沙蚕毒素，通过对害虫神经传导阻断，使虫体逐渐软化、瘫痪致死。

应用

（1）单剂应用

① 防治水稻二化螟。一般年份防治 1 次，在卵孵化高峰后 5～6 天（2 龄幼虫前）喷雾使用，大发生年份施药 2 次，第一次在卵孵高峰前 1～2 天，隔 6～7 天再防第二次，孕穗期防治应在卵孵始盛期喷药，每亩用 45%杀虫单可溶粉剂 100～120 克，兑水 50～60 千克均匀喷雾，施药时应确保田间 3～5 厘米水层，施药后要保水 3～5 厘米，以提高防治效果，切忌干田用药，以免影响药效，安全间隔期 14 天，每季最多使用 1 次。或每亩用 50%杀虫单可溶粉剂 100～120 克，或 95%杀虫单可溶粉剂 37～53 克，兑水 40～50 千克均匀喷雾，安全间隔期 20 天，每季最多使用 2 次。或每亩用 50%杀虫单泡腾粒剂 70～100 克均匀撒施，安全间隔期 20 天，每季最多使用 2 次。或每亩用 90%杀虫单可溶粉剂 60～80 克，兑水 30～40 千克均匀喷雾，安全间隔期 21 天，每季最多使用 2 次。

② 防治水稻三化螟。在害虫卵孵高峰期至低龄幼虫高峰期，每亩用

50%杀虫单可溶粉剂 100～120 克，或 90%杀虫单可溶粉剂 50～60 克，或 95%杀虫单可溶粉剂 37～53 克，兑水 40～50 千克均匀喷雾，安全间隔期 20 天，每季最多使用 2 次。或每亩用 80%杀虫单可溶粉剂 35～50 克，兑水 30～40 千克均匀喷雾，安全间隔期 30 天，每季最多使用 2 次。施药时应选择晴好天气，田间要有浅水层 3～5 厘米，保水一周左右。

③ 防治稻纵卷叶螟。在害虫卵孵高峰期至低龄幼虫高峰期，每亩用 50%杀虫单可溶粉剂 72～86.4 克，兑水 40～50 千克均匀喷雾，安全间隔期 20 天，每季最多使用 2 次。或每亩用 80%杀虫单可溶粉剂 40～50 克，兑水 30～40 千克均匀喷雾，安全间隔期 20 天，每季最多使用 2 次。

④ 防治水稻蓟马。在害虫发生初期，每亩用 80%杀虫单可溶粉剂 37.5～50 克，或 90%杀虫单可溶粉剂 33～44 克，兑水 30～40 千克均匀喷雾，安全间隔期 20 天，每季最多使用 2 次。

（2）复配剂应用

① **杀单·毒死蜱**。由杀虫单与毒死蜱复配的中等毒杀虫剂。防治水稻稻纵卷叶螟，于 1～2 龄幼虫高峰期施药，每亩用 25%杀单·毒死蜱可湿性粉剂 150～200 克，兑水 50 千克均匀喷雾，安全间隔期 30 天，每季最多使用 2 次。在水稻抽穗期为害最为严重，田间虫苞比较多且有刮白现象，这时虫龄较高，最难防治，防治时加大水量、细喷雾，其效果更佳。

防治水稻二化螟，用药最佳时期为卵孵化高峰前 1～2 天，每亩用 50%杀单·毒死蜱可湿性粉剂 70～100 克，兑水 50 千克均匀喷雾，要喷足药液量，以药液从叶面落入稻苗颈部为佳，安全间隔期 30 天，每季最多使用 2 次。

防治水稻三化螟，于水稻分蘖末期、三代三化螟枯卵孵高峰期，每亩用 2%杀单·毒死蜱粉剂 1500～2000 克，与沙土 30 千克混合均匀撒施，视虫害发生情况，每隔 7 天左右施药 1 次，可连续用药 2 次，安全间隔期 30 天，每季最多使用 2 次。

② **杀单·三唑磷**。由杀虫单与三唑磷复配的广谱中毒复合杀虫剂。防治水稻三化螟、二化螟、稻纵卷叶螟，害虫卵孵化盛期至低龄幼虫期，每亩用 15%杀单·三唑磷微乳剂 150～200 毫升，兑水 50～60 千克均匀喷雾，应对准水稻中、下部粗水喷雾，安全间隔期 28 天，每季最多使用 3

次。施药前田间要浅水，施药后田间要保持3～5厘米的浅水层5～7天。

③ **杀单·苏云菌**。由杀虫单与苏云金杆菌复配的广谱中毒复合杀虫剂。防治水稻稻纵卷叶螟，卵孵盛期，每亩用46%杀单·苏云金可湿性粉剂35～50克，兑水30～45千克均匀喷雾，安全间隔期20天，每季最多使用2次。

防治水稻二化螟，于枯鞘刚出现时，每亩用46%杀单·苏云金可湿性粉剂50～75克，兑水30～45千克均匀喷雾，安全间隔期20天，每季最多使用2次。

防治水稻三化螟，每亩用55%杀单·苏云金可湿性粉剂80～100克，兑水30～45千克均匀喷雾，安全间隔期20天，每季最多使用2次。

④ **杀单·噻虫胺**。由杀虫单与噻虫胺复配而成，对水稻稻飞虱和稻纵卷叶螟具有较好的防治效果。于稻飞虱卵孵高峰至低龄若虫期、稻纵卷叶螟卵孵高峰至低龄幼虫期，每亩用0.5%杀单·噻虫胺颗粒剂8～10千克，直接撒施，安全间隔期21天，每季最多使用1次。

注意事项

（1）杀虫单对棉花、烟草易产生药害，大豆、菜豆、马铃薯也对其较敏感，使用时应注意，避免药液飘移到上述作物上。

（2）远离水产养殖区、河塘等水体施药，虾、蟹套养稻田禁用。

杀虫双（bisultap）

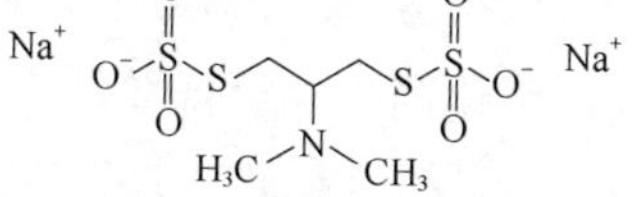

$C_5H_{11}NNa_2O_6S_4$，355.38

其他名称　杀虫丹、彩蛙、稻卫士、挫瑞散、稻润。

主要剂型　18%、22%水剂，45%可溶粉剂，3%、3.6%颗粒剂，3.6%大粒剂。

毒性　中等毒性。

作用机理　杀虫双为沙蚕毒素类杀虫剂，具有较强的触杀、胃毒作用并兼有内吸传导和一定的杀卵、熏蒸作用。它是一种神经毒剂，能使昆虫的神经对于外来的刺激不产生反应，因而昆虫中毒后不发生兴奋现象，只表现为瘫痪、麻痹。据观察，昆虫接触和取食药剂后，最初并无任何反应，但表现出迟钝、行动缓慢、失去侵害作物的能力、停止发育、虫体软化、瘫痪，直至死亡。

应用

（1）单剂应用

① 防治水稻稻纵卷叶螟

a. 撒施　在卵孵化高峰期至低龄幼虫高峰期，每亩用 3%杀虫双颗粒剂 1800～2000 克撒施，安全间隔期为早稻 7 天、晚稻 15 天，每季最多使用 3 次。撒施要均匀，保持田间水层 3～4 厘米。

b.喷雾　在卵孵化高峰期至低龄幼虫高峰期，每亩用 18%杀虫双水剂 225～250 毫升，兑水 30～50 千克均匀喷雾，安全间隔期为早稻 7 天、晚稻 15 天，每季最多使用 3 次。或每亩用 20%杀虫双水剂 180～225 毫升，兑水 30～50 千克均匀喷雾，安全间隔期 15 天，每季最多使用 3 次。施药时应确保田间有 3～5 厘米水层 3～5 天，以提高防治效果，切忌干田用药，以免影响药效。

② 防治水稻二化螟

a. 撒施　在二化螟卵孵化高峰期至低龄幼虫高峰期，每亩用 3.6%杀虫双大粒剂 1000～1250 克撒施，安全间隔期 14 天，每季最多使用 1 次。或每亩用 3.6%杀虫双颗粒剂 1500～2000 克撒施，安全间隔期 21 天，每季最多使用 2 次。

b. 喷雾　在二化螟卵孵化高峰期至低龄幼虫高峰期，每亩用 18%杀虫双水剂 250～300 毫升，或 20%杀虫双水剂 200～250 毫升，兑水 40 千克均匀喷雾，安全间隔期为早稻 7 天、晚稻 15 天，每季最多使用 3 次。或每亩用 25%杀虫双水剂 150～250 毫升，或 29%杀虫双水剂 140～210 毫升，或 29%杀虫双可溶液剂 138～172 毫升，兑水 30～50 千克均匀喷雾，安全间隔期 21 天，每季最多使用 2 次。或每亩用 36%杀虫双水剂 110～155 毫升，兑水 30～50 千克均匀喷雾，安全间隔期 21 天，每季最多使用 3 次。

c. 撒滴　在二化螟卵孵化高峰期至低龄幼虫高峰期，每亩用 18%杀虫双水剂200～250毫升撒滴，安全间隔期15天，每季最多使用3次。

③ 防治水稻三化螟

a. 撒施　在三化螟卵孵化高峰期至低龄幼虫高峰期，每亩用3.6%杀虫双大粒剂1000～1250克撒施，安全间隔期14天，每季最多使用1次。或每亩用3.6%杀虫双颗粒剂1000～1250克撒施，安全间隔期21天，每季最多使用2次。

b. 喷雾　在三化螟卵孵化高峰期至低龄幼虫高峰期，每亩用29%杀虫双可溶液剂155～185毫升，兑水30～50千克均匀喷雾，安全间隔期14天，每季最多使用3次。或每亩用18%杀虫双水剂250～300毫升，或29%杀虫双水剂140～150毫升，兑水40千克均匀喷雾，安全间隔期21天，每季最多使用2次。施药时应确保田间有3～5厘米水层3～5天，以提高防治效果，切忌干田用药，以免影响药效。

c. 撒滴　在三化螟卵孵化高峰期至低龄幼虫高峰期，每亩用18%杀虫双水剂200～250毫升撒滴，安全间隔期15天，每季最多使用3次。

④ 防治水稻潜叶蝇　在潜叶蝇卵孵盛期，每亩用18%杀虫双水剂200～300毫升撒滴，安全间隔期15天，每季最多使用3次。

（2）复配剂应用　**杀双·毒死蜱**。由杀虫双与毒死蜱复配的一种复合低毒广谱杀虫剂。防治水稻稻纵卷叶螟、二化螟，在害虫卵孵化高峰期至卷叶前或钻蛀为害前开始喷药，每隔7天左右喷1次，连喷1～2次。防治二化螟时，重点喷洒植株中下部，每亩用24%杀双·毒死蜱水乳剂75～100毫升，兑水30～45千克均匀喷雾，安全间隔期15天，每季最多使用3次。

注意事项

（1）杀虫双对蚕有很强的触杀、胃毒作用，药效期可达2个月，也具有一定熏蒸毒力。因此，在蚕区最好使用杀虫双颗粒剂。使用颗粒剂的水田水深以4～6厘米为宜，施药后要保持田水10天左右。漏水田和无水田不宜使用颗粒剂，也不宜使用毒土和泼浇法施药。

（2）杀虫双对蜜蜂、鱼类等水生生物、家蚕有毒。

（3）豆类、棉花，以及白菜、甘蓝等十字花科蔬菜，对杀虫双较为敏感，尤以夏天易产生药害。

丁硫克百威（carbosulfan）

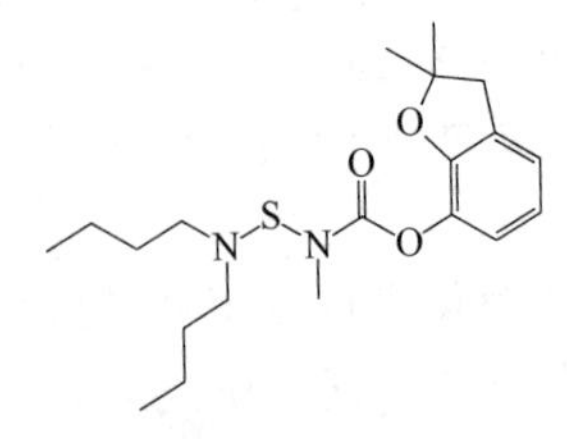

$C_{20}H_{32}N_2O_3S$，380.54

● **其他名称** 好年冬、稻拌威、丁硫威、拌得乐、春百丁威。

● **主要剂型** 5%、20%、200克/升乳油，35%种子处理干粉剂，5%、10%颗粒剂，47%、75%种子处理乳剂，20%悬浮种衣剂，40%悬浮剂，40%水乳剂。

● **毒性** 中等毒性。

● **作用机理** 抑制乙酰胆碱酯酶活性，干扰昆虫神经系统，使昆虫的肌肉及腺体持续兴奋，而导致昆虫死亡。通过在昆虫体内代谢为有毒的克百威而起杀虫作用。

● **使用方法**

（1）单剂应用

① 防治水稻稻水象甲。在水稻移栽或抛秧后5～7天，每亩用5%丁硫克百威颗粒剂2～3千克，拌适量干细土撒施，每季最多使用1次。

② 防治水稻稻飞虱。在稻飞虱低龄若虫发生始盛期，每亩用5%丁硫克百威乳油200～300毫升，兑水30～50千克均匀喷雾，安全间隔期30天，每季最多使用1次。在稻田使用时，避免同时使用敌稗和灭草灵，以防产生药害。

③ 防治稻蓟马。先将称好的稻种浸种，催芽至露白，沥干水分后，放在塑料袋内，然后按照每100千克种子用35%丁硫克百威种子处理干粉剂600～1200克，拌种，将袋口扎紧后上、下、左、右摇动5分钟左右，至种子处理剂完全覆盖种子表面为止，再晾干30分钟，将种子均匀撒播。若处理未经浸湿的种子，则先向种子洒水使其充分湿润后，再行拌种。

④ 防治水稻稻瘿蚊。每 100 千克种子用 35%丁硫克百威种子处理干粉剂 1714～2285 克拌种。浸种后的稻种，常规催芽至破胸晾干后（以不粘手为宜）按比例加入种子处理干粉剂不停翻动 3～5 分钟，干粉剂均匀附着在种子表面再晾 20～30 分钟后将种子均匀撒播，播种后立即覆土。每季最多使用 1 次。

（2）复配剂应用　可与多种杀虫剂、杀菌剂复配，以提高杀虫效果和扩大应用范围。

① **丁硫·吡虫啉**。由丁硫克百威与吡虫啉复配的广谱中毒复合杀虫剂。防治水稻稻飞虱，从飞虱发生为害初期或若虫发生初盛期开始喷药，每亩用 150 克/升丁硫·吡虫啉乳油 30～60 毫升，兑水 30～45 千克均匀喷雾，重点喷洒植株中下部，安全间隔期 30 天，每季最多使用 1 次。

② **丁硫·马**。由丁硫克百威与马拉硫磷混配的广谱中毒复合杀虫剂。防治水稻三化螟、稻纵卷叶螟，在害虫卵孵化始盛期开始喷药，每亩用 20%丁硫·马乳油 120～140 毫升，兑水 30～45 千克均匀喷雾，安全间隔期 30 天，每季最多使用 1 次。

③ **丁硫·毒死蜱**。由丁硫克百威和毒死蜱复配的杀虫剂。防治水稻褐飞虱，低龄若虫盛发期，每亩用 30%丁硫·毒死蜱微乳剂 40～50 毫升，兑水 30～45 千克均匀喷雾，安全间隔期 30 天，每季最多使用 1 次。

④ **丁硫·噻虫嗪**。为丁硫克百威与噻虫嗪复配而成。防治水稻稻蓟马，先将称好的稻种浸种，催芽至露白，沥干水分后，放在塑料袋内，按 100 千克种子用 35%丁硫·噻虫嗪干拌种剂 800～1200 克，将袋口扎紧后上、下、左、右摇动 5 分钟左右至种子处理剂完全覆盖种子表面为止，再晾干 30 分钟，将种子均匀撒播。若处理未经浸湿的种子，则先向种子洒水使其充分湿润后，再行拌种。本品应于水稻播种前拌种使用，播种后覆土，在播种后应设立警示标志，播种后 7 天内禁止人畜进入，每季最多使用 1 次。或水稻播种前，按每 100 千克种子用 13%丁硫·噻虫嗪微囊悬浮-悬浮剂 1.6～2.4 升，加适量清水调匀后均匀拌种处理，于阴凉处晾干后播种，每季最多使用 1 次。

⑤ **丁硫·仲丁威**。为丁硫克百威和仲丁威复配而成。防治水稻稻飞虱，于若虫发生高峰期，每亩用 16%丁硫·仲丁威乳油 220～280 毫升，兑水 30～45 千克均匀喷布于作物植株中下部，安全间隔期 30 天，每季

最多使用1次。施药时，稻田里宜保水2～4厘米。

注意事项

（1）丁硫克百威拌种剂应于水稻播种前拌种，播种后立即覆土，每季最多使用1次。

（2）丁硫克百威不可与碱性的农药等物质混合使用。但可与中性物质混用。

（3）在稻田施用时，丁硫克百威不能与敌稗、灭草灵等除草剂同时使用，施用敌稗应在施用丁硫克百威前3～4天进行，或在施用丁硫克百威后30天进行，以防产生药害。

（4）丁硫克百威对水稻三化螟和稻纵卷叶螟防治效果不好，不宜使用。

（5）不可直接撒施在水塘、湖泊、河流等水体中或沼泽湿地。鱼或虾、蟹套养稻田禁用，施药后的田水不得直接排入水体。

丙溴磷（profenofos）

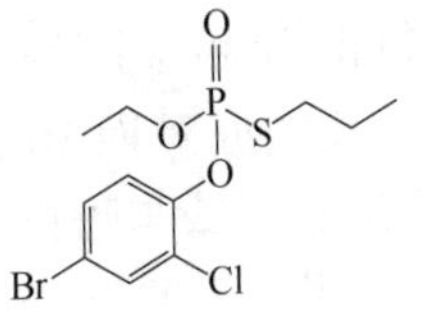

$C_{11}H_{15}BrClO_3PS$，373.63

其他名称　溴丙磷、多虫磷、布飞松、菜乐康。

主要剂型　20%、40%、50%、500克/升、720克/升乳油，50%水乳剂，20%微乳剂，3%、5%、10%颗粒剂，40%可湿性粉剂。

毒性　低毒。对蜜蜂和鸟有毒。

作用机理　抑制昆虫胆碱酯酶的活性。

应用

（1）单剂应用

① 防治稻纵卷叶螟。重点防治水稻穗期为害世代，在卵孵化高峰期施药，每亩用40%丙溴磷乳油100～125毫升，或50%丙溴磷水乳剂100～120毫升，兑水50～75千克均匀喷雾，安全间隔期28天，每季最多使

用 2 次。或每亩用 720 克/升丙溴磷乳油 40～50 毫升，兑水 40～50 千克均匀喷雾，安全间隔期 30 天，每季最多使用 2 次。

② 防治水稻二化螟。在卵孵化高峰期喷雾，每亩用 50%丙溴磷乳油 80～120 毫升，或 720 克/升丙溴磷乳油 40～50 毫升，兑水 30～45 千克均匀喷雾，安全间隔期 28 天，每季最多使用 2 次。

（2）复配剂应用

① **丙溴·敌百虫**。由丙溴磷与敌百虫复配的广谱中毒复合杀虫剂。防治水稻二化螟，在害虫卵孵化期至低龄幼虫钻蛀前或卷叶前喷药，每亩用 40%丙溴·敌百虫乳油 100～120 毫升，兑水 40～50 千克均匀喷雾，视虫害发生情况，每隔 7～10 天喷 1 次，连喷 2 次，安全间隔期 20 天，每季最多使用 2 次。

防治水稻稻纵卷叶螟，在害虫发生高峰期，每亩用 40%丙溴·敌百虫乳油 120～140 毫升，兑水 40～50 千克均匀喷雾，视虫害发生情况，每隔 7～10 天喷 1 次，可连喷 2 次，安全间隔期 20 天，每季最多使用 2 次。

② **丙溴·辛硫磷**。由丙溴磷与辛硫磷复配的广谱中毒复合杀虫剂。防治水稻二化螟，低龄幼虫盛发期、水稻分蘖期，每亩用 25%丙溴·辛硫磷乳油 80～100 毫升，兑水 40～60 千克均匀喷雾，安全间隔期 40 天，每季最多使用 1 次。

防治水稻三化螟，在害虫卵孵盛期至低龄幼虫期，每亩用 40%丙溴·辛硫磷乳油 100～120 毫升，兑水 40～60 千克均匀喷雾，安全间隔期 21 天，每季最多使用 3 次。

防治水稻稻纵卷叶螟、稻飞虱，在害虫卵孵高峰期或者 1～2 龄期，每亩用 25%丙溴·辛硫磷乳油 50～70 毫升，兑水 40～60 千克均匀喷雾，安全间隔期 21 天，每季最多使用 3 次。

③ **丙溴·毒死蜱**。由丙溴磷与毒死蜱复配。防治水稻稻纵卷叶螟，在卵孵化高峰期至低龄幼虫发生期，每亩用 40%丙溴·毒死蜱乳油 100～120 毫升，兑水 45～60 千克，搅拌后均匀喷雾，安全间隔期 28 天，每季最多使用 2 次。施药前后 7 天内不得使用敌稗，以免产生药害。

注意事项

（1）丙溴磷对苜蓿和高粱有药害，不宜使用。

（2）丙溴磷不宜与碱性农药混用。建议与其他不同作用机制的杀虫剂轮换使用，以延缓耐药性产生。

（3）丙溴磷对蜜蜂、鱼类等水生生物、家蚕有毒。

稻丰散（phenthoate）

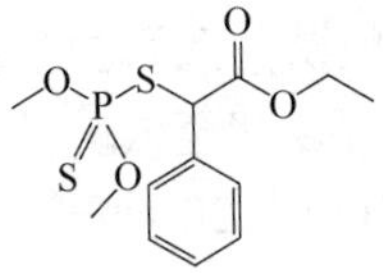

$C_{12}H_{17}O_4PS_2$，320.36

- **其他名称** 爱乐散、益尔散、甲基乙酯磷、稻芬妥。
- **主要剂型** 50%、60%乳油，40%水乳剂，93%原药。
- **毒性** 中等毒性。
- **作用机理** 抑制昆虫体内的乙酰胆碱酯酶，对咀嚼式口器害虫和刺吸式口器害虫有较好的防治效果。
- **应用**

（1）单剂应用

① 防治稻纵卷叶螟。早、晚稻分蘖期或晚稻孕穗、抽穗期，螟卵孵化高峰后 5～7 天，枯鞘丛率 5%～8%，或早稻每亩有中心为害株 100 株或丛害率 1%～1.5%，或晚稻为害团高于 100 个时施药，第一次施药后间隔 10 天可以再施 1 次。防治 3、4 代三化螟白穗要在卵孵盛期内，于水稻破口 5%～10%时用 1 次药，以后每隔 5～6 天施药 1 次，连续施药 2～3 次。每亩用 60%稻丰散乳油 60～100 毫升，兑水 30～50 千克均匀喷雾，安全间隔期 7 天，每季最多使用 3 次。或每亩用 50%稻丰散乳油 100～120 毫升，兑水 30～50 千克均匀喷雾，安全间隔期 7 天，每季最多使用 4 次。或每亩用 40%稻丰散水乳剂 150～175 毫升，兑水 30～50 千克均匀喷雾，施药时间一般以早晚两头为好，安全间隔期 30 天，每季最多使用 3 次。

② 防治水稻褐飞虱。于早稻分蘖期或晚稻孕穗、抽穗期，低龄若虫期至高峰期，每亩用 40%稻丰散水乳剂 150～175 毫升，或 60%稻丰散

乳油 60～100 毫升，兑水 30～45 千克均匀喷雾，第一次施药后间隔 10 天可以再施 1 次，安全间隔期 30 天，每季最多使用 3 次。

③ 防治水稻二化螟。早、晚稻分蘖期，或晚稻孕穗、抽穗期，螟卵孵化高峰后 5～7 天，枯鞘丛率 5%～8%，或早稻每亩有中心为害株 100 株或丛害率 1%～1.5%，或晚稻为害团高于 100 个时施药，第一次施药后间隔 10 天可以再施 1 次，每亩用 60%稻丰散乳油 60～100 毫升，兑水 30～50 千克均匀喷雾，安全间隔期 7 天，每季最多使用 3 次。或每亩用 50%稻丰散乳油 100～120 毫升，兑水 30～50 千克均匀喷雾，安全间隔期 7 天，每季最多使用 4 次。

④ 防治水稻三化螟。防治 3、 4 代三化螟要在卵孵盛期内，于水稻破口 5%～10%时用 1 次药，以后每隔 5～6 天施药 1 次，连续施药 2～3 次，每亩用 50%稻丰散乳油 100～120 毫升，兑水 30～50 千克均匀喷雾，安全间隔期 7 天，每季最多使用 4 次。

（2）复配剂应用

① **稻丰·三唑磷**。由三唑磷与稻丰散复配。防治水稻二化螟、三化螟及稻纵卷叶螟，于稻纵卷叶螟卵孵高峰，二化螟、三化螟 1 龄高峰期，每亩用 40%稻丰·三唑磷乳油 100～125 毫升，兑水 50～60 千克均匀喷雾，安全间隔期 30 天，每季最多使用 2 次。

② **稻散·甲维盐**。由稻丰散与甲氨基阿维菌素苯甲酸盐复配。防治水稻稻纵卷叶螟，早、晚稻分蘖期或晚稻孕穗、抽穗期，螟卵孵盛期至低龄幼虫期，每亩用 31%稻散·甲维盐水乳剂 30～40 毫升，兑水 30～45 千克均匀喷雾，第一次施药后间隔 10 天可以再施 1 次，安全间隔期 30 天，每季最多使用 2 次。

③ **稻散·噻嗪酮**。由稻丰散与噻嗪酮复配。防治水稻稻飞虱，早、晚稻分蘖期或晚稻孕穗、抽穗期，螟卵孵化高峰后 5～7 天，枯鞘丛率 5%～8%，或早稻每亩有中心为害株 100 株或丛害率 1%～1.5%，或晚稻为害团高于 100 个时，每亩用 45%稻散·噻嗪酮乳油 100～120 毫升，兑水 30～45 千克均匀喷雾，第一次施药后间隔 10 天可以再施 1 次，安全间隔期 21 天，每季最多使用 2 次。

④ **稻散·毒死蜱**。稻丰散与毒死蜱的复配剂。防治水稻稻纵卷叶螟，早、晚稻分蘖期或晚稻孕穗、抽穗期，螟卵孵化高峰后 5～7 天，枯鞘丛

率 5%～8%，或早稻每亩有中心为害株 100 株或丛害率 1%～1.5%，或晚稻为害团高于 100 个时，每亩用 45%稻散·毒死蜱乳油 80～120 毫升，兑水 30～45 千克均匀喷雾，第一次施药后间隔 10 天可以再施 1 次，安全间隔期 28 天，每季最多使用 2 次。

注意事项

（1）稻丰散对蜜蜂、鱼类等水生生物、家蚕有毒。

（2）稻丰散对葡萄、桃、无花果和苹果的某些品种有药害，不宜使用。

（3）稻丰散不可与呈碱性的农药等物质混合使用。

马拉硫磷（malathion）

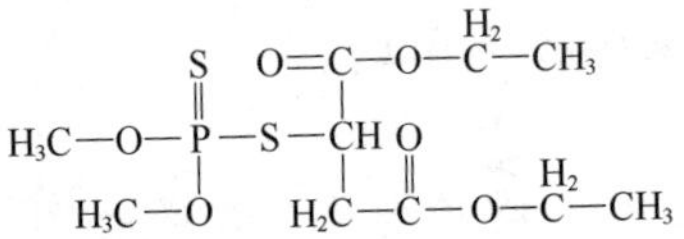

$C_{10}H_{19}O_6PS_2$，330.36

其他名称 马拉松、防虫磷、粮虫净、粮泰安。

主要剂型 45%、70%乳油，1.2%、1.8%粉剂，90%、95%原药。

毒性 低毒。

作用机理 抑制害虫乙酰胆碱酯酶的活性，破坏神经传导，引起神经中毒，导致害虫死亡。

应用

（1）单剂应用

① 防治水稻稻飞虱。应于水稻苗床期或本田中低龄若虫发生高峰期，每亩用 45%马拉硫磷乳油 100～120 毫升，兑水 30～50 千克均匀喷雾，安全间隔期 14 天，每季最多使用 3 次。

② 防治水稻叶蝉。在害虫低龄若虫发生期，每亩用 45%马拉硫磷乳油 85～110 毫升，兑水 30～50 千克均匀喷雾，安全间隔期 14 天，每季最多使用 3 次。

③ 防治水稻蓟马。于水稻蓟马卵孵化高峰期至低龄若虫期，每亩用

45%马拉硫磷乳油 85～111 毫升，兑水 30～50 千克均匀喷雾，安全间隔期 21 天，每季最多使用 2 次。

④ 防治仓储原粮仓储害虫。对仓储害虫玉米象、谷蠹、赤拟谷盗等甲虫类粮食仓储害虫有较好的防治效果，也可用于空仓及环境消毒。按每 1000 千克原粮，用 70%马拉硫磷乳油 28～43 毫升喷雾，喷施本药剂时粮食厚度不得超过 30 厘米，同时切不可将整堆粮食的总药量，施于局部部位。也可采用砻糠载体法喷药，在施药前 1～2 天，将稻壳（谷壳、麦壳）薄摊于室内地面，用超低量喷雾器将整堆粮食所需的总药量（70%马拉硫磷乳油 15～43 毫升/1000 千克原粮，不加水）喷入整堆稻壳中拌匀，阴干后即可使用。粮食贮藏安全期：在施药浓度 20 毫克/千克以下时为 3 个月，浓度为 20～30 毫克/千克时为 4 个月。

（2）复配剂应用

① **马拉·三唑磷**。由马拉硫磷与三唑磷复配的一种广谱中毒复合杀虫剂。水稻二化螟，在水稻分蘖期危害，造成枯鞘和枯心苗；在孕穗期、抽穗期危害，造成枯孕穗和白穗；在灌浆期、乳熟期危害，造成半枯穗和虫伤株。采用本品防治时，各时期害虫都能得到有效的防治。盛孵期至 2 龄幼虫高峰期，每亩用 25%马拉·三唑磷乳油 85～100 毫升，兑水 30～45 千克均匀喷雾，安全间隔期 30 天，每季最多使用 2 次。

防治水稻稻纵卷叶螟，每亩用 25%马拉·三唑磷乳油 75～100 毫升，兑水 30～45 千克均匀喷雾，在水稻抽穗期的为害最为严重，田间虫苞比较多且有刮白现象，这时虫龄较高，最难防治，防治时加大水量、细喷雾，其效果更佳，安全间隔期 30 天，每季最多使用 2 次。

② **马拉·辛硫磷**。由马拉硫磷与辛硫磷复配的一种广谱低毒复合杀虫剂。防治水稻稻纵卷叶螟，在害虫卵孵化高峰期，每亩用 25%马拉·辛硫磷乳油 80～100 毫升，兑水 30～45 千克均匀喷雾，安全间隔期 15 天，每季最多使用 3 次。

防治水稻二化螟，在水稻分蘖期、二化螟卵孵化高峰至低龄幼虫钻蛀前，每亩用 22%马拉·辛硫磷乳油 80～120 毫升，兑水 30～45 千克均匀喷雾，安全间隔期 15 天，每季最多使用 3 次。

防治水稻稻水象甲，水稻抽穗后，每亩用 22%马拉·辛硫磷乳油 80～120 毫升，兑水 30～45 千克均匀喷雾，安全间隔期 15 天，每季最多使用 3 次。

③ **马拉·异丙威**。由马拉硫磷与异丙威混配的一种广谱中毒复合杀虫剂。防治水稻叶蝉，于卵孵盛期至低龄若虫高峰期，每亩用 30%马拉·异丙威乳油 100～133 毫升，兑水 45 千克均匀喷雾，安全间隔期 30 天，每季最多使用 2 次。

防治水稻稻飞虱，于卵孵盛期至低龄若虫高峰期，每亩用 23%马拉·异丙威乳油 150～200 毫升，兑水 45 千克均匀喷雾，安全间隔期 30 天，每季最多使用 2 次。

注意事项

（1）马拉硫磷应与其他作用机制不同的杀虫剂轮换使用。

（2）马拉硫磷不可与呈碱性的农药等物质混合使用。

（3）黄瓜、菜豆、甜菜、高粱、玉米对马拉硫磷比较敏感，使用时应防止药液喷雾飘移其上。

（4）马拉硫磷对蜜蜂、鱼类等水生生物、家蚕有毒。

三唑磷（triazophos）

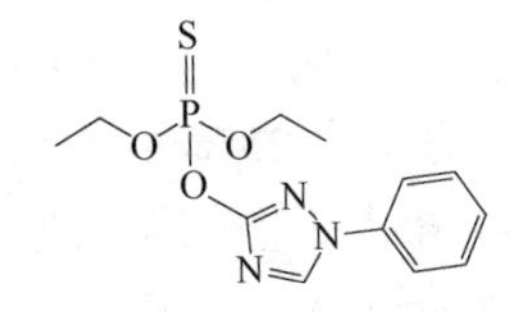

$C_{12}H_{16}N_3O_3PS$，313.3

其他名称 特力克、三唑硫磷、稻螟克、多杀螟、除宁。

主要剂型 10%、13.5%、20%乳油，8%、15%微乳剂，15%、20%水乳剂，3%颗粒剂，20%微囊悬浮剂。

毒性 中等毒性。

作用机理 三唑磷是一种广谱性有机磷类杀虫、杀螨剂，兼有一定的杀线虫作用，还具有胃毒和触杀作用，渗透性强，杀虫效果好，杀卵作用明显，渗透性较强，无内吸作用。可用于防治水稻二化螟、三化螟、稻飞虱、稻纵卷叶螟、稻蓟马、稻瘿蚊等害虫，也可防治棉花、玉米、果树等的棉铃虫、红铃虫、蚜虫、松毛虫等害虫以及叶螨、线虫。

应用

（1）单剂应用

① 防治水稻二化螟。在二化螟卵孵化盛期至低龄幼虫钻蛀前，每亩用30%三唑磷乳油65～100毫升，兑水30～50千克均匀喷雾，安全间隔期7天，每季最多使用2次。或每亩用8%三唑磷微乳剂150～180毫升，兑水30～50千克均匀喷雾，安全间隔期14天，每季最多使用1次。或每亩用20%三唑磷乳油125～150毫升，或40%三唑磷乳油60～70毫升，或60%三唑磷乳油40～50毫升，兑水30～50千克均匀喷雾，安全间隔期30天，每季最多使用2次。或每亩用15%三唑磷微乳剂100～133毫升，或20%三唑磷微乳剂125～150毫升，兑水30～50千克均匀喷雾，安全间隔期35天，每季最多使用2次。或每亩用15%三唑磷水乳剂120～150毫升，或20%三唑磷水乳剂120～150毫升，兑水30～50千克均匀喷雾，安全间隔期40天，每季最多使用2次。常规喷雾，均匀喷雾于水稻植株中下部。防治枯心苗和枯鞘一般在卵孵化前1～2天用药，防治白穗应掌握水稻破口期，5%～10%的水稻破口露穗时，即用药。二化螟1、2龄幼虫高峰期或卵孵化高峰期施药，施药1次能较好地控制当代二化螟的危害。

② 防治水稻三化螟。在三化螟卵孵化盛期至低龄幼虫钻蛀前，每亩用20%三唑磷乳油125～150毫升，或30%三唑磷乳油67～100毫升，或40%三唑磷乳油60～75毫升，兑水50～75千克均匀喷雾，安全间隔期30天，每季最多使用2次。施药后保持水田3～5厘米水层3～5天。

③ 防治水稻稻水象甲。在稻水象甲低龄幼虫期，每亩用20%三唑磷乳油120～160毫升，或30%三唑磷乳油53～107毫升，或40%三唑磷乳油60～80毫升，兑水30～50千克均匀喷雾，安全间隔期30天，每季最多使用2次。

④ 防治水稻稻瘿蚊。在稻瘿蚊低龄幼虫期，每亩用40%三唑磷乳油200～250毫升，兑水30～50千克均匀喷雾，安全间隔期30天，每季最多使用2次。

（2）复配剂应用

① **唑磷·敌百虫**。由三唑磷与敌百虫复配的广谱中毒复合杀虫剂。防治水稻二化螟，低龄幼虫期，每亩用36%唑磷·敌百虫乳油100～120毫升，兑水30～45千克均匀喷雾，安全间隔期30天，每季最多使用2次。

防治水稻三化螟，低龄幼虫期，每亩用36%唑磷·敌百虫乳油100～120毫升，兑水30～45千克均匀喷雾，安全间隔期30天，每季最多使用2次。

② **唑磷·毒死蜱**。由三唑磷与毒死蜱复配的一种广谱中毒复合杀虫剂。防治水稻稻纵卷叶螟，在害虫卵孵化盛期至3龄幼虫期，每亩用20%唑磷·毒死蜱乳油80～96毫升，兑水30～45千克均匀喷雾，安全间隔期30天，每季最多使用2次。

防治水稻二化螟，在低龄幼虫高峰期，每亩用25%唑磷·毒死蜱乳油100～120毫升，兑水30～45千克均匀喷雾，安全间隔期30天，每季最多使用2次。

防治水稻三化螟，在害虫产卵盛期至幼虫钻蛀为害前，每亩用32%唑磷·毒死蜱水乳剂50～60毫升，兑水40千克均匀喷雾，安全间隔期21天，每季最多施用3次。

③ **唑磷·仲丁威**。由三唑磷与仲丁威复配的广谱中毒复合杀虫剂。防治水稻稻飞虱，从害虫发生初期或若虫发生始盛期，每亩用25%唑磷·仲丁威乳油180～200毫升，兑水50～75千克均匀喷雾，安全间隔期30天，每季最多使用2次。

防治水稻二化螟，卵孵化高峰初盛期，每亩用35%唑磷·仲丁威乳油75～125毫升，兑水50～75千克均匀喷雾，间隔7～10天施药1次，具体施药次数视虫情而定，安全间隔期30天，每季最多使用2次。在水稻上使用的前后10天，要避免使用除草剂敌稗。

防治水稻稻纵卷叶螟，卵孵化高峰初盛期，每亩用25%唑磷·仲丁威乳油180～200毫升，兑水50～75千克均匀喷雾，间隔7～10天施药1次，具体施药次数视虫情而定。要细雾喷施，喷药时要“面面俱到”，防止漏喷，安全间隔期30天，每季最多使用2次。在水稻上使用的前后10天，要避免使用除草剂敌稗。

④ **三唑·辛硫磷**。由三唑磷与辛硫磷复配的中等毒性有机磷复配杀虫剂。防治水稻二化螟，卵孵化盛期，每亩用20%三唑·辛硫磷乳油100～150毫升，兑水30～40千克均匀喷雾，田间喷雾最好在傍晚进行，视虫害发生情况，每隔10天左右喷1次，可连喷2次，安全间隔期15天，每季最多使用3次。施药后注意保持3～5厘米的水层3～5天。

防治水稻三化螟、稻纵卷叶螟，卵孵化高峰至2龄幼虫高峰期，每亩用40%三唑·辛硫磷乳油75～125毫升，兑水50～75千克均匀喷雾，安全间隔期20天，每季最多使用2次。

防治水稻稻水象甲，卵孵盛期或低龄幼虫发生高峰期，每亩用20%三唑·辛硫磷乳油50～70毫升，兑水30～45千克均匀喷雾，安全间隔期60天，每季最多使用2次。

⑤ **唑磷·杀虫单**。由三唑磷与杀虫单复配而成。防治水稻二化螟，在卵孵化高峰时，每亩用35%唑磷·杀虫单可湿性粉剂90～100克，兑水40～50千克均匀喷雾，安全间隔期30天，每季最多使用2次。

⑥ **唑磷·矿物油**。由三唑磷与矿物油复配。防治水稻二化螟，在蚁螟孵化盛期至高峰期，每亩用40%唑磷·矿物油乳油100～120毫升，兑水30～45千克均匀喷雾，每隔7天施药1次，可连喷2次，安全间隔期30天，每季最多使用2次。

注意事项

（1）用三唑磷防治稻螟时，稻飞虱会再猖獗，如果要兼治飞虱，宜同时施用吡虫啉。

（2）应避免在大田前期和水稻扬花期使用三唑磷，保护稻田天敌和蜜蜂。

（3）鱼对三唑磷比较敏感。

（4）禁止在家蚕饲养期间于桑叶毗邻区使用三唑磷，避免影响家蚕饲养。

（5）禁止在蔬菜上使用三唑磷。

毒死蜱（chlorpyrifos）

Cl
O
O
P
O
S
N
Cl
Cl

$C_9H_{11}Cl_3NO_3PS$，350.59

其他名称　氯吡硫磷、阿捕郎、阿麦尔。

● **主要剂型** 20%、40%乳油，25%、50%可湿性粉剂，300克/升、480克/升微乳剂，20%、25%水乳剂，20%、25%微囊悬浮剂，15%烟雾剂，14%、25%颗粒剂，30%种子处理微囊悬浮剂。

● **毒性** 中等毒性。

● **作用机理** 抑制体内神经中乙酰胆碱酯酶或胆碱酯酶的活性而破坏正常的神经冲动传导，引起一系列中毒症状，致害虫异常兴奋、痉挛、麻痹，从而死亡。

● **应用**

（1）单剂应用

① 防治水稻稻飞虱。在稻飞虱低龄若虫盛发期，每亩用45%毒死蜱乳油65～85毫升，兑水30～50千克均匀喷雾，安全间隔期7天，每季最多使用2次。或每亩用480克/升毒死蜱乳油70～90毫升，兑水30～45千克均匀喷雾，安全间隔期14天，每季最多使用2次。或每亩用20%毒死蜱水乳剂150～200毫升，兑水30～50千克均匀喷雾，安全间隔期21天，每季最多使用2次。或每亩用25%毒死蜱微乳剂100～150毫升，或30%毒死蜱水乳剂120～150毫升，或40%毒死蜱乳油75～100克，或40%毒死蜱水乳剂80～120毫升，兑水30～50千克均匀喷雾，安全间隔期30天，每季最多使用3次。或每亩用30%毒死蜱微囊悬浮剂100～140毫升，兑水30～50千克均匀喷雾，安全间隔期40天，每季最多使用3次。

② 防治水稻稻纵卷叶螟。在稻纵卷叶螟卵孵化高峰或低龄幼虫期，每亩用20%毒死蜱水乳剂150～180毫升，兑水30～50千克均匀喷雾，安全间隔期21天，每季最多使用2次。或每亩用20%毒死蜱微囊悬浮剂150～175毫升，或30%毒死蜱可湿性粉剂100～140克，或40%毒死蜱水乳剂75～100毫升，或65%毒死蜱乳油46～62毫升，兑水30～50千克均匀喷雾，安全间隔期21天，每季最多使用3次。或每亩用25%毒死蜱水乳剂120～150毫升，或30%毒死蜱水乳剂100～120毫升，兑水30～50千克均匀喷雾，安全间隔期30天，每季最多使用2次。或每亩用25%毒死蜱微乳剂100～150毫升，或40%毒死蜱乳油70～90毫升，或45%毒死蜱乳油60～80毫升，或480克/升毒死蜱乳油70～80毫升，兑水40～50千克均匀喷雾，安全间隔期30天，每季最多使用3次。或

每亩用15%毒死蜱微乳剂133～267毫升，或40%毒死蜱微乳剂75～100毫升，兑水30～50千克均匀喷雾，安全间隔期40天，每季最多使用1次。或每亩用30%毒死蜱微乳剂100～120毫升，兑水40～60千克均匀喷雾，安全间隔期40天，每季最多使用2次。或每亩用30%毒死蜱微囊悬浮剂100～140毫升，兑水30～50千克均匀喷雾，安全间隔期40天，每季最多使用3次。

③ 防治水稻二化螟。在二化螟卵孵化高峰期或低龄幼虫期，每亩用45%毒死蜱乳油65～80毫升，兑水30～45千克均匀喷雾，安全间隔期15天，每季最多使用2次。或每亩用20%毒死蜱水乳剂150～200毫升，兑水30～50千克均匀喷雾，安全间隔期21天，每季最多使用2次。或每亩用480克/升毒死蜱乳油60～100毫升，兑水30～45千克均匀喷雾，安全间隔期30天，每季最多使用2次。或每亩用40%毒死蜱乳油90～100毫升，兑水30～45千克均匀喷雾，安全间隔期30天，每季最多使用3次。或每亩用30%毒死蜱微囊悬浮剂100～140毫升，兑水30～50千克均匀喷雾，安全间隔期40天，每季最多使用3次。

④ 防治水稻三化螟。在三化螟卵孵化盛期或低龄幼虫期，每亩用480克/升毒死蜱乳油70～90毫升，兑水30～45千克均匀喷雾，安全间隔期14天，每季最多使用2次。或每亩用40%毒死蜱乳油90～110毫升，或45%毒死蜱乳油70～90毫升，兑水30～50千克均匀喷雾，安全间隔期30天，每季最多使用3次。

⑤ 防治水稻稻瘿蚊

a. 撒施　水稻育秧阶段防治，播种前每亩用5%毒死蜱颗粒剂1.8～2.0千克，拌细土20千克，撒施在土中或钵间及苗床四周，可取得良好的杀虫保苗效果。施药时，药粒要均匀地混入土中，避免稻种直接接触药粒，防止产生药害。

b. 喷雾　在稻瘿蚊卵孵始盛期、田间开始出现标葱时施药防治，每亩用20%毒死蜱乳油300～400毫升，兑水30～50千克均匀喷雾，安全间隔期7天，每季最多使用2次。或每亩用45%毒死蜱乳油250～300毫升，兑水30～45千克均匀喷雾，安全间隔期15天，每季最多使用2次。或每亩用40%毒死蜱乳油300～400毫升，兑水50千克均匀喷雾，安全间隔期30天，每季最多使用3次。施药时和施药后5～7天田间应保留适当水层，虫情严重时，可连续用药 2 次，用药间隔期以 7～10 天为宜。

（2）复配剂应用

① **毒·辛**。由毒死蜱与辛硫磷混配的一种复合广谱杀虫剂。防治水稻三化螟，卵孵化高峰期至 2 龄幼虫高峰期，每亩用 40%毒·辛乳油 75～125 毫升，兑水 50～75 千克均匀喷雾，要粗雾喷施，喷药时要“面面俱到”，防止漏喷，安全间隔期 7 天，每季最多使用 4 次。

防治水稻稻纵卷叶螟，卵孵盛期，每亩用 40%毒·辛乳油 75～125 毫升，兑水 50～75 千克均匀喷雾，间隔 5～7 天喷 1 次，可连喷 3～4 次，具体施药次数视虫情而定，安全间隔期 7 天，每季最多使用 4 次。

防治水稻稻飞虱，低龄若虫高峰期，每亩用 40%毒·辛乳油 90～125 毫升，兑水 50～75 千克均匀喷雾，每隔 5～7 天喷 1 次，可连喷 3～4 次，具体施药次数视虫情而定，要粗雾喷施，喷药时要“面面俱到”，防止漏喷，安全间隔期 7 天，每季最多使用 4 次。

② **毒·唑磷**。由毒死蜱与三唑磷复配的一种有机磷杀虫剂。防治水稻三化螟，在害虫低龄幼虫期或卵孵盛期，每亩用 30%毒·唑磷乳油 40～60 毫升，兑水 30～45 千克均匀喷雾，安全间隔期 30 天，每季最多使用 2 次。对瓜类、莴苣苗期及烟草有毒，应避免药液飘移到上述作物上。

注意事项

（1）对虾和鱼高毒，对蜜蜂有较高的毒性。

（2）毒死蜱对烟草及瓜类苗期较敏感，喷药时应避免药液飘移其上。

（3）避免水稻前期和扬花期使用毒死蜱，以保护天敌和蜜蜂。

（4）避免毒死蜱药液流入鱼塘、湖、河流；清洗喷药器械或弃置废料勿污染水源，特别是养虾塘附近不要使用。

多杀霉素（spinosad）

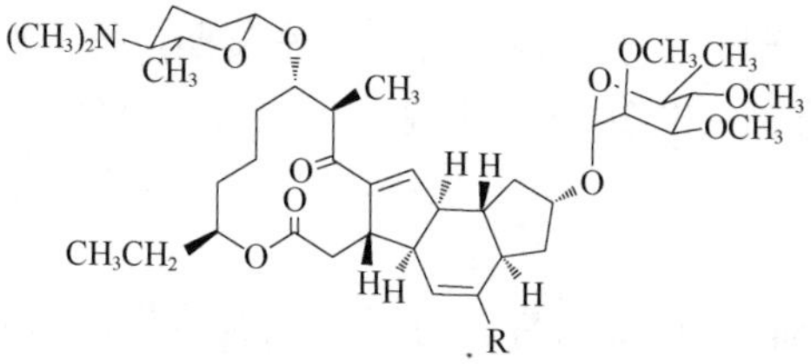

spinosyn A, R = H
spinosyn D, R = CH_3

$C_{41}H_{65}NO_{10}$，732.0 (spinosyn A)；$C_{42}H_{67}NO_{10}$，746.0 (spinosyn D)

其他名称 菜喜、催杀。

主要剂型 2.5%、5%、10%、20%、48%、25 克/升、480 克/升悬浮剂，0.02%饵剂，2.5%可湿性粉剂，10%、20%水分散粒剂，3%、8%水乳剂，2%微乳剂，0.5%粉剂，10%可分散油悬浮剂。

毒性 低毒。

作用机理 多杀霉素的作用机制新颖、独特，不同于一般的大环内酯类化合物。通过刺激昆虫的神经系统，增加其自发活性，导致昆虫非功能性的肌收缩、衰竭，并使其颤抖和麻痹，表现出烟碱型乙酰胆碱受体（nChR）被持续激活引起乙酰胆碱（ACh）延长释放效应。多杀霉素同时也作用于γ-氨基丁酸（GABA）受体，改变 GABA 门控氯离子通道的功能，进一步促进其杀虫活性的提高。

应用

（1）单剂应用

① 防治水稻稻纵卷叶螟。在稻纵卷叶螟卵孵化盛期至低龄幼虫期，每亩用 10%多杀霉素可分散油悬浮剂 20～25 毫升，兑水 30～50 千克均匀喷雾，安全间隔期 14 天，每季最多使用 1 次。或每亩用 2%多杀霉素微乳油 150～200 毫升，兑水 30～50 千克均匀喷雾，安全间隔期 21 天，每季最多使用 1 次。或每亩用 5%多杀霉素悬浮剂 75～85 毫升，或 20%多杀霉素水分散粒剂 18～22 克，兑水 30～50 千克均匀喷雾，安全间隔期 21 天，每季最多使用 3 次。

② 防治水稻二化螟。于二化螟卵孵化盛期至 2 龄以前，每亩用 2%多杀霉素微乳剂 150～200 毫升，兑水 30～50 千克均匀喷雾，安全间隔期 21 天，每季最多使用 1 次。

③ 防治水稻蓟马。于蓟马低龄若虫盛发期，每亩用 5%多杀霉素悬浮剂 40～50 毫升，兑水 30～50 千克均匀喷雾，安全间隔期 14 天，每季最多使用 3 次。

（2）复配剂应用

① **多杀·甲维盐**。由多杀霉素与甲氨基阿维菌素苯甲酸盐复配而成。防治水稻稻纵卷叶螟、二化螟，在卵孵化高峰期或 1、2 龄幼虫发生高峰期，每亩用 5%多杀·甲维盐悬浮剂 30～50 毫升，兑水 30～45 千克均匀喷雾，安全间隔期 21 天，每季最多使用 2 次。

② **多杀·茚虫威**。由多杀霉素和茚虫威复配的低毒杀虫剂。防治水稻稻纵卷叶螟，于卵孵盛期至低龄幼虫始盛期，每亩用 15%多杀·茚虫威悬浮剂 14～16 毫升，兑水 30～45 千克均匀喷雾，对茎叶正反面均匀喷雾，安全间隔期 21 天，每季最多使用 2 次。

③ **多杀素·氯虫苯**。由多杀霉素与氯虫苯甲酰胺复配而成。防治水稻稻纵卷叶螟，低龄幼虫盛期，每亩用 25%多杀素·氯虫苯悬浮剂 6～10 毫升，兑水 40～60 千克均匀喷雾，安全间隔期 21 天，每季最多使用 1 次。

防治水稻二化螟，低龄幼虫盛期，每亩用 12.5%多杀素·氯虫苯悬浮剂 13～17 毫升，兑水 30～50 千克均匀喷雾，安全间隔期 28 天，每季最多使用 1 次。

注意事项

（1）多杀霉素无内吸性，喷雾时应均匀、周到，叶面、叶背及叶心均需着药。

（2）为延缓多杀霉素抗药性产生，建议与其他作用机制不同的杀虫剂轮换使用。

（3）对蜜蜂高毒，蚕室和桑园附近禁用。赤眼蜂等天敌昆虫放飞区禁用。

苏云金杆菌（*Bacillus thuringiensis*）

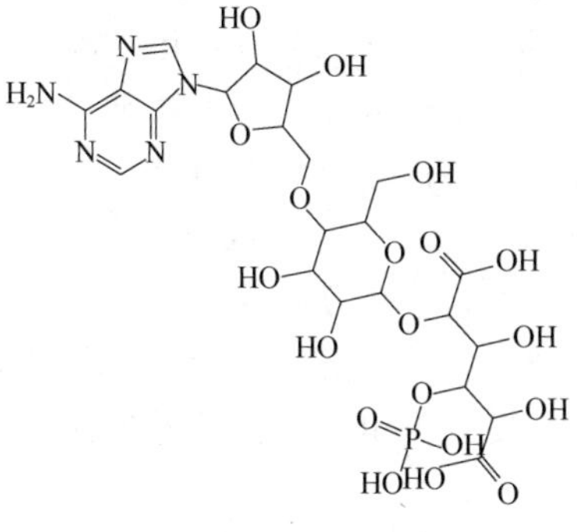

$C_{22}H_{32}N_5O_{19}P$，701.49

其他名称　敌宝、快来顺、康多惠、包杀敌、菌杀敌、BT、Bt 。

主要剂型　100 亿个孢子/毫升 Bt 乳剂，100 亿个孢子/克菌粉，100 亿活孢子/毫升、6000IU/毫克 、8000IU（国际单位）/毫克可湿性粉剂，2000IU/微升、4000IU/微升、6000IU/微升、8000IU/毫升、100 亿活孢子/毫升悬浮剂，8000IU/毫克、4000IU/毫克粉剂，8000IU/微升油悬浮剂，2000IU/毫克颗粒剂，15000IU/毫克、16000IU/毫克水分散粒剂，4000IU/毫克悬浮种衣剂，100 亿活芽孢/克、150 亿活芽孢/克可湿性粉剂，100 亿活芽孢/克悬浮剂。

毒性　低毒。

作用机理　苏云金杆菌是一种微生物源低毒杀虫剂，以胃毒作用为主。该菌进入昆虫消化道后，可产生两大类毒素：内毒素（即伴孢晶体）和外毒素（α-外毒素、β-外毒素和 γ-外毒素）。伴孢晶体是主要的毒素，它被昆虫碱性肠液破坏成较小单位的 δ-内毒素，使中肠停止蠕动、瘫痪，中肠上皮细胞解离，停食，芽孢则在中肠中萌发，经被破坏的肠壁进入血腔，大量繁殖，使虫得败血症而死。外毒素作用缓慢，而在蜕皮和变态时作用明显，这两个时期正是 RNA（核糖核酸）合成的高峰期，外毒素能抑制依赖于 DNA（脱氧核糖核酸）的 RNA 聚合酶。

● 应用

（1）单剂应用

① 防治水稻稻纵卷叶螟。低龄幼虫期，每亩用4000IU/微升苏云金杆菌悬浮剂200～250毫升，或6000IU/微升苏云金杆菌悬浮剂200～250毫升，或8000IU/微升苏云金杆菌可湿性粉剂200～300克，或8000IU/微升苏云金杆菌可分散油悬浮剂80～100毫升，或16000IU/毫克苏云金杆菌可湿性粉剂100～150克，或32000IU/毫克苏云金杆菌可湿性粉剂50～77克，兑水40～50千克均匀喷雾。

② 防治水稻二化螟。低龄幼虫期，每亩用8000IU/微升苏云金杆菌悬浮剂200～400毫升，或16000IU/毫克苏云金杆菌可湿性粉剂150～180克，兑水40～50千克喷雾。

③ 防治水稻稻苞虫。在幼虫低龄期提前2～3天用药，每亩用8000IU/毫克苏云金杆菌悬浮剂200～400毫升，或8000IU/毫克苏云金杆菌可湿性粉剂100～400克，或16000IU/毫克苏云金杆菌可湿性粉剂100～400克，兑水40～50千克均匀喷雾。

（2）复配剂应用

① **苏云·吡虫啉**。由苏云金杆菌与吡虫啉复配的广谱低毒复合杀虫剂。防治水稻的稻纵卷叶螟、二化螟、稻飞虱，于螟虫与稻飞虱同时发生或混合发生时使用。从害虫发生为害初期（螟虫卵孵化期或稻飞虱发生为害初期）开始喷药，每亩用2%苏云·吡虫啉可湿性粉剂50～100克，兑水30～45千克均匀喷雾，注意喷洒植株中下部，每隔7天左右喷1次，连喷2次，安全间隔期14天，每季最多使用2次。

② **苏云·稻纵颗**。由苏云金杆菌与稻纵卷叶螟颗粒体病毒复配的微生物农药。防治水稻稻纵卷叶螟，在卵孵化盛期，每亩用10万OB/毫克·16000IU/毫克苏云·稻纵颗可湿性粉剂50～100克，兑水30～45千克均匀喷雾。

③ **苏云·杀虫单**。由苏云金杆菌与杀虫单混配。防治水稻二化螟，在害虫卵孵盛期至低龄幼虫期，每亩用100亿芽孢/克苏云金杆菌·46%杀虫单可湿性粉剂50～60克，兑水30～45千克均匀喷雾。施药时用足水量，均匀喷于作物叶片两面，确保防治效果。安全间隔期20天，每季最多使用2次。

④ **苏云·茚虫威**。由苏云金杆菌与茚虫威复配的杀虫剂。防治水稻稻纵卷叶螟，在卵孵至低龄幼虫盛发期，每亩用5%苏云·茚虫威悬浮剂

60～80 毫升，兑水 30～45 千克均匀喷雾，视虫情，以中上部叶片为主，安全间隔期 28 天，每季最多使用 2 次。药后水稻田保水 5～7 厘米 3～5 天可达最佳效果。

注意事项

（1）苏云金杆菌制剂杀虫的速效性较差，使用时一般以害虫在 1 龄、2 龄时防治效果好，对取食量大的老熟幼虫往往比取食量较小的幼虫效果更好，甚至老熟幼虫化蛹前摄食菌剂后可使蛹畸形，或在化蛹后死亡。所以当田间虫口密度较小或害虫发育进度不一致，世代重叠或虫龄较小时，可推迟施菌日期以便减少施菌次数，节约投资。对生活习惯隐蔽又没有转株危害特点的害虫，必须在害虫蛀孔、卷叶隐蔽前施用菌剂。

（2）施用时要注意气候条件。因苏云金杆菌对紫外线敏感，故最好在阴天或晴天下午 4～5 时后喷施。需在气温 18℃以上使用，气温在 30℃左右时，防治效果最好，害虫死亡速度较快。

（3）苏云金杆菌制剂加黏着剂和肥皂可加强效果。如果不下雨（下雨 15～20 毫米则要及时补施），喷施 1 次，有效期为 5～7 天，5～7 天后再喷施，连续几次即可。

（4）苏云金杆菌制剂只能防治鳞翅目害虫，如有其他种类害虫发生需要与其他杀虫剂一起喷施。喷施苏云金杆菌后，再喷施菊酯类杀虫剂能增强杀虫效果。不能与内吸性有机磷杀虫剂或者杀细菌的药剂（如多菌灵、甲基硫菌灵等）一起喷施。不能与碱性农药混合使用。喷过杀菌剂的喷雾器也要冲洗干净，否则杀菌剂会把部分苏云金杆菌杀死，从而影响杀虫效果。

（5）苏云金杆菌制剂对家蚕剧毒，对蜜蜂有风险，对水生生物有毒。

乙酰甲胺磷（acephate）

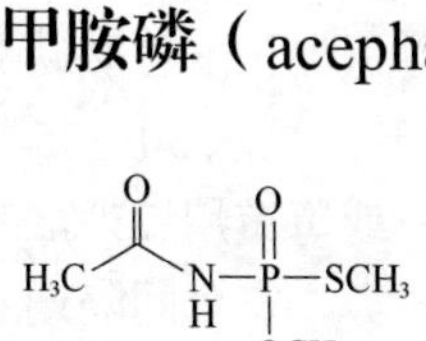

$$H_3C-C(=O)-NH-P(=O)(OCH_3)-SCH_3$$

$C_4H_{10}NO_3PS$，183.17

其他名称 高灭磷、杀虫灵、酰胺磷、益士磷、杀虫磷、欧杀松、锐先。

主要剂型 20%、30%、40%乳油，20%、25%可湿性粉剂，25%、50%、75%可溶粉剂，90%可溶粒剂，97%水分散粒剂。

毒性 低毒。

作用机理 抑制昆虫体内的乙酰胆碱酯酶。

应用

（1）单剂应用

① 防治水稻二化螟。在卵孵化高峰期至低龄幼虫高峰期，每亩用92%乙酰甲胺磷可溶粒剂 50～60 克，兑水 30～45 千克均匀喷雾，安全间隔期 30 天，每季最多使用 1 次。或每亩用 20%乙酰甲胺磷乳油 250～300 毫升，兑水 50～75 千克均匀喷雾，安全间隔期 30 天，每季最多使用 3 次。或每亩用 30%乙酰甲胺磷乳油 175～225 毫升，或 75%乙酰甲胺磷可溶粉剂 80～120 克，或 95%乙酰甲胺磷可溶粒剂 60～80 克，兑水 60 千克均匀喷雾，安全间隔期 45 天，每季最多使用 2 次。

② 防治水稻三化螟。在卵孵化高峰期至低龄幼虫高峰期，每亩用30%乙酰甲胺磷乳油 150～200 毫升，兑水 30～45 千克均匀喷雾，安全间隔期 45 天，每季最多使用 2 次。或每亩用 20%乙酰甲胺磷乳油 250～300 毫升，兑水 30～50 千克均匀喷雾，安全间隔期 45 天，每季最多使用 3 次。

③ 防治水稻叶蝉。在叶蝉发生初期，每亩用 30%乙酰甲胺磷乳油125～225 毫升，或 40%乙酰甲胺磷乳油 100～125 毫升，兑水 30～50 千克均匀喷雾，安全间隔期 45 天，每季最多使用 2 次。

④ 防治水稻稻纵卷叶螟。在水稻分蘖期百蔸 2～3 龄幼虫量 45～50头，叶被害率 7%～9%时；或孕穗抽穗期百蔸 2～3 龄幼虫量 25～35 头，叶被害率 3%～5%时，每亩用 30%乙酰甲胺磷乳油 150～200 毫升，或 40%乙酰甲胺磷乳油 90～150 毫升，兑水 30～45 千克均匀喷雾，安全间隔期30 天，每季最多使用 3 次。或每亩用 75%乙酰甲胺磷可溶粉剂 85～100克，兑水 45～60 千克均匀喷雾，安全间隔期 45 天，每季最多使用 2 次。

⑤ 防治水稻稻飞虱。在稻飞虱发生初期，每亩用 30%乙酰甲胺磷乳油 150～225 毫升，兑水 30～50 千克均匀喷雾，安全间隔期 45 天，每季最多使用 2 次。

（2）复配剂应用　在水稻生产上的复配剂主要有敌百·乙酰甲，参见敌百虫。

注意事项

（1）乙酰甲胺磷不宜在茶树、桑树上使用，蚕室及桑园附近禁用，蜜源作物花期禁用。

（2）如发现乙酰甲胺磷有结晶析出，应摇匀将瓶浸入热水中，待溶解后再使用。

四聚乙醛（metaldehyde）

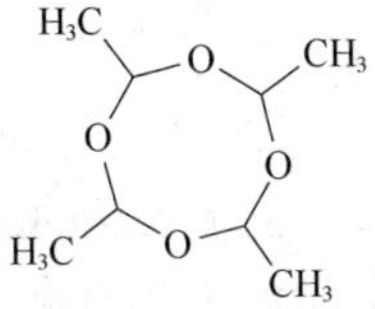

$C_8H_{16}O_4$，176.2

其他名称　密达、多聚乙醛、蜗牛散、蜗牛敌、蜗火星、梅塔、灭蜗灵。

主要剂型　96%、98%、99%原药，6%（每千克约有7万粒）、10%颗粒剂，80%可湿性粉剂。

毒性　低毒。

作用机理　四聚乙醛颗粒剂为蓝色或灰蓝色颗粒。是一种胃毒剂，对蜗牛和蛞蝓有一定的引诱作用，主要令螺体内乙酰胆碱酯酶大量释放，破坏螺体内特殊的黏液，使螺体迅速脱水、神经麻痹，导致大量体液流失和细胞被破坏，致使螺体、蛞蝓等在短时间内中毒死亡。植物体不吸收该药，因此不会在植物体内积累。主要用于防治稻田福寿螺和蛞蝓。

应用

（1）单剂应用

① 用5%四聚乙醛颗粒剂撒施。防治水稻福寿螺，在水稻插秧、抛秧1天后，每亩用5%四聚乙醛颗粒剂480～660克，均匀撒施于稻田中，保持2～5厘米水位3～7天。在15～35℃施药效果为佳。安全间隔期70天，每季最多使用2次。

② 用 6%四聚乙醛颗粒剂喷雾。防治水稻福寿螺，在水稻插秧、抛秧 1 天后，移植田在移栽后施药，每次每亩用 6%四聚乙醛颗粒剂 400～540 克，均匀撒施于稻田中，保持 2～5 厘米水位 3～7 天，安全间隔期 7 天，每季最多使用 2 次。

③ 15%四聚乙醛颗粒剂撒施。水稻福寿螺发生初期使用，每亩用 15%四聚乙醛颗粒剂 200～300 克均匀撒施。施药后田间需保持浅水。使用本农药后，不要在田中践踏，安全间隔期 70 天，每季最多使用 1 次。

④ 用 40%四聚乙醛悬浮剂喷雾。防治水稻福寿螺，其杀螺速度较快，效果较好。在水稻插秧 1 周后，福寿螺发生初期，每亩用 40%四聚乙醛悬浮剂 160～200 毫升，兑水 30～53.3 升均匀喷雾 1 次。

⑤ 用 80%四聚乙醛可湿性粉剂喷施。防治水稻福寿螺，在气温高于 20℃，在栽植前 1～3 天，每亩每次用 80%四聚乙醛可湿性粉剂 800 克，加水稀释后施用，保持 1～3 厘米深的田水约 7 天。

（2）复配剂应用　在水稻生产上的复配剂主要有甲维·四聚醛，参见甲氨基阿维菌素苯甲酸盐。

注意事项

（1）四聚乙醛施药后，不可在田中践踏，以免影响药效。

（2）遇低温（低于 15℃）或高温（高于 35℃），因钉螺和福寿螺的活动能力减弱，四聚乙醛药效会有影响。施药如遇大雨，会降低药效，可酌量补充施药。

（3）水产养殖区、河塘等水体附近禁用四聚乙醛，鱼或虾、蟹套养稻田内禁用。

杀螺胺乙醇胺盐（niclosamide ethanolamine）

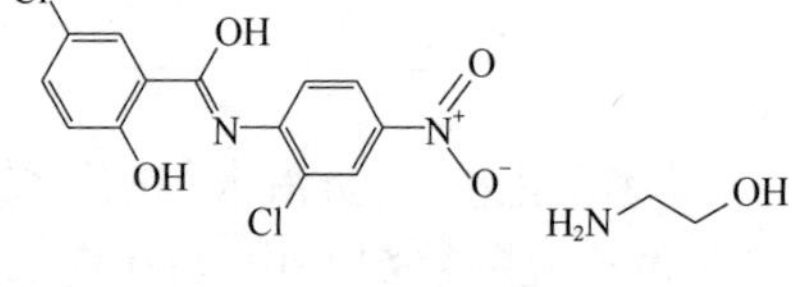

$C_{15}H_{15}Cl_2N_3O_5$，388.2

其他名称　除螺灵、挫螺、氯硝柳胺乙醇胺盐、螺歼、螺净、螺灭杀。

● **主要剂型** 25%、50%可湿性粉剂，4%粉剂，0.6%、5%颗粒剂，25%、50%悬浮剂，98%原药。

● **毒性** 低毒。

● **作用机理** 杀螺胺乙醇胺盐是一种具有胃毒作用的杀软体动物剂，对螺卵、血吸虫尾蚴等，有较强的杀灭作用，对人畜毒性低，对作物安全。药物通过阻止水中害螺对氧的摄入而降低呼吸作用，最终使其窒息死亡。该药剂可在流动水和不流动水中使用，既杀成螺也杀灭螺卵，如果水中盐的含量过高，会削弱杀螺效果。对防治水稻福寿螺有较好的效果。

● **应用** 主要用于防治水稻福寿螺。

（1）撒施 于水稻移栽后 7～10 天，水稻福寿螺发生期，每亩用 0.6%杀螺胺乙醇胺盐颗粒剂 4.5～7.5 千克撒施。施药后 3 天之内不要将稻田水排入池塘或河流；水稻田施药后 2 天内暂不灌水，若施药后恰遇大雨，应视具体情况适当补充药液。大风天或预计 1 小时内有雨，请勿施药。每季最多使用 1 次。

（2）毒土撒施 于水稻福寿螺发生初期施药，每亩用 50%杀螺胺乙醇胺盐可湿性粉剂 60～80 克，或 70%杀螺胺乙醇胺盐可湿性粉剂 30～45 克，与适量细沙或细土（每亩 10～15 千克）混匀后，均匀撒施，安全间隔期 52 天，每季最多使用 2 次。

（3）喷雾 于水稻福寿螺发生初期，每亩用 25%杀螺胺乙醇胺盐可湿性粉剂 100～120 克，兑水 30 千克喷雾，水稻田施药后 2 天内暂不灌水。若施药后恰遇大雨，则应视具体情况适当补充药液，安全间隔期 40 天，每季最多使用 2 次。或每亩用 50%杀螺胺乙醇胺盐可湿性粉剂 70～80 克，或 60%杀螺胺乙醇胺盐可湿性粉剂 50～70 克，兑水 30 千克喷雾，用药后保持水深 2～4 厘米，2 天内不再排灌，安全间隔期 52 天，每季最多使用 2 次。或每亩用 70%杀螺胺乙醇胺盐可湿性粉剂 40～60 克，兑水 30 千克喷雾，水稻田施药后 2 天内不能灌水，安全间隔期 62 天，每季最多使用 1 次。或每亩用 25%杀螺胺乙醇胺盐悬浮剂 100～140 毫升，兑水 30 千克均匀喷雾，平田至插秧前后，保持水深 1～3 厘米，施药时保持田面平整，最适水深 1～3 厘米，当超过 4 厘米时，需适当增加用药量，中午高温时施药，螺死亡速度最快，田中无水不施药，安全间隔期 62 天，每季最多使用 2 次。

注意事项

（1）杀螺胺乙醇胺盐不可与石硫合剂和波尔多液等强碱性药剂混用，以免降低药效。

（2）杀螺胺乙醇胺盐对鱼类、贝类及蛙类等有毒，使用时要多加注意，勿污染鱼塘等水生动物养殖水域。

（3）杀螺胺乙醇胺盐只宜在水体中使用，不宜在干旱的环境下使用。

球孢白僵菌（*Beauveria bassiana*）

其他名称　Beauverial、白僵菌。

主要剂型　1000 亿孢子/克、500 亿孢子/克、800 亿孢子/克母药，400 亿孢子/克、150 亿个孢子/克、300 亿孢子/克球孢白僵菌可湿性粉剂，400 亿孢子/克球孢白僵菌水分散粒剂，100 亿孢子/克、200 亿孢子/克、300 亿孢子/克球孢白僵菌可分散油悬浮剂，150 亿个/克悬浮剂，150 亿孢子/克球孢白僵菌颗粒剂。

毒性　低毒。

作用机理　本产品为真菌类微生物杀虫剂，分生孢子存活于寄主表皮或气孔、消化道上，遇适宜条件开始萌发，产出芽管，同时产生脂肪酶、蛋白酶、几丁质酶溶解昆虫表皮，由芽管侵入虫体，在虫体内生长繁殖，消耗寄主体内养分，产生大量菌丝和分泌物，害虫感病后 4～5 天死亡，虫尸变白色并僵硬，体表长满白色粉状孢子，可随风扩散，继续感染其他害虫个体。侵染途径因昆虫的种类、虫态、环境条件等的不同而异。侵染同时产生各种毒素，如白僵菌素、卵孢白僵菌素和卵孢子素等。白僵菌需要有适宜的温湿度（温度 24～28℃，相对湿度 90%左右，土壤含水量 5%以上）才能使害虫致病。

应用

（1）防治水稻稻纵卷叶螟　幼虫孵化盛期及 1～2 龄幼虫高峰期为最佳施药期，每亩用 50 亿孢子/克球孢白僵菌悬浮剂 45～55 毫升，或 300 亿孢子/克球孢白僵菌可分散油悬浮剂 33～47 毫升，或 400 亿个孢子/克球孢白僵菌水分散粒剂 26～35 克，兑水 30～45 千克均匀喷雾。

（2）防治水稻稻飞虱　幼虫孵化盛期及 1～2 龄幼虫高峰期为最佳施药期，每亩用 50 亿孢子/克球孢白僵菌悬浮剂 40～50 毫升，兑水 30～45 千克均匀喷雾。

（3）防治水稻稻蓟马　幼虫孵化盛期及 1～2 龄幼虫高峰期为最佳施药期，每亩用 50 亿孢子/克球孢白僵菌悬浮剂 45～55 毫升，兑水 30～45 千克均匀喷雾。

（4）防治水稻二化螟　于二化螟卵孵盛期或低龄幼虫发生初期，每亩用 150 亿孢子/克球孢白僵菌颗粒剂 500～600 克，兑水 30～45 千克喷雾，每次施药间隔 7～10 天，可连续用药 2 次。

注意事项

（1）使用球孢白僵菌防治稻纵卷叶螟、稻叶蝉和稻飞虱时要注意以下 3 点。

① 球孢白僵菌对水稻稻纵卷叶螟、稻叶蝉、稻飞虱等致死速度比化学农药慢，要 6～9 天后才开始大量死亡。故防治水稻稻纵卷叶螟、稻叶蝉、稻飞虱时，应坚持以“防”为主的原则，不宜在害虫暴发危害时匆忙施菌。

② 抓紧阴天、小雨适时施菌，晴天要在下午 4 时进行。施菌 3 天内保持田间有水，以提高田间湿度。

③ 水稻苗期即未封行前以喷雾为好，气候适宜撒粉亦好。封行后密度高，宜用粗喷或泼浇等法。秧田期宜在傍晚喷雾为好。

（2）不能与化学杀真菌剂混用，菌液应随配随用，在阴天、雨后或早晚湿度大时，配好的菌液要在 2 小时内用完，以免孢子过早萌发，失去侵染能力。

（3）在害虫卵孵盛期施用白僵菌制剂时，可与化学农药混用，以提高防效，但不能与杀菌剂混用。不可与碱性或者强酸性物质混用。

（4）害虫感染白僵菌死亡的速度缓慢，一般经 4～6 天后才死亡，因此要注意在害虫密度较低的时候提前施药。

（5）球孢白僵菌速效性较差，持效期较长，应避免污染水源地。

金龟子绿僵菌（*Metarhizium anisopliae*）

● **其他名称**　绿僵菌、杀蝗绿僵菌。

● **主要剂型**　100亿孢子/克金龟子绿僵菌CQMa128乳粉剂，10亿孢子/克金龟子绿僵菌CQMa128微粒剂，5亿孢子/克金龟子绿僵菌油悬浮剂，80亿孢子/克金龟子绿僵菌CQMa128可分散油悬浮剂，100亿孢子/克金龟子绿僵菌油悬浮剂。

● **毒性**　微毒。

● **作用机理**　金龟子绿僵菌是一种广谱性的杀虫真菌，属半知菌亚门绿僵菌属，是一种昆虫内寄生菌物杀虫剂。金龟子绿僵菌的侵染过程分为4个阶段，即绿僵菌对寄主的识别与黏附，附着胞形成，分泌水解酶类穿透寄主表皮，适应寄主血淋巴环境并在多重机制下使昆虫致死。绿僵菌的分生孢子黏附在寄主体壁表面后，在适宜的条件下开始萌发，形成特殊的侵染结构——附着胞，其内含有大量的线粒体、高尔基体、内质网和核糖体，代谢活动旺盛。附着胞上产生穿透钉，可合成和分泌水解酶类，将虫体局部体壁溶解，穿透钉依靠机械压力穿透昆虫表皮，深入体腔内。进入寄主体内的绿僵菌分泌大量的次生代谢产物，干扰、抑制或对抗寄主免疫系统。

● **应用**

（1）防治水稻二化螟　于二化螟卵孵化盛期或低龄幼虫盛发期，每亩用100亿孢子/毫升金龟子绿僵菌油悬浮剂100～150毫升，或80亿孢子/克金龟子绿僵菌CQMa421可分散油悬浮剂60～90毫升，兑水30～45千克均匀喷雾，施药前将油悬浮剂摇匀后使用。之后视虫害发生情况，每隔14天喷1次，连喷1～2次，每季最多使用2次。

（2）防治水稻稻纵卷叶螟　在稻纵卷叶螟卵孵化盛期或低龄幼虫期，每亩用80亿孢子/毫升金龟子绿僵菌CQMa421可分散油悬浮剂60～90毫升，兑水40～60千克均匀喷雾。

（3）防治水稻稻飞虱　在稻飞虱卵孵化盛期或低龄幼虫期，每亩用80亿孢子/毫升金龟子绿僵菌CQMa421可分散油悬浮剂60～90毫升，兑水30～50千克均匀喷雾。

（4）防治水稻叶蝉　在稻叶蝉卵孵化盛期或低龄幼虫期，每亩用 80 亿孢子/毫升金龟子绿僵菌 CQMa421 可分散油悬浮剂 60～90 毫升，兑水 30～50 千克均匀喷雾。

注意事项

（1）金龟子绿僵菌制剂不可与呈碱性的农药和杀菌剂等物质混合使用。使用杀菌剂前后不要使用本剂。

（2）水产养殖区附近禁用金龟子绿僵菌制剂。禁止在河塘等水源地清洗施药器具，避免药液污染水源。

（3）金龟子绿僵菌制剂对家蚕有一定的风险，在桑园附近或养蚕区域禁用，赤眼蜂等害虫天敌放飞区域禁用。

苦参碱（matrine）

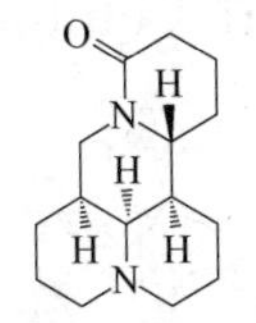

$C_{15}H_{24}N_2O$，248.4

其他名称　苦参素、维绿特、绿宝清。

主要剂型　0.3%、0.5%、1.3%、2%水剂，0.3%、0.36%、0.5%、1%、1.5%可溶液剂，0.3%、3%水乳剂，0.3%乳油，0.3%可湿性粉剂。

毒性　低毒。

作用机理　苦参碱兼具杀虫和杀菌功能。害虫一旦接触药剂，即麻痹神经中枢，继而使虫体蛋白凝固，从而堵死虫体气孔，使害虫窒息死亡；作杀菌剂时，能抑制菌体生物合成，干扰菌体的生物氧化过程。

应用

（1）单剂应用

① 防治水稻稻飞虱。在低龄若虫盛发期，每亩用 1.5%苦参碱可溶液剂 10～13 毫升，兑水 30～45 千克均匀喷雾，安全间隔期 10 天，每季最多使用 1 次。

② 防治水稻大螟。在卵孵化盛期，每亩用 0.3%苦参碱水剂 75～100

毫升，兑水30～45千克均匀喷雾，安全间隔期21天，每季最多使用1次。

③ 防治水稻条纹叶枯病。在病害发生初期，每亩用0.36%苦参碱可溶液剂45～60毫升，兑水30～45千克均匀喷雾，每次用药间隔在2天以上，安全间隔期3天，每季最多使用3次。

（2）复配剂应用 **苦参·硫黄**。由硫黄与苦参碱复配而成，防治水稻条纹叶枯病，在发病前10天预防最佳，每亩用13.7%苦参·硫黄水剂100～150毫升，兑水30～45千克均匀喷雾，视病害发生情况，每隔7天左右喷1次，可连喷2～3次，安全间隔期3天，每季最多使用3次。

注意事项

（1）苦参碱不可与碱性农药等物质混合使用。不宜与化学农药混用，如果使用过化学农药，应5天后再使用苦参碱。

（2）苦参碱对蜜蜂有毒。鱼或虾、蟹套养的稻田禁用。

乙虫腈（ethiprole）

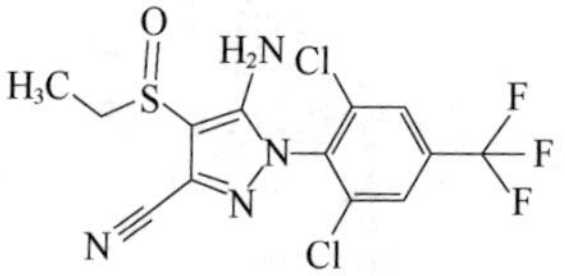

$C_{13}H_9Cl_2F_3N_4OS$，397.2

其他名称 乙硫虫腈。

主要剂型 9.7%、100克/升、200克/升、250克/升悬浮剂，94%、95%、96%、97%原药。

毒性 低毒。

作用机理 乙虫腈为新型吡唑类杀虫剂，通过γ-氨基丁酸（GABA）干扰氯离子通道，从而破坏中枢神经系统（CNS）的正常活动，使昆虫致死。该药对昆虫GABA氯离子通道的束缚比对脊椎动物更加紧密，因而具有很高的选择毒性。

应用

（1）单剂应用 防治水稻稻飞虱，仅限在水稻灌浆期使用，在稻飞虱卵孵高峰期，每亩用100克/升乙虫腈悬浮剂30～40毫升，或250克/升乙虫腈悬浮剂12～16毫升，或9.7%乙虫腈悬浮剂30～40毫升，兑水

40～60 千克均匀喷雾。在防治水稻褐飞虱时，应特别注意对水稻植株中下部进行喷雾，安全间隔期 21 天，每季最多使用 1 次。

（2）复配剂应用

① **乙虫·异丙威**。由乙虫腈和异丙威复配而成的杀虫剂。防治水稻稻飞虱，仅限水稻灌浆期使用，每亩用 60%乙虫·异丙威可湿性粉剂 30～40 克，兑水 30～45 千克均匀喷雾，视虫害发生情况，可连续用药 2 次，安全间隔期 21 天，每季最多使用 2 次。使用本品前后 10 天内不能使用除草剂敌稗，以免发生药害。对薯类有药害，不宜在薯类作物上使用。

② **乙虫·毒死蜱**。由乙虫腈与毒死蜱复配而成的杀虫剂。防治水稻稻飞虱（尤其是褐飞虱）低龄若虫，在水稻稻飞虱发生初期，每亩用 30%乙虫·毒死蜱悬浮剂 90～100 毫升，兑水 40～60 千克均匀喷雾，应对准稻株中下部进行全面喷雾处理，安全间隔期 14 天，每季最多使用 2 次。

注意事项

（1）乙虫腈对蜜蜂高毒，严禁在非登记植物上使用，也不要在邻近蜜源植物、开花植物或附近有蜂箱的田块使用。如确需施用，应通知养蜂户对蜜蜂采取保护措施，或将蜂箱移开远离施药区。

（2）乙虫腈对罗氏沼虾高毒，严禁在养鱼、虾和蟹的稻田以及邻近池塘的稻田使用。

（3）不推荐用于防治白背飞虱。建议与不同作用机制杀虫剂轮换使用。

二嗪磷（diazinon）

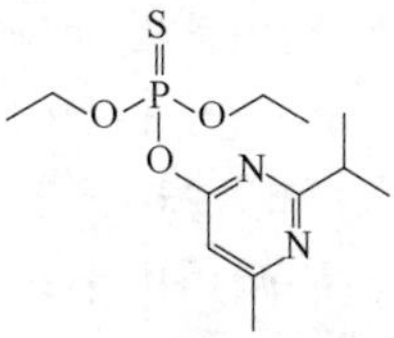

$C_{12}H_{21}N_2O_3PS$，304.35

其他名称 二嗪农、地亚农、大亚仙农、大利松。

主要剂型 25%、30%、50%、60%、600 克/升乳油，50%水乳剂，0.1%、4%、5%、10%颗粒剂，20%超低容量液剂，40%微囊悬浮剂。

● **毒性** 中等毒。

● **作用机理** 抑制害虫体内乙酰胆碱酯酶的活性，使害虫持续兴奋而死亡。

● **应用**

（1）单剂应用

① 防治水稻二化螟。在早、晚稻分蘖期或晚稻孕穗、抽穗期，螟卵孵化高峰后5～7天或枯鞘丛率5%～8%时，早稻每亩有中心为害株100株或丛害率1%～1.5%，或晚稻为害团高于100个时，每亩用25%二嗪磷乳油130～160毫升，或30%二嗪磷乳油150～175毫升，或50%二嗪磷乳油90～120毫升，或60%二嗪磷乳油50～100毫升，兑水30～45千克均匀喷雾，抓住机遇用本品加大剂量狠治第一代二化螟，药后田间保持6～10厘米水层3天，安全间隔期30天，每季最多使用2次。

② 防治水稻三化螟。在三化螟卵孵化盛期或低龄幼虫期，每亩用50%二嗪磷乳油80～120毫升，兑水30～50千克均匀喷雾，安全间隔期30天，每季最多使用1次。

③ 防治水稻稻飞虱。在稻飞虱低龄若虫始盛期，每亩用50%二嗪磷乳油75～333.3毫升，兑水30～50千克均匀喷雾，安全间隔期7天，每季最多使用3次。

（2）复配剂应用 **二嗪·辛硫磷**。由二嗪磷与辛硫磷复配而成。防治水稻二化螟，卵孵盛期第一次用药，首次用药7～10天后再用一次药。每亩用40%二嗪·辛硫磷乳油100毫升，兑水40～60千克均匀喷雾，安全间隔期30天，每季最多使用2次。

防治水稻三化螟，于初龄幼虫盛发期施药，每亩用16%二嗪·辛硫磷乳油225～250毫升，兑水40～60千克均匀喷雾，视虫害发生情况，每隔10天左右施药1次，可连续用药1～2次，安全间隔期30天，每季最多使用2次。在使用敌稗前后两周内不得使用本剂。

● **注意事项**

（1）二嗪磷不能与碱性物质及铜制剂、除草剂敌稗混合使用，在使用敌稗前后两周内不得使用二嗪磷。二嗪磷不能用金属罐、塑料瓶盛装。应在阴凉干燥处贮存。

（2）二嗪磷对鱼、虾、蜜蜂、家蚕有毒。

第二章 水稻常用除草剂

氰氟草酯（cyhalofop-butyl）

$C_{20}H_{20}FNO_4$，357.38

其他名称 千金、氰氟禾草灵、富穗、Clincher、Cleaner。

主要剂型 100克/升、10%、15%乳油，10%、100克/升、15%、30%水乳剂，10%微乳剂，20%可湿性粉剂。

毒性 低毒。

作用机理 氰氟草酯是苯氧羧酸类内吸传导型选择性除草剂，属乙酰辅酶A羧化酶（ACCase）抑制剂，是芳氧苯氧丙酸类唯一对水稻具有安全性的品种。药剂通过植物的叶片和叶鞘吸收，经韧皮部传导，积累于植物体的分生组织区，抑制乙酰辅酶A羧化酶，使脂肪酸合成停止，细胞的分裂和生长不能正常进行，破坏膜系统等含脂结构，最后导致杂草死亡。

● 应用

（1）单剂应用

① 防除水稻移栽田稗草、千金子等禾本科杂草。在水稻移栽后，禾本科杂草 3～4 叶期，每亩用 10%氰氟草酯水乳剂 50～70 毫升，或 10%氰氟草酯乳油 50～70 毫升，或 100 克/升氰氟草酯乳油 50～70 毫升，或 100 克/升氰氟草酯水乳剂 60～70 毫升，或 15%氰氟草酯水乳剂 30～50 毫升，或 15%氰氟草酯微乳剂 50～65 毫升，或 20%氰氟草酯乳油 30～35 毫升，或 20%氰氟草酯水乳剂 30～40 毫升，兑水 20～30 千克对杂草茎叶均匀喷雾。使用间隔期 10 天以上，防治大龄杂草时应适当加大用药量。施药前排水，使杂草茎叶 2/3 以上露出水面，施药后 24 小时至 72 小时内灌水，保持 3～5 厘米水层 5～7 天。每季最多使用 1 次。

② 防除水稻直播田千金子、稗草、双穗等稻田一年生禾本科杂草。水稻播种后 5～10 天，千金子 2～3 叶期，每亩用 10%氰氟草酯水乳剂 60～80 毫升，或 10%氰氟草酯微乳剂 60～80 毫升，或 10%氰氟草酯乳油 60～70 毫升，或 10%氰氟草酯可分散油悬浮剂 60～80 毫升，或 100 克/升氰氟草酯乳油 50～70 毫升，或 100 克/升氰氟草酯水乳剂 50～70 毫升，或 15%氰氟草酯水乳剂 30～50 毫升，或 15%氰氟草酯乳油 40～50 毫升，或 15%氰氟草酯可分散油悬浮剂 40～46 毫升，或 15%氰氟草酯微乳剂 40～60 毫升，或 20%氰氟草酯可分散油悬浮剂 25～35 毫升，或 20%氰氟草酯可湿性粉剂 30～35 克，或 20%氰氟草酯乳油 25～35 毫升，或 20%氰氟草酯水乳剂 25～35 毫升，或 25%氰氟草酯水乳剂 20～30 毫升，或 25%氰氟草酯微乳剂 25～30 毫升，或 30%氰氟草酯乳油 20～26 毫升，或 30%氰氟草酯可分散油悬浮剂 20～25 毫升，或 30%氰氟草酯水乳剂 20～30 毫升，或 35%氰氟草酯乳油 20～25 毫升，或 40%氰氟草酯可分散油悬浮剂 15～20 毫升，兑水 20～30 千克均匀喷雾，随草龄增大而适当增加用药量。最佳用药时间应掌握在千金子 3～5 叶期。药前排干田水，保持田间湿润，药后 24 小时回水，保持 3～5 厘米浅水层 5～7 天以后正常管理。每季最多使用 1 次。

③ 防除水稻秧田千金子、稗草。水稻秧田秧苗 3～4 叶期，稗草 2～3 叶期、千金子 2～3 叶期，每亩用 10%氰氟草酯乳油 50～70 毫升，或 100 克/升氰氟草酯乳油 50～70 毫升，或 100 克/升氰氟草酯水乳剂 50～

70 毫升，或 15%氰氟草酯乳油 40～48 毫升，兑水 20～30 千克均匀茎叶喷雾，施药前排水，使杂草茎叶 2/3 以上露出水面，施药后 24 小时至 72 小时内灌水，保持 3～5 厘米水层 5～7 天。每季最多使用 1 次。

（2）复配剂应用

① **氰氟·二氯喹**。由氰氟草酯与二氯喹啉酸复配而成的茎叶除草剂。防除水稻直播田一年生禾本科杂草，在水稻 2～3 叶期（稗草 1.5～3 叶期或千金子 2～3 叶期），每亩用 17%氰氟·二氯喹可分散油悬浮剂 100～120 毫升，兑水 30～50 千克均匀喷雾。用药前，排水至浅水或保持泥土湿润状，让杂草 2/3 以上露出水面，施药后 2～3 天灌水入田，保持 3～5 厘米浅水层 5～7 天（水层切勿淹过秧心），以后正常管理。畦面要求平整，药后如果下雨应迅速排干板面积水，少水地区可不排水，适当增加用药量。每季最多使用 1 次。

防除水稻秧田稗草、千金子等禾本科杂草，水稻播种出苗后，秧苗叶龄达 3 叶期，禾本科杂草 2.5～3 叶期时，每亩用 40%氰氟·二氯喹可湿性粉剂 40～60 克，兑水 30～45 千克均匀茎叶喷雾。

② **氰氟·双草醚**。由氰氟草酯与双草醚复配的茎叶除草剂，杀稗迅速，禾阔双除。防除水稻直播田一年生阔叶杂草及禾本科杂草，在水稻 3 叶 1 心期至幼穗分化前，每亩用 14%氰氟·双草醚可分散油悬浮剂 55～75 毫升，兑水 20～40 千克均匀喷雾。施药前排干田水，使杂草茎叶 2/3 以上露出水面，施药后 1～2 天复浅水，水深以不淹没稻苗心叶为准，保水 3～5 天。稗草 4 叶期以内，千金子出现分蘖之前使用效果最佳。每季最多使用 1 次。

③ **氰氟·精噁唑**。由氰氟草酯与精噁唑禾草灵复配的一种内吸传导型选择性茎叶除草剂。防除水稻直播田一年生禾本科杂草，长江流域直播水稻秧苗 5～6 叶期后使用，4 叶期前使用有药害，千金子 3～5 叶时用药最佳，杂草大时，应适当增加用药量。每亩用 10%氰氟·精噁唑乳油 40～60 毫升，兑水 20～30 千克均匀茎叶喷雾。施药前排水，使杂草茎叶 2/3 以上露出水面，施药后 24～72 小时内灌水，水深 3 厘米左右或不淹没心叶，5～7 天后恢复正常田间管理，在壮秧田使用，弱苗、小苗勿用。

防除水稻移栽田一年生禾本科杂草，在杂草 2～4 叶期、稻苗 5 叶期，每亩用 15%氰氟·精噁唑微乳剂 40～60 毫升，兑水 20～30 千克均匀茎叶喷雾。杂草大时，应适当增加用药量。用药前排干田水，或排至杂草茎叶 2/3 以上露出水面，用药后 24～72 小时内灌水，保持 3～5 厘米水层 5～7 天。切忌水层淹没稻心叶。喷药后水稻叶片可能出现部分黄斑或白点，一个星期后可以恢复，对产量没有影响。每季最多使用 1 次。

④ **氰氟·氯氟吡**。由氰氟草酯与氯氟吡氧乙酸异辛酯复配的水稻田选择性茎叶处理除草剂。防除水稻直播田一年生杂草，水稻 3～5 叶期，以杂草 2～4 叶期施药最佳，每亩用 26%氰氟·氯氟吡乳油 30～40 毫升，兑水 25～30 千克茎叶均匀喷雾。杂草密度大、草龄大时可适当增加用药量。施药前排干田水，药后 2～3 天回水，保持浅水层 5～7 天。水层勿淹没水稻心叶以免发生药害。每季作物最多使用 1 次。

⑤ **氰氟·吡嘧**。由氰氟草酯与吡嘧磺隆复配而成的茎叶处理除草剂。防除水稻移栽田一年生杂草，在水稻移栽后 5～7 天，杂草 2～4 叶期，每亩用 15%氰氟·吡嘧可湿性粉剂 60～80 毫升，兑水 30～45 千克均匀茎叶喷雾，施药前排水，稻田土壤处于水分饱和状态或 1 厘米水层，使杂草茎叶 2/3 以上露出水面，施药后 24～72 小时内保持 3～5 厘米水层，但不能淹没稻秧心叶，保水 5～7 天。每季最多使用 1 次。

防除水稻直播田一年生杂草，水稻直播后，水稻 2 叶 1 心至 3 叶 1 心期、杂草 2～4 叶期，每亩用 10%氰氟·吡嘧可湿性粉剂 80～100 克，兑水 20～30 千克均匀茎叶喷雾。施药前排干田水，药后 1 天灌入田水，田间保持 3～5 厘米浅水层 5～7 天，水层不能淹没秧苗心叶，如有漏水及时补灌。每季最多使用 1 次。

⑥ **氰氟·吡啶酯**。由氰氟草酯与氯氟吡啶酯复配而成的茎叶处理除草剂。防除水稻直播田一年生杂草，应于秧苗 4.5 叶即 1 个分蘖可见时，同时稗草不超过 2 个分蘖时施药，每亩用 13%氰氟·吡啶酯乳油 60～80 毫升，兑水 15～30 千克均匀茎叶喷雾。

防除水稻移栽田一年生杂草，水稻移栽充分返青后 1 个分蘖可见时，同时稗草 2～3 叶期（不超过 2 个分蘖）施药，每亩用 13%氰氟·吡啶酯乳油 60～80 毫升，兑水 15～30 千克均匀茎叶喷雾。

施药时可以有浅水层，需确保杂草茎叶 2/3 以上露出水面，施药后 24～72 小时内灌水，保持浅水层 5～7 天。注意水层勿淹没水稻心叶避免药害。施药量按稗草密度和叶龄确定，稗草密度大、草龄大，使用上限用药量。预计 2 小时内有降雨请勿施药。每季最多使用 1 次，施药至收获间隔期 60 天。

⑦ **氰氟草酯·乙氧磺隆**。由氰氟草酯与乙氧磺隆复配而成的茎叶处理除草剂。防除水稻直播田一年生杂草，于直播水稻 2～3 叶期、杂草 2～4 叶期，每亩用 34%氰氟草酯·乙氧磺隆可分散油悬浮剂 25～35 毫升，兑水 20～30 千克均匀茎叶喷雾。施药前先排干田水，保持土壤湿润状态，施药 2～3 天后放水回田，水深以不淹没稻苗心叶为准，保持浅水层 5～7 天后常规田管。每季最多使用 1 次。

⑧ **氰氟·吡·双草**。由氰氟草酯与吡嘧磺隆、双草醚三者复配而成的水稻田苗后茎叶处理除草剂，禾阔双除。防除水稻直播田一年生杂草，于直播水稻 4～5 叶期、杂草 2～3 叶期，每亩用 22%氰氟·吡·双草可分散油悬浮剂 100 毫升，兑水 15～20 千克均匀茎叶喷雾，注意水层勿淹没水稻心叶，每季最多使用 1 次。施药时避免弱苗、小苗和重喷。

⑨ **氰氟·肟·灭松**。由氰氟草酯与嘧啶肟草醚、灭草松三者复配而成的茎叶处理除草剂。防除水稻田直播一年生杂草，于水稻直播出苗后，杂草 2～3 叶期，每亩用 28%氰氟·肟·灭松可分散油悬浮剂 80～120 毫升，兑水 15～20 千克均匀茎叶喷雾，施药前排田水，药后 1～2 天灌水回田，保持浅水层 5～7 天后常规田管。注意水层勿淹没水稻心叶避免药害。每季最多使用 1 次。

⑩ **氰氟·松·氯吡**。由氰氟草酯与异噁草松、氯氟吡氧乙酸异辛酯三者复配而成的水稻田选择性茎叶处理除草剂。防除水稻直播田一年生杂草，水稻 3～5 叶期、杂草 2～4 叶期，每亩用 35%氰氟·松·氯吡乳油 30～40 毫升，兑水 25～30 千克喷雾。药后 2～3 天回水，保持浅水层 5～7 天。水层勿淹没水稻心叶避免药害。每季最多使用 1 次。

注意事项

（1）氰氟草酯在土壤和稻田中降解迅速，对后茬作物和水稻安全，应作茎叶处理，不宜采用毒土或药肥法撒施。

（2）施药时，土表水层小于 1 厘米或排干（土壤水分为饱和状态）可达最佳药效，杂草植株 50%高于水面，也可达到较理想的效果。旱育秧田或旱直播田施药时田间持水量饱和可保证杂草生长旺盛，从而保证最佳药效。施药后 24～48 小时灌水，防止新杂草萌发。干燥情况下应酌情增加用量。

（3）应选择雨前、雨中（小雨）、雨后土壤墒情较好时施药，提高除草效果。干旱时施药应适当加大兑水量。

（4）防除大龄杂草或是杂草密度大时，应适当加大用药量。

（5）使用氰氟草酯，宜用较高压力、低容量喷雾。

（6）10%氰氟草酯乳油中已含有最佳助剂，使用时不必再添加其他助剂。

（7）不可在临近雨季的时间用药，以免经连续降雨将药剂冲刷到附近农田里而造成药害。

（8）喷雾时应避开水生、伞形科、茄科等作物。不能用施过药的田水浇灌蔬菜。

（9）不建议与阔叶杂草除草剂混用。因为与部分阔叶杂草除草剂如2，4-滴、2 甲 4 氯、磺酰脲类及灭草松等混用时，可能产生拮抗作用，导致氰氟草酯药效降低。如需防除阔叶草及莎草科杂草，最好施用氰氟草酯 7 天后再施用防除阔叶杂草等的除草剂。与氰氟草酯混用无拮抗作用的除草剂有异噁草松、杀草丹、丙草胺、丁草胺、二氯喹啉酸、噁草酮、氯氟吡氧乙酸等。

（10）氰氟草酯对鱼类等水生生物有毒，施药时应远离水产养殖区，施药后的田水不能直接排入河塘等水域，鱼、虾、蟹等套养稻田禁用。

（11）每季作物最多使用氰氟草酯 1 次。

五氟磺草胺（penoxsulam）

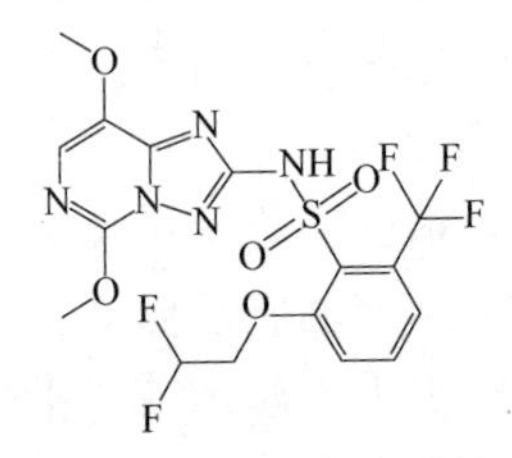

$C_{16}H_{14}F_5N_5O_5S$，483.37

其他名称 稻杰。

主要剂型 5%、25 克/升、50 克/升可分散油悬浮剂，10%、22%、24%、240 克/升悬浮剂，0.025%、0.03%、0.12%、0.3%颗粒剂。

毒性 低毒。

作用机理 由美国陶氏益农公司开发的苗后用、选择性内吸、传导型除草剂，它是三唑并嘧啶磺酰脲类除草剂。经杂草的茎叶、幼芽及根系吸收，通过木质部和韧皮部传导至分生组织，抑制植株体内乙酰乳酸合成酶（ALS）的活性，使支链氨基酸（亮氨酸、缬氨酸、异亮氨酸）生物合成停止，蛋白质合成受阻，植株生长停滞，生长点失绿，处理后7～14 天顶芽变红、坏死，2～4 周植株死亡。

应用

（1）单剂应用 五氟磺草胺适用于水稻的旱直播田、水直播田、秧田以及抛秧、插秧栽培田。对籼稻和粳稻安全性好，直播田及插秧田均可使用，一般进行苗后茎叶喷雾或毒土处理。

① 防除水稻移栽田一年生杂草

a. 撒施或毒土 在水稻移栽后 5～7 天，于稗草 2～3 叶期，每亩用 0.025%五氟磺草胺颗粒剂 8～10 千克，或 0.03%五氟磺草胺颗粒剂 6～12 千克，直接均匀撒施，或 0.3%五氟磺草胺颗粒剂 480～800 克，拌适量肥或沙土撒施，施药时保持 3～5 厘米水层，勿淹没稻苗心叶，施药后保水 5～7 天，施药量按稗草密度和叶龄确定，稗草密度大、草龄大，使用上限用药量，每季最多使用 1 次。

b. 喷雾 在水稻移栽后 5～7 天，于杂草 2～4 叶期，每亩用 25 克/升五氟磺草胺可分散油悬浮剂 90～100 毫升，或 5%五氟磺草胺可分散油悬浮剂 25～40 毫升，或 10%五氟磺草胺可分散油悬浮剂 12～20 毫升，或 10%五氟磺草胺悬浮剂 20～25 毫升，或 20%五氟磺草胺可分散油悬浮剂 5～10 毫升，或 22%五氟磺草胺悬浮剂 5～10 毫升，兑水 20～30 千克均匀茎叶喷雾，施药后保持 3～5 厘米水层 5～7 天，施药量按稗草密度和叶龄确定，稗草密度大、草龄大，使用上限用药量，注意水层勿淹没水稻心叶避免药害，每季最多使用 1 次。

② 防除水稻直播田一年生杂草

a. 撒施或毒土 杂草萌发高峰至 2～3 叶前施药，每亩用 0.12%五氟磺草胺颗粒剂 1.5～2 千克直接撒施，或 0.3%五氟磺草胺颗粒剂 0.5～

1 千克拌适量肥或沙土撒施，田间保水 3～5 厘米，保水 5～7 天，施药量按草密度和叶龄确定，草密度大、草龄大，使用登记核准剂量的上限用药量。

b. 喷雾　于水稻移栽缓苗后、稗草 2～3 叶期，每亩用 25 克/升五氟磺草胺可分散油悬浮剂 50～90 毫升，或 5%五氟磺草胺可分散油悬浮剂 30～40 毫升，或 10%五氟磺草胺可分散油悬浮剂 10～20 毫升，或 15%五氟磺草胺可分散油悬浮剂 10～15 毫升，或 20%五氟磺草胺可分散油悬浮剂 5～10 毫升，兑水 20～30 千克均匀茎叶喷雾，施药前排水，使杂草茎叶 2/3 以上露出水面，施药后 24～72 小时内灌水，保持 3～5 厘米水层 5～7 天，注意水层勿淹没水稻心叶避免药害，施药量按稗草密度和叶龄确定，稗草密度大、草龄大，使用上限用药量。

③ 防除水稻机插秧田一年生杂草　机插秧后 7～10 天，水稻返青活棵后稗草 2 叶期前，每亩用 0.3%五氟磺草胺颗粒剂 300～500 克，拌适量肥或沙土撒施。施药前须灌水 3～5 厘米，水层在水稻心叶以下，施药后要保水 5～7 天，对缺水田采用缓灌补水，切忌断水干田或水淹水稻心叶。

④ 防除水稻育秧田杂草　在稗草 1.5～2.5 叶期，每亩用 25 克/升五氟磺草胺可分散油悬浮剂 35～45 毫升，或 5%五氟磺草胺可分散油悬浮剂 16～32 毫升，兑水 20～30 千克均匀茎叶喷雾，施药前排水，使杂草茎叶 2/3 以上露出水面，施药后 24～72 小时内灌水，保持 3～5 厘米水层 5～7 天，施药量按稗草密度和叶龄确定，稗草密度大、草龄大，使用上限药量，注意水层，勿淹没水稻心叶，避免药害。

（2）复配剂应用

① **五氟·氰氟草**。由五氟磺草胺与氰氟草酯复配的内吸传导型选择性除草剂。防除水稻直播田一年生杂草，在水稻 3～4 叶期、一年生杂草 2～4 叶期，每亩用 60 克/升五氟·氰氟草可分散油悬浮剂 100～130 毫升，兑水 20～30 千克，均匀茎叶喷雾。施药前排水，使杂草茎叶 2/3 以上露出水面，施药后 24～72 小时内灌水，保持 3～5 厘米水层 5～7 天。施药时及药后 1～2 天内，水层不能浸没水稻秧心。每季最多使用 1 次。

防除水稻移栽田一年生杂草，水稻移栽缓苗后，杂草 2～4 叶期，每亩用 60 克/升五氟·氰氟草可分散油悬浮剂 100～165 毫升，兑水 20～30

千克均匀喷雾，施药前排田水，以推荐剂量兑水均匀茎叶喷雾1次，药后1～2天灌水回田，保持水层5～7天后按常规管理。注意水层勿淹没水稻心叶，避免药害，每季最多使用1次。

② **五氟·二氯喹**。为五氟磺草胺与二氯喹啉酸复配而成的茎叶处理除草剂。防除水稻直播田一年生杂草，在水稻田应于水稻3叶1心至5叶1心期，稗草2～3叶期施药。每亩用24%五氟·二氯喹可分散油悬浮剂45～60毫升，兑水30～40千克均匀茎叶喷雾，施药前排水，使杂草茎叶2/3以上露出水面，施药后24～72小时内灌水，保持3～5厘米水层5～7天。注意水层勿淹没水稻心叶以避免药害。施药量按稗草密度和叶龄确定，稗草密度大、草龄大，使用上限用药量。每季最多使用1次。

③ **五氟·丙草胺**。由五氟磺草胺与丙草胺复配而成的茎叶处理除草剂。防除水稻直播田一年生杂草，在直播水稻3叶期后，杂草2～4叶期，每亩用28%五氟·丙草胺可分散油悬浮剂80～100毫升，兑水30～40千克均匀茎叶喷雾。水稻扎根前勿用，使用时水层勿淹没水稻心叶，避免药害。每季最多使用1次。

防除水稻移栽田一年生杂草，药土法：在水稻移栽5～10天，返青时，于稗草1.5～2.5叶期施药，每亩用31%五氟·丙草胺可分散油悬浮剂100～130毫升，药土法施药，配药前务必充分摇匀，拌土法建议先兑水50～100毫升摇匀后与部分土拌匀，之后与剩余土混匀。田块应力求平整，否则影响药效，施药时保持3～5厘米水层，并保水5～7天。施药时须保持田间土壤湿润，并保水5～7天（能达到7天以上更佳），此后恢复正常管理，施药量按稗草密度和叶龄确定，稗草密度大、草龄大，使用上限用药量，每季最多使用1次。

喷雾法：水稻移栽返青后，于杂草2～3叶期，每亩用31%五氟·丙草胺可分散油悬浮剂70～130毫升，兑水30～40千克均匀茎叶喷雾。移栽水稻返青前勿用药避免药害。水层勿淹没水稻心叶避免药害。

④ **五氟·丁草胺**。由五氟磺草胺与丁草胺复配而成。防除水稻移栽田杂草，稗草2叶期以前，水稻移栽后5～10天施药，每亩用40%五氟·丁草胺悬浮剂70～130毫升，药土法施药，先兑水50～100毫升摇匀后与部分土拌匀，之后与剩余土混匀（为防止药剂损失，建议在盆或者袋中拌土）。或用0.33%五氟·丁草胺颗粒剂20～25千克，在施用底肥时一次

性直接撒施，施药后田间保持水深 3～5 厘米，保水 5～7 天，水层勿淹没水稻心叶避免药害。或用 5%五氟·丁草胺颗粒剂 1000～1250 克，撒施法施药，也可拌肥料或沙土撒施。田块应力求平整，否则影响药效，存在局部药害风险，施药时应注意田间必须有 3～5 厘米水层，并保水 5～7 天（能达到 7 天以上更佳），此后恢复正常管理。每季最多使用 1 次。

⑤ **五氟·双草醚**。由五氟磺草胺与双草醚复配而成的除草剂。防治水稻直播田阔叶杂草、稗草、莎草等，喷雾法：于水稻直播田水稻 3 叶 1 心后、杂草 3～5 叶期，每亩用 4%五氟·双草醚悬浮剂 60～100 毫升，兑水 20～30 千克均匀茎叶喷雾。施药前稻田要预先排水，使杂草茎叶 2/3 以上露出水面；喷雾后 1～2 天内，田间灌上 3～5 厘米水层（以不淹没水稻心叶为准）保持 5～7 天，以后正常管理；每季最多使用 1 次。

撒施法：在直播稻 3～5 叶期、杂草 2～5 叶期，每亩用 0.06%五氟·双草醚颗粒剂 7～8 千克撒施，施药时田间保持水层 3～5 厘米，并保水 3～7 天，水层勿淹没水稻心叶避免药害。

⑥ **五氟·嘧肟**。由五氟磺草胺与嘧啶肟草醚复配而成的茎叶处理除草剂。防除水稻直播田一年生杂草，在直播水稻 3～5 叶期，杂草 2～4 叶期，每亩用 6%五氟·嘧肟可分散油悬浮剂 50～80 毫升，兑水 25～30 千克均匀茎叶喷雾。施药前先排干田水，施药时均匀喷雾，不重喷，不漏喷。药后 1～2 天需灌水，保持浅水层 5～7 天，水层不能淹没水稻心叶。每季最多使用 1 次。

⑦ **五氟·吡啶酯**。由五氟磺草胺与氯氟吡啶酯复配而成的茎叶处理除草剂。防除水稻直播田一年生杂草，于秧苗 4.5 叶即 1 个分蘖可见时，杂草 3～5 叶期施药，每亩用 3%五氟·吡啶酯可分散油悬浮剂 120～150 毫升，兑水 15～30 千克均匀喷雾。

防除水稻移栽田一年生杂草，应于秧苗充分返青后，杂草 3～5 叶期施药，每亩用 3%五氟·吡啶酯可分散油悬浮剂 120～150 毫升，兑水 15～30 千克均匀喷雾。

施药时可以有浅水层，需确保杂草茎叶 2/3 以上露出水面，施药后 24～72 小时内灌水，保持浅水层 5～7 天，切勿浸没秧心。施药量按稗草密度和叶龄确定，稗草密度大、草龄大，使用上限用药量。每季最多使用 1 次。

⑧ **五氟·氯氟吡**。由五氟磺草胺与氯氟吡氧乙酸异辛酯复配而成的茎叶处理除草剂。防除水稻移栽田一年生杂草，于水稻移栽后彻底返青期、杂草 2～4 叶期施药，每亩用 16%五氟·氯氟吡可分散油悬浮剂 40～70 毫升，兑水 15～30 千克均匀喷雾。施药前排水，但需确保杂草茎叶 2/3 以上露出水面，施药后 24～72 小时内回水，保持 3～5 厘米水层 5～7 天。施药量按稗草密度和叶龄确定，稗草密度大、草龄大，使用上限用药量。注意水层勿淹没水稻心叶避免药害。每季最多使用 1 次。

防除水稻直播田一年生杂草，在直播水稻出苗后，稗草等杂草 2～3 叶期，每亩用 29%五氟·氯氟吡可分散油悬浮剂 18～36 毫升，兑水 15～30 千克均匀茎叶喷雾，每季最多使用 1 次。

⑨ **五氟·灭草松**。由五氟磺草胺与灭草松复配的茎叶处理除草剂。防除水稻移栽田一年生杂草，在水稻移栽后 7～15 天、稗草 2～4 叶期用药，每亩用 26%五氟·灭草松可分散油悬浮剂 250～300 毫升，兑水 30 千克均匀茎叶喷雾。施药前排干田水，使杂草茎叶 2/3 露出水面，施药后 1～2 天灌水回田，恢复正常水层管理。每季节最多使用 1 次。

⑩ **五氟磺草胺·乙氧磺隆**。为五氟磺草胺与乙氧磺隆复配而成的茎叶处理除草剂。防除水稻直播田一年生杂草，水稻播后 10～15 天、杂草 2～4 叶期，每亩用 30%五氟磺草胺·乙氧磺隆水分散粒剂 6～10 克，兑水 30～50 千克均匀茎叶喷雾，施药前一天将田水排干，施药后 1 天灌水，保水 5～7 天后正常管理。水层勿淹没水稻心叶避免药害。按照推荐剂量和施药时间施药，每季最多使用 1 次。

⑪ **五氟·吡·二氯**。由五氟磺草胺与吡嘧磺隆、二氯喹啉酸三者复配而成的茎叶处理除草剂。防除水稻直播田一年生杂草，于水稻直播出苗后、杂草 2～4 叶期，每亩用 26%五氟·吡·二氯可分散油悬浮剂 60～100 毫升，兑水 30～40 千克均匀茎叶喷雾。施药前排干田水，施药后 48 小时内复水，保持 3～5 厘米水层 5～7 天，每季最多使用 1 次。

⑫ **五氟·吡·氰氟**。由五氟磺草胺与吡嘧磺隆、氰氟草酯复配而成的茎叶处理除草剂。防除水稻直播田一年生杂草，于水稻 3 叶后、杂草 2～4 叶期，每亩用 24%五氟·吡·氰氟可分散油悬浮剂 30～40 毫升，兑水

20～30 升均匀茎叶喷雾，喷施要均匀周到。施药前排水，使杂草茎叶 2/3 以上露出水面，施药后 1～2 天内灌水，保持 3～5 厘米水层 5～7 天。水层勿淹没水稻心叶，避免药害。每季最多使用 1 次。

⑬ **五氟·双·氰氟**。由五氟磺草胺与双草醚、氰氟草酯复配而成的茎叶处理除草剂。防除水稻直播田一年生杂草，于水稻直播田水稻苗后 3～5 叶期，田间杂草基本出齐后，每亩用 14%五氟·双·氰氟可分散油悬浮剂 55～75 毫升，兑水 20～30 千克均匀茎叶喷雾；施药前稻田要预先排水，使杂草茎叶 2/3 以上露出水面；施药后 1 天，田间灌上 3～5 厘米水层（以不淹没水稻心叶为准），保水 5～7 天后恢复正常管理。施药量按稗草密度和叶龄确定，稗草密度大、草龄大，使用上限用药量。每季最多使用 1 次。

⑭ **五氟·丙·氰氟**。由五氟磺草胺与丙草胺、氰氟草酯复配而成的茎叶处理除草剂。防除水稻直播田一年生杂草，在稗草 2～3 叶期，每亩用 28%五氟·丙·氰氟可分散油悬浮剂 80～120 毫升，兑水 20～30 千克均匀茎叶喷雾，施药前排水，使杂草茎叶 2/3 以上露出水面，施药后 24～72 小时内灌水，保持 3～5 厘米水层 5～7 天。水层勿淹没水稻心叶，避免药害。每季最多使用 1 次。

⑮ **五氟·丙·吡嘧**。由五氟磺草胺与丙草胺、吡嘧磺隆三元复配的除草剂。防除水稻移栽田一年生杂草，水稻移栽后 5～10 天，每亩用 17%五氟·丙·吡嘧颗粒剂 200～250 克，混匀拌过筛细土或细沙（肥料）后撒施，施药后田间保持 3～5 厘米水层 5～7 天，缺水补水，水层勿淹没水稻心叶避免药害。每季作物最多使用 1 次。或在水稻移栽后 5～7 天，用 0.6%五氟·丙·吡嘧颗粒剂 4～5 千克直接撒施，施药前田间保持浅水层 3～5 厘米，施药后保水 5～7 天后常规田管，每季最多使用 1 次。

防除水稻直播田一年生杂草，于水稻直播出苗后、杂草 2～3 叶期，每亩用 36%五氟·丙·吡嘧可分散油悬浮剂 60～100 毫升，兑水 30～45 千克均匀茎叶喷雾，每季最多使用 1 次。

⑯ **五氟·唑·氰氟**。由五氟磺草胺与唑草酮、氰氟草酯复配而成的茎叶处理除草剂。防除水稻田直播一年生杂草，于杂草 2～4 叶期，每亩用 16%五氟·唑·氰氟可分散油悬浮剂 40～60 毫升，兑水 20～30 千克均匀茎叶喷雾，施药时及药后 1～2 天内，水层不能浸没水稻秧心。每季最多

使用 1 次。

⑰ **五氟·氰·氯吡**。由五氟磺草胺与氰氟草酯、氯氟吡氧乙酸异辛酯三元复配而成的茎叶处理除草剂。防除水稻直播田一年生杂草，直播稻 3～4 叶期、杂草 2～4 叶期，每亩用 28%五氟·氰·氯吡可分散油悬浮剂 40～50 毫升，兑水 20～30 千克均匀茎叶喷雾，施药时及药后 1～2 天内，水层不能浸没水稻秧心。每季最多使用 1 次。

⑱ **五氟·氰·嘧肟**。由五氟磺草胺与氰氟草酯、嘧啶肟草醚复配的茎叶处理除草剂。防除水稻移栽田一年生杂草，于水稻移栽后 7～10 天杂草出齐，禾本科 3～5 叶期、阔叶杂草 2～4 叶期，每亩用 13%五氟·氰·嘧肟可分散油悬浮剂 60～90 毫升，兑水 25～30 千克均匀喷雾。施药前排去田水，使杂草全部露出水面。药后 1 天复水，保持水层 5～7 天，后期正常管理。注意水层勿淹没水稻心叶避免药害发生。每季最多使用 1 次。

⑲ **五氟磺·硝磺·乙磺隆**。由五氟磺草胺与硝磺草酮、乙氧磺隆复配而成。防除水稻移栽田一年生杂草，于水稻移栽后 1 周、杂草 2 叶期前，每亩用 0.22%五氟磺·硝磺·乙磺隆颗粒剂 1.5～2.5 千克，均匀撒施到 3～5 厘米水层的稻田中，施用后保持 3～5 厘米水层 5～10 天，勿使水层淹没稻苗心叶，避免药害。硝磺草酮对部分籼稻及其亲缘水稻品种安全性差，大面积推广使用前应先开展小范围试验。每季最多使用 1 次。

注意事项

（1）茎叶喷雾时先排水，使杂草茎叶 2/3 以上露出水面，施药后 1～2 天灌水，保持 3～5 厘米水层 5～7 天，药土法处理施药时应保持 3～5 厘米浅水层。

（2）高温会降低药效，施药时应避开高温尤其是中午时间。

（3）当使用超高剂量时，早期对水稻根部的生长有一定的抑制作用，但迅速恢复，不影响产量。

（4）施药前后一周内如遇最低温度低于 15℃的天气，存在药害风险，不推荐使用。

（5）低温、渗透性强的田块慎用。

（6）毒土法应根据当地示范试验结果选用（不建议在东北地区使用）。

（7）缓苗期、秧苗长势弱时，存在药害风险，不推荐使用。

（8）不推荐在制种田使用。

（9）五氟磺草胺也出现了几乎所有高活性农药都有的问题——抗性高，且在许多地区已经出现了抗药性，导致除草难度加大，亩用量增加，成本提高；东北地区如前期温度低需谨慎使用，温度低会降低五氟磺草胺在水稻体内的代谢速度，可能导致粳稻生长受抑制或黄化。

（10）对水生生物有毒，需远离水产养殖区施药。

双草醚（bispyribac-sodium）

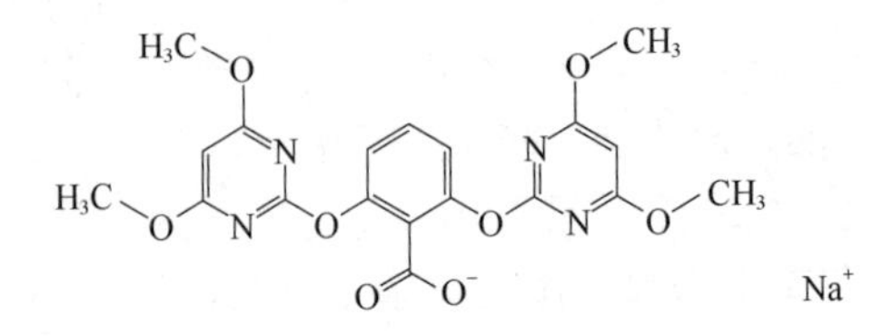

$C_{19}H_{17}N_4NaO_8$，452.35

其他名称 农美利、水杨酸双嘧啶、一奇、双嘧草醚。

主要剂型 5%、10%、15%、100 克/升、400 克/升悬浮剂，20%可湿性粉剂，10%、20%可分散油悬浮剂。

毒性 低毒。

作用机理 属于嘧啶水杨酸类除草剂，是高活性的乙酰乳酸合成酶（ALS）抑制剂。双草醚施用后能很快被杂草茎叶吸收，并传导至整个植株，通过阻止支链氨基酸（亮氨酸、缬氨酸、异亮氨酸）的生物合成，抑制植物分生组织生长，从而杀死杂草。

应用

（1）单剂应用

① 防除水稻直播田一年生及部分多年生杂草。在水稻 5 叶期后、稗草 2～3 叶期，每亩用 5%双草醚悬浮剂 30～40 毫升，或 100 克/升双草醚悬浮剂 15～20 毫升（南方）、20～25 毫升（北方），或 10%双草醚可分散油悬浮剂 20～25 毫升，或 10%双草醚悬浮剂 20～30 毫升，或 15%双草醚悬浮剂 10～20 毫升，或 20%双草醚可湿性粉剂 10～15 克，或 20%双草醚可分散油悬浮剂 9～15 毫升，或 20%双草醚悬浮剂 10～15 毫升，

或25%双草醚悬浮剂6～10毫升，或40%双草醚悬浮剂5～7毫升，或40%双草醚可湿性粉剂5～8克，或80%双草醚可湿性粉剂2.5～3.7克，兑水30千克均匀茎叶喷雾。施药前稻田要预先排水。喷雾后1～2天内，田间灌上3～5厘米水层（以不淹没水稻心叶为准），保水4～5天。

② 防除移栽田或抛秧田一年生及部分多年生杂草。水稻移栽田或抛秧田，应在移栽或抛秧15天以后，秧苗返青后施药，以避免用药过早，秧苗耐药性差，从而出现药害。每亩用20%双草醚可湿性粉剂12～18克，兑水25～30千克均匀喷雾，施药前排干田水，使杂草全部露出，施药后1～2天灌水，保持3～5厘米水层4～5天。

（2）复配剂应用

① **双醚·灭草松**。由双草醚与灭草松复配而成的茎叶处理除草剂。防除水稻直播田一年生杂草，水稻直播田杂草1.5～3叶期，每亩用41%双醚·灭草松可湿性粉剂130～140克，兑水30～40千克均匀茎叶喷雾。施药前排干田水，施药后隔1～2天复水，保持3～5厘米浅水层3～5天，每季最多使用1次。

② **唑草·双草醚**。由唑草酮与双草醚复配而成的茎叶处理除草剂。防除水稻移栽田一年生杂草，水稻移栽返青后、杂草3～4叶期，每亩用25%唑草·双草醚可湿性粉剂10～15克，兑水30～40千克均匀喷雾。用药前将田水排干，保持湿润，用药后24小时灌水，保水3～5厘米5～7天，以后恢复田间正常管理。每季最多使用1次。

注意事项

（1）双草醚只能用于稻田除草，请勿用于其他作物。

（2）任何除草剂都无法确保绝对安全，但正确合理使用能将除草剂对水稻的不良影响降至最低。正常使用下，双草醚对水稻安全，粳稻和糯稻较敏感，个别品种水稻会出现轻微或严重的变黄、发白现象，但通常会在7～10天左右恢复，对水稻最终产量无影响。

（3）稗草1～7叶期均可用药，稗草小用低剂量，田间草龄过大，需要加大剂量时，应当先小范围试验后再施药。也可混用除草安全剂（商标名：矮枯青）降低对水稻的影响。

（4）低温、苗弱慎用。

（5）直播田要掌握在水稻3叶1心之后使用，否则对水稻会有不良影响。宜在水稻 5 叶 1 心之前使用，否则田间草龄过大，导致防治成本增加或防效较差。移栽田（机插、抛秧、手插）在移栽后 15 天左右、秧苗返青后施药。水稻孕穗期禁止使用双草醚。

（6）40%双草醚油悬浮剂使用时要求温度不低于 15℃，特别是早稻要注意昼夜温差的变化以及施药后 5～7 天的天气情况，温度越高效果越好。适宜施用的温度范围在 20～35℃之间。在适宜温度区间内，双草醚对杂草的防效随温度升高呈线性增加，安全性也越好。在温度低于 15℃的情况下，双草醚的防效表现不稳定。使用双草醚时应当注意天气变化，尽可能确保施药后有 2 个晴天，从而保障杂草对药剂的吸收和药效的发挥。施药后 5 天内遇到大雨，注意不要让水淹没水稻心叶，以免造成不良影响。

40%双草醚油悬浮剂使用时温度在 20～25℃之间，杂草死亡时间约 15 天。使用时温度在 25～35℃之间，杂草死亡的时间约 10 天。气温稳定，施药后 5 天内无雨，药后 7 天能明显看到对杂草的防除效果。雨季天气变化快，若无法保证药后 2 天内不降雨，建议混用内吸促进剂加快杂草对药液的吸收。

（7）双草醚使用前排水要彻底，让大草、小草都露出来，从而能接触到药液。使用后回水要及时（药后 48 小时内回水，深度 3～5 厘米，以不淹没水稻心叶为准），保水要到位（时间为 5～7 天，如果水稻还未到分蘖期可以适当延长保水时间，以达到以水控草之目的）。先排水后复水对双草醚的药效发挥有很大的影响。

（8）双草醚使用时加入有机硅助剂可提高药效。

丁草胺（butachlor）

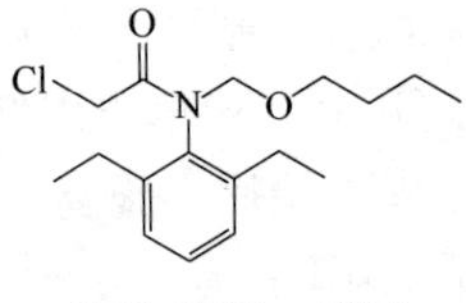

$C_{17}H_{26}ClNO_2$，311.9

其他名称　灭草特、去草胺、马歇特、丁草锁、丁基拉草、新马歇特。

主要剂型 50%、60%、85%、90%、900克/升乳油，40%、400克/升、60%、600 克/升水乳剂，50%微乳剂，25%、48%微囊悬浮剂，5%颗粒剂。

毒性 低毒。

作用机理 丁草胺为酰胺类选择性内吸传导型芽前除草剂。主要通过杂草幼芽和幼小的次生根吸收，抑制体内蛋白质合成，使杂草幼株肿大、畸形，色深绿，最终导致死亡。症状为芽鞘紧包生长点，稍变粗，胚根细而弯曲，无须根。

应用

（1）单剂应用 丁草胺对芽期及2叶前的杂草有较好的防除效果。而对2叶期以上的杂草防除效果下降。在水稻生产上，可用于秧田、直播田、移栽本田除草。

① 防除水稻移栽田一年生禾本科杂草及部分阔叶除草

a. 喷雾法 水稻移栽后5～7天，水稻缓苗后稗草1叶1心期以前使用，每亩用25%丁草胺微囊悬浮剂150～250毫升，兑水40～60千克均匀喷雾，要求保持田间水层5～7厘米，并做到5～7天不干田。

b. 药土法 水稻移栽后3～6天，缓苗后施药效果最佳，每亩用50%丁草胺乳油100～160毫升，或60%丁草胺乳油120～160毫升，或60%丁草胺水乳剂90～150毫升，或600克/升丁草胺水乳剂110～140毫升，或85%丁草胺乳油60～100毫升，或90%丁草胺乳油60～100毫升，900克/升丁草胺乳油70～100毫升，拌药土15～20千克撒施，适当的土壤水分是发挥药效的重要因素，施药时保持3～5厘米水层，田水不要淹没秧苗心叶，药后保水5～7天，后恢复正常水分及田间管理，本品对3叶期以上的稗草效果差，因此必须掌握在杂草1叶期后3叶期以前使用。

② 防除水稻直播田一年生杂草 水稻播后3～5天土壤处理，每亩用48%丁草胺微囊悬浮剂90～150毫升，兑水40～60千克均匀喷雾，施药后5天内保持3～5厘米水层，保持3～5天，避免积水或水淹，之后正常管理，每季最多使用1次。或每亩用60%丁草胺乳油80～120毫升，或600克/升丁草胺水乳剂90～120毫升，兑水30千克土壤均匀喷雾，水直播田分为水稻播前甩施和水稻播后0～3天喷雾，水稻播前甩施最好待水自然落干后，水稻浸种、催芽后播种；水稻播后0～3天喷雾，

旱直播苗后使用，待雨后或者上一遍“跑马水”后进行施药。

③ 防除水稻育苗田一年生杂草　水稻育秧田播种覆土，淋水后盖膜前，土壤喷雾施药，每100平方米用600克/升丁草胺水乳剂100～120毫升，兑水15千克均匀喷雾，每季最多使用1次。

④ 防除水稻抛秧田一年生杂草　于水稻抛秧苗直立扎根后3～7天，每亩用600克/升丁草胺水乳剂100～150毫升，或900克/升丁草胺乳油45～65毫升，拌毒土15千克撒施。

（2）复配剂应用

① **丁·扑**。由丁草胺与扑草净复配而成的除草剂。防除水稻秧田一年生杂草，每亩用19%丁·扑可湿性粉剂500～700克（东北地区），施药方式为毒土或毒肥法，亦可兑水喷施，施药后5～7天，排水、插秧，每季作物最多使用1次。或在水稻旱育苗床播种覆土后，每平方米苗床用1.2%丁·扑粉剂10～12.5克，加细潮土100～150克，充分混拌均匀，盖塑料布闷2个小时以上，将药土均匀撒施在1平方米的床面，然后覆膜即可。或每100平方米用40%丁·扑乳油40～50毫升，兑水15千克喷雾苗床。

② **丁·西**。由丁草胺与西草净复配而成的除草剂。防除水稻移栽田一年生杂草，于水稻插秧后7～12天秧苗返青后（稗草2叶1心期前），每亩用5.3%丁·西颗粒剂1000～1500克（南方地区），或1500～2000克（北方地区）撒施。人工直接手撒，也可拌入适量细沙。施药后必须保持3～5厘米深的水层，5～7天不排不灌，如缺水可细水缓灌。如连续高温为避免药害，可酌减用药量，低温略增（如有药害可及时换水）。

③ **丁草·噁草酮**。由丁草胺与噁草酮复配而成的水稻旱直播田除草剂。防除水稻旱直播田的一年生杂草，水稻旱直播田于播种盖土浇水落干后，每亩用60%丁草·噁草酮乳油80～100毫升，兑水30～50千克均匀土壤喷雾。对2叶期以内的稗草有较好的防效，对2叶期以上的稗草防效差，因此，使用时应掌握在秧苗1叶期后，2叶期前。每季最多使用1次。

④ **甲戊·丁草胺**。由二甲戊灵与丁草胺复配而成的水稻旱直播田除草剂。防除水稻旱直播田一年生杂草，水稻播种覆土后2～3天，每亩用60%甲戊·丁草胺乳油120～180毫升，兑水40～60千克均匀土壤喷雾处理。

⑤ **丁草胺·五氟磺·硝磺草**。由丁草胺与五氟磺草胺、硝磺草酮复配而成的水稻移栽田除草剂。防除水稻移栽田一年生杂草，于移栽后5～7天水稻秧苗返青后施药，每亩用7%丁草胺·五氟磺·硝磺草颗粒剂350～550克，兑水20～30千克均匀喷雾。施药后水层3～5厘米保水5～7天；移栽水稻缓苗不充分时勿用药；勿超剂量使用；水层勿淹没水稻心叶避免药害。硝磺草酮对部分籼稻及其亲缘水稻品种安全性差，大面积推广使用前建议先开展安全性试验；每季最多使用1次。

⑥ **丁草胺·扑草净·乙氧氟**。由丁草胺与扑草净、乙氧氟草醚复配而成的水稻芽前除草剂。防除水稻移栽田一年生杂草，水稻移栽前3～5天，每亩用66%丁草胺·扑草净·乙氧氟乳油60～70毫升，药土法均匀撒施。切勿超剂量使用。药后保持水层3～5厘米、保水5～7天，插秧后水层切勿淹没水稻心叶以避免药害。在不同地区大面积推广前建议开展小范围试验，明确对不同水稻品种的安全性。每季最多使用1次。

⑦ **丁·氧·噁草酮**。由丁草胺与乙氧氟草醚、噁草酮复配而成的选择性触杀内吸传导型水稻苗前封闭除草剂。防除水稻移栽田一年生杂草，药土法施药，于水稻移栽前3～7天（整地耕平之后），每亩用21%丁·氧·噁草酮乳油50～70毫升，拌细沙（土）10～15千克均匀撒施。施药后2天内不排水，插秧后保持3～5厘米水层，避免淹没稻苗心叶。避免使用高剂量，以免因稻田高低不平、缺水或施药不均等造成作物药害。每季最多使用1次。

⑧ **丁草胺·滴辛酯·吡嘧隆**。由丁草胺与2，4-滴异辛酯、吡嘧磺隆复配而成的水稻移栽前苗前封闭除草剂。防治水稻移栽田中萤蔺、慈姑、稗草等一年生杂草。在水稻移栽打浆前灌水整地后，每亩用75%丁草胺·滴辛酯·吡嘧隆可分散油悬浮剂70～90毫升，瓶甩法施药1次。趁水浑浊时以瓶甩法施药，施药后2天内不排水。注意保证整地质量，做到施药均匀。插秧后水层勿淹没水稻心叶，避免药害。每季最多使用1次。

⑨ **丁草胺·噁草酮·西草净**。由丁草胺与噁草酮、西草净复配而成的水田移栽前封闭除草剂。防除水稻移栽田一年生杂草，稻田水整地后，水稻移栽前3～7天，每亩用43%丁草胺·噁草酮·西草净乳油150～230毫升与适量清水混合制成药液后，均匀甩施到3～5厘米水层的稻田中。药后原则上只补水不排水，保持3～5厘米水层7天以上（10天更好），

避免淹没秧苗心叶。遇有强降雨时注意排水。插秧后水层勿淹没水稻心叶，避免药害。每季最多使用 1 次。

⑩ **吡酰草·丁草胺·甲戊灵**。由吡氟酰草胺与丁草胺、二甲戊灵三元复配而成的选择性芽前土壤封闭除草剂。防除水稻旱直播田一年生杂草，每亩用 48%吡酰草·丁草胺·甲戊灵悬浮剂 120～160 毫升，兑水 30～50 千克均匀土壤喷雾。水稻旱直播田应保持田面无积水，在播种盖土后水稻出苗前土壤喷雾施药 1 次。水稻播种后要盖籽，注意均匀不露籽，避免稻籽裸露引发药害。药后一周内保持土地湿润，无积水。如遇大雨，就及时排水，以免积水造成药害。每季最多使用 1 次。

注意事项

（1）水稻幼苗期对丁草胺分解能力较差，秧田、直播田、小苗（秧龄 25 天以下）移栽田、弱苗移栽田，应慎用丁草胺。

（2）丁草胺在插秧田，秧苗素质不好、施药后骤然大幅度降温、灌水过深或田块漏水时，都可能产生药害。

（3）水直播田和露地湿润秧田使用丁草胺时安全性较差，易产生药害，应在小区试验取得经验后再推广。

（4）试验表明，在水稻撒播田使用丁草胺防除杂草，当水稻处于秧针期时施药，必须先把苗床上的渍水和水层排掉，施药后 3～4 天才可重新灌水，这样可避免或减少药害发生。其原因在于：丁草胺是一种乙酰替苯胺类除草剂，水稻种子在发芽后吸收此类除草剂的部位是按习惯称为秧针的幼芽。当施药时和施药后 3～4 天，苗床上无积水或水层，秧针接触不到或接触很少的丁草胺，可使水稻吸收丁草胺的量大为减少而达不到产生药害的程度；但是当苗床上有积水或水层时，施入的丁草胺便有部分混溶于积水或水层中，而使秧针的全身或部分浸泡在含大量丁草胺的水中，导致进入体内的丁草胺超过水稻幼苗的耐药力而产生药害。

（5）杂交稻的品种间对该药敏感性有差别，应先小面积试验。

（6）丁草胺主要杀除单子叶杂草，对大部分阔叶杂草无效或药效不大。

（7）在稻田或直播稻田使用，丁草胺每亩用有效成分用量不得超过 90 克，切忌田面淹水，淹水时间 6 小时以上，会明显削弱秧苗素质，表现为出叶速度慢、叶片狭小、植株矮小、茎秆细瘦、分蘖减少，因此，出苗期不能漫灌、深灌，以防产生药害。一般南方用量采用下限。早稻秧田若气温低于 15℃时施药会有不同程度药害，不宜施用。

（8）丁草胺对 3 叶期以上的稗草效果差，因此必须掌握在杂草 1 叶期以前，最迟至 3 叶期使用，水不要淹没秧心。

（9）丁草胺对鱼高毒，不能在养鱼、虾、蟹的水稻田使用。

二氯喹啉酸（quinclorac）

$C_{10}H_5Cl_2NO_2$，242.06

其他名称　快杀稗、杀稗灵、神锄、稗草净、杀稗特。

主要剂型　21.6%、350 克/升悬浮剂，25%、75%可湿性粉剂，50%、75%水分散粒剂，45%、50%可溶粉剂，10%、25%可分散油悬浮剂，50%可溶粒剂，25%泡腾粒剂。

毒性　低毒。

作用机理　二氯喹啉酸属喹啉羧酸类激素型除草剂，是稻田杀稗剂，主要通过稗草根吸收，也能被发芽的种子吸收，少数通过叶部吸收，在稗草体内传导，向新生叶输导，杂草出现生长素类药剂的受害症状，禾本科杂草叶片出现纵向条纹并弯曲，叶尖失绿变为紫褐色枯死；阔叶杂草叶片扭曲，根部畸形肿大。

应用

（1）单剂应用

① 防除水稻直播田稗草。在水稻 2～3 叶期后，稗草 3～4 叶期为最佳施药适期，但对 4～5 叶大龄稗草也有很高防效，每亩用 10%二氯喹啉酸可分散油悬浮剂 150～200 毫升，或 25%二氯喹啉酸悬浮剂 50～60 毫升，或 25%二氯喹啉酸可湿性粉剂 60～100 克，或 25%二氯喹啉酸可分散油悬浮剂 60～100 毫升，或 250 克/升二氯喹啉酸悬浮剂 50～100 毫升，或 30%二氯喹啉酸悬浮剂 50～90 毫升，或 45%二氯喹啉酸可溶粉

剂 30～50 克，或 50%二氯喹啉酸可溶粒剂 30～50 克，或 50%二氯喹啉酸可湿性粉剂 30～50 克，或 90%二氯喹啉酸水分散粒剂 15～25 克，兑水 30～40 千克茎叶喷雾，不重喷、不漏喷，勿用弥雾机喷雾。用药前，排水至浅水或使泥土呈湿润状，使杂草茎叶 2/3 以上露出水面，施药后 2～3 天放水回田，保持 3～5 厘米水层 5～7 天，恢复正常田间管理，畦面要求平整，药后如果下雨应迅速排干板面积水。

② 防除水稻移栽田稗草。在水稻移栽后 7～20 天、稗草 2～5 叶期，每亩用 25%二氯喹啉酸悬浮剂 75～100 毫升，或 25%二氯喹啉酸可分散油悬浮剂 60～100 毫升，或 25%二氯喹啉酸可湿性粉剂 60～100 克，或 50%二氯喹啉酸可溶粉剂 30～50 克，或 50%二氯喹啉酸可溶粒剂 30～50 克，或 50%二氯喹啉酸可湿性粉剂 30～50 克，或 50%二氯喹啉酸水分散粒剂 30～40 克，或 60%二氯喹啉酸可湿性粉剂 25～45 克，或 75%二氯喹啉酸水分散粒剂 30～40 克，或 75%二氯喹啉酸可湿性粉剂 20～30 克，兑水 30～40 千克均匀茎叶喷雾，施药前，排干田水；施药后 1～2 天灌水 3～5 厘米，保水 5～7 天；缺水缓灌，切忌断水，以防降低除草效果。稗草发生严重的田块，草龄偏大可适当增加用药量。使用本品时，水稻叶龄不得低于 2 叶 1 心。或每亩用 25%二氯喹啉酸泡腾粒剂 50～100 克均匀撒施，施药时水层 3～5 厘米，施药后保水 5～7 天，以后正常管理。

③ 防除水稻秧田稗草。水稻 4 叶期至分蘖期、稗草 2～5 叶期，每亩用 50%二氯喹啉酸可溶粒剂 30～50 克，或 50%二氯喹啉酸可湿性粉剂 40～50 克（北方地区）、30～40 克（南方地区），兑水 30～40 千克均匀喷雾，施药时，在露出稗草心叶的前提下，保持 1～3 厘米的水层除草效果更佳。施药剂量应根据稗草叶龄的大小适当增减。

④ 防除水稻抛秧田稗草。在水稻抛秧活棵后、稗草 2～5 叶期，均可茎叶喷雾，但以稗草 2.5～3.5 叶施用最好，每亩用 25%二氯喹啉酸悬浮剂 60～80 毫升，或 45%二氯喹啉酸可溶粒剂 30～50 克，或 50%二氯喹啉酸可溶粒剂 30～50 克，或 75%二氯喹啉酸可湿性粉剂 20～30 克，兑水 30～40 千克均匀茎叶喷雾，施药前 1 天排干水，施药 1～2 天后灌浅水，保持 3～5 厘米水层，施药后 5～7 天内不能排水、串水，以免降低药效。

（2）复配剂应用

① **二氯·双草醚**。由二氯喹啉酸与双草醚复配而成的水稻直播田茎叶处理除草剂。防除水稻直播田一年生杂草，于水稻 3 叶 1 心后、一年生杂草 2～4 叶前，每亩用 25%二氯·双草醚悬浮剂 60～100 毫升，兑水 20～30 千克均匀茎叶喷雾；水层勿淹没水稻心叶，避免药害。喷雾时力求均匀细致，不重喷、不漏喷。每季最多使用 1 次。

② **二氯·灭松**。由二氯喹啉酸与灭草松复配而成的水稻移栽田茎叶处理除草剂。防治水稻移栽田一年生杂草，需在田间稗草 2～4 叶期、阔叶杂草基本出齐时施药，每亩用 60%二氯·灭松水分散粒剂 225～250 克，兑水 20～30 千克均匀茎叶喷雾；施药前 1～2 天排干田水，保持湿润，使杂草全部露出水面，均匀喷药后 2～3 天灌水，保持水层 3～5 厘米，保持 5～7 天，之后恢复正常田间管理。每季最多使用 1 次。

③ **二氯喹啉酸·莎稗磷**。由二氯喹啉酸与莎稗磷复配的水稻直播田茎叶处理除草剂。防治水稻直播田一年生禾本科杂草和莎草科杂草。在直播水稻 3～5 叶期，每亩用 40%二氯喹啉酸·莎稗磷可分散油悬浮剂 40～60 毫升，兑水 20～30 千克均匀茎叶喷雾；施药前一天排干田水，药后 1 天复水，保水一星期，恢复正常管理，注意水层勿淹没水稻心叶，避免药害，每季最多使用 1 次。

④ **二氯喹·氰氟酯·五氟磺**。由二氯喹啉酸与氰氟草酯、五氟磺草胺复配的水稻直播田茎叶处理除草剂。防除水稻直播田一年生杂草，在直播稻田杂草 2～3 叶期，每亩用 20%二氯喹·氰氟酯·五氟磺可分散油悬浮剂 80～120 毫升，兑水 30～45 千克均匀茎叶喷雾，施药前排水，使杂草茎叶 2/3 以上露出水面，施药后 24～72 小时内复水，保持 3～5 厘米水层 5～7 天。注意水层勿淹没水稻心叶避免药害。严格按照标签内容及技术资料使用本剂，每季最多使用 1 次。

⑤ **二氯·肟·吡嘧**。由二氯喹啉酸与嘧啶肟草醚、吡嘧磺隆三者复配而成的水稻直播田茎叶处理除草剂。防除水稻直播田一年生杂草，于水稻直播出苗后、杂草 2～4 叶期，每亩用 25%二氯·肟·吡嘧可分散油悬浮剂 60～100 毫升，兑水 30～40 千克均匀茎叶喷雾。施药前排干田水，施药后 48 小时内复水，保持 3～5 厘米水层 5～7 天。注意水层勿淹没水稻心叶。每季最多使用 1 次。

⑥ **二氯·双·五氟**。由二氯喹啉酸与双草醚、五氟磺草胺复配而成的水稻直播田茎叶处理除草剂。防治水稻直播田一年生杂草，于直播水稻田5叶期、杂草2～5叶期防治效果最佳，若在稗草4～7叶期防治，建议按推荐用药量高量使用，每亩用25%二氯·双·五氟可分散油悬浮剂30～48毫升，兑水30～40千克均匀茎叶喷雾，施药前排干田水，施药后48小时内复水，保持3～5厘米水层5～7天。注意水层勿淹没水稻心叶，避免药害。每季最多使用1次。

⑦ **二氯喹·噁唑胺·氰氟酯**。由二氯喹啉酸与噁唑酰草胺、氰氟草酯复配而成的水稻直播田茎叶处理除草剂。防除水稻直播田一年生禾本科杂草，于直播稻3～4叶期、禾本科杂草2～4叶期，每亩用30%二氯喹·噁唑胺·氰氟酯可分散油悬浮剂30～50毫升，兑水30千克均匀茎叶喷雾，施药前排干田水，保持土壤湿润状态，施药后2～3天灌水，保持3～5厘米水层5～7天，水层勿淹没水稻心叶。每季最多使用1次。

⑧ **二氯·吡·氰氟**。由二氯喹啉酸与吡嘧磺隆、氰氟草酯复配而成的水稻直播田茎叶处理除草剂。防除水稻直播田一年生杂草，于水稻直播出苗后，杂草2～4叶期，每亩用20%二氯·吡·氰氟可分散油悬浮剂60～100毫升，兑水30～40千克均匀茎叶喷雾，施药前排干田水，施药后48小时内复水，保持3～5厘米水层5～7天。水层勿淹没水稻心叶，以免发生药害。每季最多使用1次。

⑨ **二氯·丙·吡嘧**。由二氯喹啉酸与丙草胺、吡嘧磺隆三元复配的除草剂。防除水稻抛秧田一年生杂草，水稻抛秧后7～10天，水稻活棵后，每亩用6%二氯·丙·吡嘧颗粒剂400～600克均匀撒施，施药前须灌水3～5厘米，水层在水稻心叶以下。施药后要保水5～7天，对缺水田要缓灌补水，切忌断水干田或水淹水稻心叶。每季最多使用1次。

防除水稻机插秧田一年生杂草，水稻机插秧后7～10天，水稻活棵后，每亩用6%二氯·丙·吡嘧颗粒剂400～600克均匀撒施，施药前须灌水3～5厘米，水层在水稻心叶以下。施药后要保水5～7天，对缺水田要缓灌补水，切忌断水干田或水淹水稻心叶。每季最多使用1次。

⑩ **二氯·唑·吡嘧**。由二氯喹啉酸与唑草酮、吡嘧磺隆复配的水稻移栽田茎叶处理除草剂。防除水稻移栽田一年生杂草，于水稻移栽返青后至分蘖末期、杂草2～4叶期，每亩用56%二氯·唑·吡嘧可湿性粉剂30～

50 克，兑水 30 千克均匀茎叶喷雾，施药前一天将田水排干，施药后 1～2 天灌水入田，并保持 3～5 厘米水层 5～7 天。水层勿淹没水稻心叶。该药见光后能充分发挥药效，阴天不利于药效正常发挥，使用时注意。每季最多使用 1 次。

注意事项

（1）若田间其他禾本科、莎草科及阔叶杂草多的情况下，二氯喹啉酸可与吡嘧磺隆、苄嘧磺隆、苯达松、吡唑类及激素型除草剂混用。

（2）对二氯喹啉酸敏感的作物包括茄科（番茄、烟草、马铃薯、辣椒、茄子等）、伞形科（胡萝卜、荷兰芹、芹菜、欧芹、香菜等）、藜科（菠菜、甜菜等）、锦葵科（棉花、秋葵）、葫芦科（黄瓜、甜瓜、西瓜、南瓜等）、豆科（青豆、紫花苜蓿等）、菊科（莴苣、向日葵等）、薯蓣科（甘薯等）。用过此药剂的田水流到作物田中或用此田水灌溉，或喷雾时雾滴飘移到以上作物上，也会造成药害。二氯喹啉酸在土壤中有积累作用，可能对后茬敏感作物产生残留积累药害。因此，后茬不能种植甜菜、茄子、烟草等作物，番茄、胡萝卜等则需用药 2 年后才可以种植。

（3）浸种和露芽种子对二氯喹啉酸敏感，故不能在此时期用药。秧田和直播田，秧苗 2 叶期前施药，水稻初生根易受药害，故应在水稻 2 叶以后用药。

（4）在移栽田按推荐剂量用药，不受水稻品种及秧龄大小的影响，机插有浮苗现象且施药又早时，水稻会发生暂时性伤害。遇高温天气会加重对水稻的伤害。

（5）北方旱育秧田不宜使用二氯喹啉酸。

（6）二氯喹啉酸施药时田间应无水层，有利于稗草全株受药，提高药效。施药后隔 1～2 天灌浅水，而在有水层条件下施药，药效下降。

（7）二氯喹啉酸在土壤中残留时期较长，可能对后茬作物产生残留药害。下茬应种植水稻、玉米、高粱等耐药力强的作物。

（8）对使用过或准备使用多效唑的秧苗，7 天内不能使用二氯喹啉酸。

（9）二氯喹啉酸为激素型选择性除草剂，若使用不当产生葱管叶，可使用芸苔素内酯或赤霉素生长调节剂进行调节。

苄嘧磺隆（bensulfuron-methyl）

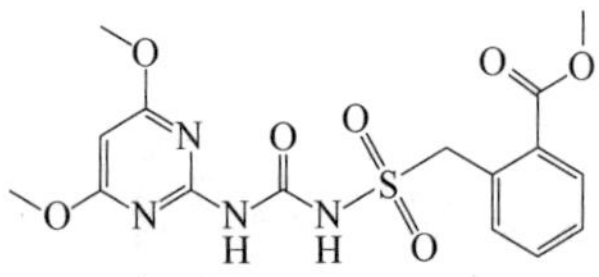

$C_{16}H_{18}N_4O_7S$，410.40

● **其他名称** 农得时、稻无草、便磺隆、苄磺隆。

● **主要剂型** 10%、30%可湿性粉剂，30%水分散粒剂，0.5%、5%颗粒剂，25%可分散油悬浮剂。

● **毒性** 微毒。

● **作用机理** 苄嘧磺隆是磺酰脲类选择性内吸传导型稻田除草剂。药剂在水中迅速扩散，经杂草根部和叶片吸收后转移到其他部位，阻碍氨基酸、赖氨酸、亮氨酸、异亮氨酸的生物合成，阻止细胞的分裂和生长。敏感杂草生长机能受阻、幼嫩组织过早发黄，抑制叶部、根部生长。

● **应用**

（1）单剂应用

① 防除水稻直播田一年生阔叶杂草及莎草科杂草。掌握在水稻秧苗出苗前晒田复水后施药，采用药土法，施药前 2 天应保持浅水层，施药时田间要求平整，每亩用 10%苄嘧磺隆可湿性粉剂 15～20 克，或 30%苄嘧磺隆可湿性粉剂 8～12 克，或 32%苄嘧磺隆可湿性粉剂 7.5～10 克，或 60%苄嘧磺隆水分散粒剂 3～5 克，混细潮土 20 千克撒施，施药时田间有 3～5 厘米水层，施药后保水 5～7 天，以后正常管理。或直播稻田杂草 2 叶期前后，每亩用 25%苄嘧磺隆可分散油悬浮剂 6～12 毫升，兑水 30～45 千克均匀喷雾。

② 防除水稻秧田一年生阔叶杂草及莎草科杂草。掌握在水稻秧苗出苗前晒田复水后施药，采用药土法，施药前 2 天应保持浅水层，施药时田间要求平整，每亩用 10%苄嘧磺隆可湿性粉剂 15～20 克，或 32%苄嘧磺隆可湿性粉剂 6～10 克，混细潮土 20 千克撒施，施药时田间有 3～5 厘米水层，施药后保水 5～7 天，以后正常管理。

③ 防除水稻抛秧田杂草。水稻抛秧后5～7天，防除一年生阔叶杂草和莎草，于水稻抛秧缓苗后、杂草2叶期以内施用。每亩用10%苄嘧磺隆可湿性粉剂15～30克，或30%苄嘧磺隆可湿性粉剂10～15克，或30%苄嘧磺隆水分散粒剂8～11克，混细潮土20千克均匀撒施。施药时稻田内必须有水层3～5厘米，使药剂均匀分布，水层保留5～7天，自然落干。施药后7天不排水、串水，以免降低药效。

④ 防除水稻移栽田一年生阔叶杂草和莎草。

a. 毒土法　于水稻移栽后5～7天施药防除效果最佳，每亩用10%苄嘧磺隆可湿性粉剂21.6～30克，或30%苄嘧磺隆可湿性粉剂7～14克，或30%苄嘧磺隆水分散粒剂8～16克，或32%苄嘧磺隆可湿性粉剂10～15克（东北地区）、7.5～15克（其他地区），或60%苄嘧磺隆水分散粒剂5～7克，采用毒土法，混细土15千克均匀撒施。用药时要求浅水层3～5厘米。用药后保水7天以上。此期间只能补水，不能排水。

b. 撒施法　或每亩用0.5%苄嘧磺隆颗粒剂400～600克均匀撒施，施药时田间应有4～5厘米水层，施药后保水5～7天，以后正常水管理。

c. 滴洒法　南方地区移栽稻田，每亩可用1.1%苄嘧磺隆水面扩散剂120～200克直接均匀滴于稻田，不用拌土撒施，不用兑水喷雾，在水稻移栽后7～10天内使用，施药时要求田间平整，水层3～5厘米，药后田间保水5～7天，水不足时可缓慢续灌，防止排水、放水影响药效。

（2）复配剂应用

① **苄嘧·五氟磺**。由苄嘧磺隆与五氟磺草胺复配的水稻直播田茎叶处理除草剂。防除水稻直播田一年生杂草，于秧苗2叶1心期以后，稗草2～3叶期施药，每亩用6%苄嘧·五氟磺可分散油悬浮剂40～60毫升，兑水25～30千克均匀茎叶喷雾。施药前先排干田水，施药时均匀喷雾，不重喷、不漏喷。药后1～2天需灌水，保持浅水层5～7天，水层不能淹没水稻心叶。每季最多使用1次。

② **苄嘧·双草醚**。由苄嘧磺隆与双草醚复配的一种选择性内吸传导型茎叶处理除草剂。防除水稻直播田多种禾本科杂草、阔叶杂草和莎草科杂草，于水稻4～5叶期、稗草2～3叶期、其他杂草3～4叶期，每亩用30%苄嘧·双草醚可湿性粉剂10～15克，兑水40～50千克均匀茎叶喷雾。施药前保持田间湿润（田间若有水要排水），均匀喷雾，施药后1～

2 天内上水，保持 3～5 厘米水层（以不淹没水稻心叶为准），施药后 7 天内不排水、串水，以免降低药效。糯稻禁用。对于粳稻，施用本品后叶片有褪绿发黄现象，在南方 4～7 天内恢复，在北方 7～10 天内恢复，气温越高，恢复越快，不影响产量。使用后，略有发黄、蹲苗现象，宜用肥料追施，不影响产量。气温低于 15℃，使用效果较差，异常高温（气温高于 35℃）建议不要使用。在未使用过双草醚的区域或水稻品种上应用，应在相关植保部门的正确指导下使用，必须先试验再推广。每季最多使用 1 次，建议与其他作用机制的农药轮换使用。

③ **苄·二氯**。为苄嘧磺隆与二氯喹啉酸复配的除草剂。防除水稻秧田一年生杂草，于水稻秧田播种后 7～10 天、秧苗 2～3.5 叶期、稗草 2～3 叶期、其他杂草 4 叶期前，每亩用 22%苄·二氯悬浮剂 55～72 毫升，兑水 40～50 千克均匀喷雾，水稻 2～6 叶期均可，但秧苗 2 叶期以前不宜施药，最好在 2～3 叶期喷雾。施药前一天排干水，施药 2 天后灌水保持浅水层，注意保持水层，使药剂均匀分布，施药后 7 天内不能排水、串水，以免降低药效。在我国北方用药时，如在东北稗草 2～3 叶期时的用药量应使用批准高剂量，以保证理想的除草效果。每季最多使用 1 次。

防除水稻移栽田一年生杂草，喷雾或拌土肥法：在水稻移栽后 5～7 天，秧苗返青扎根后，稗草 1.5～3 叶期施药，每亩用 22%苄·二氯悬浮剂 55～72 毫升，兑水 30～45 千克均匀喷雾或拌土肥。插后施药需 3～5 厘米水层，保水 3～5 天。

毒土法：水稻移栽后 7～15 天，每亩用 18%苄·二氯泡腾粒剂 80～100 克，拌细土撒施，施药时田内要有浅水层，水层不淹没秧苗心叶，施药后保水 5～7 天。

防治水稻直播田一年生杂草，喷雾法：于杂草 2 叶 1 心期，每亩用 35%苄·二氯可湿性粉剂 50～60 克，或 36%苄·二氯可湿性粉剂 40～50 克，兑水 40～60 千克均匀喷雾。施药前一天排干田水，施药时保持田面湿润，24 小时后上水，保持 3～5 厘米水层 5～7 天。

撒施法：水稻播种后 20～25 天（或水稻处于 2 叶 1 心期），每亩用 0.3%苄·二氯颗粒剂 10～15 千克直接均匀撒施，施药时应有 2～3 厘米水层并保持 5～7 天，水层不能淹没苗心，避免水稻 2 叶 1 心期之前施药，撒施要周到、均匀，施药后 5～7 天不可排水。

防除水稻抛秧田一年生杂草，喷雾法：水稻抛秧活棵后，杂草2～4叶期，每亩用22%苄·二氯悬浮剂55～72毫升，兑水20～30千克均匀喷雾。施药时稻田内必须有水层3～5厘米，使药剂均匀分布。施药后7天内不能排水，以免降低药效。

毒土法：水稻抛秧后7～15天，每亩用3%苄·二氯颗粒剂750～1000克，拌细土撒施，施药时田内要有浅水层，水层不淹没秧苗心叶，施药后保水5～7天。

④ **苄嘧·二甲戊**。由苄嘧磺隆与二甲戊灵复配的一次性水田除草剂。防除水稻移栽田一年生杂草，在水稻插秧后5～7天，即稗草1叶1心前施药最佳，每亩用16%苄嘧·二甲戊可湿性粉剂60～80克，拌湿润细土15～20千克（或拌肥），均匀撒施，晴天中午至下午4时以前为最佳用药时间。随着草龄增大，用药量也相应增加至上限。要求施药田块平整，水层3～5厘米，施药后保水5～7天，防止水淹没稻苗心叶以免发生药害。阔叶作物对本品敏感，施药后对后茬敏感作物的安全间隔期应在80天以上。每季最多使用1次。

防除水稻旱直播田一年生杂草，在旱直播水稻播种覆土后1～2天，每亩用50%苄嘧·二甲戊可湿性粉剂60～70克，兑水30～40千克均匀喷雾，不要重复喷药。在旱直播稻田作为土壤封闭剂处理每季仅使用1次。在旱播水管直播稻田使用，用药后要保证田间湿润无积水，过于干旱影响防除效果，如有积水易产生药害。在水稻2叶期后再建立水层。水直播田不能使用本品。用药要均匀，不要重复喷药。禁止用弥雾机喷雾施药。

⑤ **苄·乙**。由苄嘧磺隆与乙草胺复配的水稻抛秧田选择性内吸传导型除草剂。防除水稻抛秧田一年生及部分多年生杂草，毒土或毒肥法：水稻抛秧后5～7天，水稻完全立苗后，稗草1叶1心前施药效果最佳。每亩用10%苄·乙可湿性粉剂50～60克，先加干细沙土500克拌匀，再混拌在15～20千克的湿润细沙土或化肥中，待稻叶无露水时均匀撒施。施药时田面应平整，田内保持3～5厘米浅水层，但不能淹没稻苗心叶，保水5～7天，切忌深水或断水；施药后遇大幅度降温或升温，会对秧苗生长发育产生暂时抑制作用，加强田间管理，温度正常后7～10天内可恢复生长；禁止使用喷雾法；适用于长江流域及其以南水稻大苗（30天

以上秧龄）的抛秧田使用。杂草茂密时可适当增加用药量，施药后若遇大幅度降温或高温干旱，会出现秧苗生长受到抑制及稻苗落黄现象，应加强田间管理，温度正常后7～10天便可恢复。每季作物最多使用1次。

撒施法：在水稻抛秧后5～7天，每亩用12%苄·乙大粒剂32～44克均匀撒施，田内保持3～5厘米浅水层，田间保水5～7天。施药时田面应平整，保证颗粒能漂浮到指定区域，田水不能淹没稻苗心叶，切忌深水或断水，每季最多使用1次。

早中稻移栽后7～10天，晚稻移栽后5～8天，水稻移栽返青后，每亩用2%苄·乙颗粒剂300～400克均匀撒施，施药前须灌水3～5厘米，水层在水稻心叶以下，施药后要保水5～7天，对缺水田要缓灌补水，切忌断水干田或水淹水稻心叶，水层勿淹没水稻心叶，避免药害，秧龄过小，药后低温引发药害，保证整地质量和施药均匀以确保药效和安全性，每季最多使用1次。

防除水稻移栽田一年生及部分多年生杂草，毒土或毒肥法：水稻移栽后5～7天，每亩用6%苄·乙微粒剂100～140克，拌细土或尿素10～15千克，在稻叶无露水时均匀撒施1次，用药时，田间需有3～4厘米深的水层，药后保水层5～7天，水缺缓灌，切忌断水干田或水层高度淹没秧苗心叶。必须在杂草出土前施药，只能作土壤处理，不能作杂草茎叶处理。应根据不同地区、不同季节确定使用剂量，水稻秧田绝对不能用。

⑥ **苄嘧·丙草胺**。由苄嘧磺隆与丙草胺复配的除草剂。防除水稻直播田稗草、千金子、鸭舌草等一年生杂草，喷雾法：在水稻直播2～4天出苗后，杂草萌发初期，每亩用20%苄嘧·丙草胺可湿性粉剂100～125克，兑水40～45千克均匀喷雾，用药前一天将田水排干，保持湿润，用药后放水回田，保持3～5厘米水层5～7天，水层切勿淹没秧苗心叶，每季最多使用1次。

撒施法：水稻播种后5～7天，或1.5～2叶期，每亩用0.2%苄嘧·丙草胺颗粒剂10～12千克，直接撒施，施药时田里保持浅水。或每亩用3%苄嘧·丙草胺颗粒剂600～800克，耙田后单独或可拌底肥一起均匀撒施，用药2天后待水自然落干，保证田块保持湿润状态，无积水，再均匀撒施催芽的种子（露根0.5厘米以上），播种后7天内日最低气温要维持在 15℃以上，遇降雨需排干田水，早稻区有倒春寒时禁用。

防除水稻移栽田一年生杂草，在稻苗移栽后 3～5 天，稗草萌芽至立针期施药，药土法或喷雾使用。采用药土法施药，每亩用 20%苄嘧·丙草胺可湿性粉剂 120～140 克（南方地区），田间应保持 3～5 厘米浅水层，施药后（不能向外排水，如缺水可缓慢补水）保持此水层 5～7 天后转正常田间管理；采用喷雾法施药时，应先排干田间水，全田均匀喷雾，药后 36 小时复水，并保水 3～5 天。施药后的田间水层不能淹没稻苗心叶，以免造成药害。

防除水稻抛秧田一年生杂草，水稻抛秧后 5～7 天（即扎根完全直立后）施药最佳，每亩用 3%苄嘧·丙草胺颗粒剂 600～800 克，将药剂与湿润细沙拌匀后均匀撒施。施药时水层 3～5 厘米，保水 5～7 天，水层不能淹没秧苗叶，及时补灌。

防除水稻机插秧田一年生杂草，水稻机插秧后 5～10 天，每亩用 3%苄嘧·丙草胺颗粒剂 600～800 克，与湿润细沙拌匀后均匀撒施，施药前须灌水 3～5 厘米，水层在水稻心叶以下。施药后要保水 5～7 天，对缺水田要缓灌补水，切忌断水干田或水淹水稻心叶。每季最多使用 1 次。

⑦ **苄·丁**。由苄嘧磺隆与丁草胺复配的广谱性南方抛秧苗田专用选择性内吸传导型除草剂。防除水稻移栽田一年生及部分多年生杂草，毒土法：水稻移栽后 5～7 天，每亩用 15%苄·丁可湿性粉剂 300～350 克，加细沙土 20～30 千克，拌匀后均匀撒施于稻田中，施药时稻田内必须有水层 3～5 厘米，使药剂均匀分布。施药 7 天不排水、串水，以免降低药效。视田间草情，适用于阔叶杂草和禾本优势地块和稗草少的地块。

撒施法：在水稻移栽后 5～7 天，杂草萌发期，每亩用 0.21%苄·丁颗粒剂 20～30 千克直接均匀撒施。

在水稻抛秧后 5～7 天，即抛秧苗直立扎根、稗草叶龄 1.5 叶之前，每亩用 0.101%苄·丁颗粒剂 40～50 千克直接撒施，施药时田间保持水深 3～5 厘米，保持水层 7～10 天。

防除水稻抛秧田一年生及部分多年生杂草，毒土或毒肥法：在抛秧后 5～7 天，即秧苗直立扎根缓苗后，稗草 1.5 叶期之前使用，每亩用 25%苄·丁可湿性粉剂 200～250 克，与 15～20 千克尿素或细沙充分搅拌后，均匀撒施，施药前稻田要平整，施药时保持田面水深 3～4 厘米，保水 5～7 天，每季作物最多使用 1 次。

防除水稻直播田一年生及部分多年生杂草，直播田平整后，播种前 1～2 天或播后覆土后，每亩用 35%苄·丁可湿性粉剂 100～143 克，兑水 30～50 千克均匀喷雾。药后保水 3 天，排水后播种。播种后 3～5 天内保持田间湿润状态，但田面不能有明水，以后恢复正常管理。

防除水稻育秧田一年生及部分多年生杂草，在播种前 1～2 天或播后覆土后，每亩用 35%苄·丁可湿性粉剂 100～143 克，兑水 30～50 千克均匀喷雾。药后保水 3 天，排水后播种。播种后 3～5 天内保持田间湿润状态，但田面不能有明水，以后恢复正常管理。

⑧ **苄嘧·苯噻酰**。由苄嘧磺隆与苯噻酰草胺复配的水稻田专用除草剂。防除水稻移栽田一年生和部分多年生杂草，药土法：在水稻移栽后 5～7 天，秧苗扎根返青后，每亩用 19%苄嘧·苯噻酰悬浮剂 220～300 克，与潮湿细土（沙）拌匀后均匀撒施，施药后保持 3～5 厘米的水层，保水 5～7 天，只灌不排，每季最多使用 1 次。

撒施法：于水稻移栽后 5～10 天，每亩用 0.36%苄嘧·苯噻酰颗粒剂 6～10 千克，撒施，施用后保持 3～5 厘米水层 5～7 天，不能淹没苗心。水稻抛秧后 5～7 天，每亩用 0.03%苄嘧·苯噻酰颗粒剂 6.7～10 千克，田间浅水层直接撒施，施药时保持水层 2～3 厘米，保水 5～7 天，水层勿淹没水稻心叶以免产生药害。

防除水稻抛秧田一年生和部分多年生杂草，药土法：在水稻抛秧后 5～7 天（稗草 2 叶 1 心前），秧苗扎根返青后，每亩用 46%苄嘧·苯噻酰可湿性粉剂 60～80 克，拌细土 30 千克或尿素 15 千克，拌匀后均匀撒施，用药前整平田面，灌水 3～5 厘米，施药后保水 5～7 天，缺水缓灌，切忌断水，稻草发生严重的田块，用高量，每季最多使用 1 次。

防除水稻直播田一年生和部分多年生杂草，于秧苗 2～4 叶期，每亩用 53%苄嘧·苯噻酰可湿性粉剂 80～100 克（南方地区）作第二次土壤封闭处理，每亩拌 15～20 千克细潮土（沙）均匀撒施，或兑水 30～40 千克均匀喷雾，施药时田间应有 1～3 厘米浅水层，保水 5～6 天后正常管理。

或水稻直播后秧苗 2 叶 1 心期用药，每亩用 68%苄嘧·苯噻酰可湿性粉剂 40～60 克，拌细潮土 15～20 千克撒施，杂草萌发初期、稗草 2

叶期前用药，药前田间保持水层3～4厘米，药后保水5～7天，如缺水可缓慢补水，不能排水，水层淹过水稻心叶、飘秧易产生药害，保水5～7天后转正常管理，每季最多使用1次。

防除水稻机插秧田一年生杂草，水稻机插秧后5～10天，水稻返青活棵后，每亩用6%苄嘧·苯噻酰颗粒剂350～550克撒施，施药前须灌水3～5厘米，水层在水稻心叶以下。施药后要保水5～7天，对缺水田要缓灌补水，切忌断水干田或水淹水稻心叶，每季最多使用1次，严禁秧苗2叶前用药，以免产生药害，漏水田、沙性田不能使用。

⑨ **苄嘧·哌草丹**。由苄嘧磺隆与哌草丹复配的一种内吸传导型选择性除草剂。防除水稻秧田和南方直播田多种一年生禾本科杂草、阔叶杂草和莎草科杂草，于杂草2叶期前，每亩用17.2%苄嘧·哌草丹可湿性粉剂200～300克，兑水25～30千克均匀喷雾，每季最多使用1次。

⑩ **苄嘧·禾草丹**。由苄嘧磺隆与禾草丹复配的一种选择性内吸传导型除草剂。防除水稻秧田一年生及部分多年生杂草，水稻秧苗立针期至2叶1心期均可施药，以秧苗立针期至冒青期、稗草1～2叶期使用效果较好，每亩用35%苄嘧·禾草丹可湿性粉剂200～250克，喷雾法或毒土法处理，喷雾时兑水40～50千克均匀喷雾，采用毒土法施药时，按每亩用推荐剂量加入 15～20 千克细土或细沙充分搅拌均匀后，均匀撒入田间。施药时田板面上保持润湿，不可积水或有水层。待稻苗长到2叶1心后，可灌浅水层，但水层不可淹没稻苗心叶，以后照常规田水管理。

防除水稻直播田一年生及部分多年生杂草，水稻秧苗立针期至2叶1心期、稗草1～2叶期使用效果较好，每亩用50%苄嘧·禾草丹可湿性粉剂200～300克，均匀喷雾或毒土法处理，喷雾时，兑水40～50千克均匀喷雾，毒土法与15～20千克细土或细沙充分搅拌后，均匀撒施。施药后，保持3～5厘米浅水层5～7天，但水层不可淹没稻苗心叶，以免产生药害。

⑪ **苄嘧·禾草敌**。由苄嘧磺隆与禾草敌复配的一种选择性内吸传导型除草剂。防除水稻秧田杂草，水稻出苗后，稗草2～3叶期使用效果较好，每亩用45%苄嘧·禾草敌细粒剂150～200克，与15～20千克细土或细沙充分搅拌后，均匀撒入田间。施药后保持3～5厘米浅水层5～7天，切忌水层淹没水稻心叶。覆盖塑料薄膜田块，须及时揭膜通风。

防除水稻直播田杂草，水稻立针期至2叶1心期、稗草1～3叶期使用效果较好，每亩用45%苄嘧·禾草敌细粒剂150～200克，与15～20千克细土或细沙充分搅拌后，均匀撒入田间，施药后保持3～5厘米浅水层5～7天，切忌水层淹没水稻心叶，以免产生药害。

⑫ **苄嘧·西草净**。由苄嘧磺隆与西草净复配的一种内吸传导型选择性除草剂。防除水稻移栽田一年生阔叶杂草及莎草科杂草，在水稻移栽或插秧后5～7天秧苗返青后，稗草2叶1心前施药，施药前平整田面，灌水3～5厘米，每亩用22%苄嘧·西草净可湿性粉剂100～120克，加湿润的细土或尿素15～20千克，搅匀后，待稻叶无露水时均匀撒施，并保持水层3～5厘米，保水5～7天。水稻出苗时至立针期不要使用，以免产生药害，播前施药后不宜再播催芽的谷种。

⑬ **苄嘧·唑草酮**。由苄嘧磺隆与唑草酮复配的选择性芽后处理除草剂。防除水稻移栽田三棱草和野慈姑、野荸荠、矮慈姑等恶性阔叶杂草，在水稻移栽或插秧7～15天后，三棱草、野慈姑、野荸荠、矮慈姑等其他顽固杂草基本出土，每亩用38%苄嘧·唑草酮可湿性粉剂10～14克，兑水25～40千克全田茎叶喷雾。施药时，排干田水，施药2～3天后，再灌水回田，保持3～5厘米水层5～7天，之后恢复正常田间管理。

⑭ **苄嘧·仲丁灵**。由苄嘧磺隆与仲丁灵复配而成的水稻除草剂。防除水稻直播田中稗草、千金子、瓜皮草、鸭舌草、异型莎草等一年生单、双子叶杂草。在水稻直播田播前（5天左右）或播后（2天内）施药，出苗后不要再用。每亩用32%苄嘧·仲丁灵可湿性粉剂50～80克（南方稻区选低量，长江中下游及北方稻田用高量），兑水30千克以上均匀施用，本品对阔叶作物敏感，施药时应避免药液飘移到阔叶作物上，以防产生药害，每季最多使用1次。

⑮ **苄嘧·嘧草醚**。为苄嘧磺隆与嘧草醚复配而成的水稻除草剂。防除水稻移栽田一年生杂草，水稻移栽后3～7天，每亩用40%苄嘧·嘧草醚可湿性粉剂10～12克，用药土法施药，施药后保水5～7天。注意水层勿淹没水稻心叶，避免药害，每季最多使用1次。

防除水稻直播田一年生杂草，于水稻播种前2天，每亩用1.4%苄嘧·嘧草醚颗粒剂400～500克，与适量细沙土混匀后撒施。

⑯ **苄嘧·扑草净**。由苄嘧磺隆与扑草净复配的水稻田内吸传导型选

择性除草剂。防除水稻抛秧田杂草，南方水稻播后 5～7 天，每亩用 36%苄嘧·扑草净可湿性粉剂 30～40 克，与细土 20～30 千克拌匀，全田均匀撒施，施药时田间应有 3～4 厘米的浅水层，但水层高度不能淹没水稻心叶，并坚持保水一周左右。

防除水稻移栽田杂草，于水稻移栽后 5～10 天（返青后）及眼子菜（牙齿草）叶色由红转绿时，每亩用 26%苄嘧·扑草净颗粒剂 57～76 克，与细土或化肥 15～20 千克拌匀，待稻叶无露水时全田均匀撒施，每季最多使用 1 次，施药前堵住进出水口，施药后保持 3～5 厘米药水层 5～7 天（勿淹没稻苗心叶），不灌不排，然后转入正常管理。施药时称样量应准确，撒施要均匀。

⑰ **苄嘧·异丙隆**。由苄嘧磺隆与异丙隆复配的一种选择性内吸传导型除草剂。防除南方直播水稻田一年生杂草，直播稻田掌握在播后 2 天内用药，每亩用 70%苄嘧·异丙隆水分散粒剂 40～50 克，兑水 30～40 千克均匀土壤喷雾。南方水直播稻田作封闭施用时，无须催芽，严格掌握在播后 2 天内施用。

⑱ **苄嘧·莎稗磷**。由苄嘧磺隆与莎稗磷复配的内吸传导型选择性复合除草剂。防除水稻移栽田多种一年生禾本科杂草、阔叶杂草和莎草科杂草，在水稻移栽后 5～10 天秧苗返青后、稗草 2 叶 1 心前进行施药，每亩用 15%苄嘧·莎稗磷可湿性粉剂 100～160 克，与湿润细沙土或化肥 15～20 千克充分拌匀，待稻叶无露水时均匀撒施于田间。施药时保持 3～5 厘米浅水层 5～7 天，在此期间只能续灌，不能排出，水层不能没过稻苗心叶。秧田、直播田、病弱苗田、漏水田等不能使用，每季最多使用 1 次。

防除水稻抛秧田一年生禾本科杂草，水稻抛秧完全缓苗后，每亩用 15%苄嘧·莎稗磷可湿性粉剂 100～160 克，与湿润细沙或化肥 15～20 千克充分拌匀撒施，施药时稻田内水层控制在 3～5 厘米，保水 7 天以上，水层不能淹没稻苗心叶，10 天内勿使田间药水外流。

⑲ **异丙·苄**。由异丙草胺与苄嘧磺隆复配的水稻田除草剂。防除水稻抛秧田一年生杂草，在水稻抛秧后 5～7 天（秧苗活棵直立后）、稗草 1 叶 1 心期前，每亩用 10%异丙·苄可湿性粉剂 75～100 克，用细沙（潮土）30～40 千克拌匀，全田均匀撒施。并保持 3～5 厘米浅水层 5～7 天，

水层切勿淹没秧苗心叶，之后恢复正常的田间管理。每季最多使用 1 次。

防除水稻移栽田一年生杂草，水稻移栽后 5～7 天，每亩用 10%异丙·苄可湿性粉剂 60～75 克，拌湿细土 20 千克，均匀撒施。用药前保持 3～4 厘米浅水层（水层不能淹没秧心），用药后保持浅水层 5～7 天，以后正常管理。每季最多使用 1 次。

⑳ **异丙甲·苄**。由异丙甲草胺与苄嘧磺隆复配而成的除草剂。防除水稻移栽田一年生及部分多年生杂草，毒土或毒肥法：于早稻移栽后 5～10 天，中晚水稻移栽 5～7 天，每亩用 9%异丙甲·苄细粒剂 80～100 克（南方地区），拌细土 20～30 千克，待露水干后均匀撒施（该用药量适用于南方地区），施药后须保持 3～5 厘米浅水层 7 天，水层高度不能淹没秧苗心叶，防止断水，以确保安全高效。限于水稻 5 叶后的大苗移栽田使用。每季最多使用 1 次。

或移栽前 1～4 天，每亩用 9%异丙甲·苄细粒剂 80～100 克（南方地区），结合施底肥，与化肥拌匀撒施，平整后即可移栽，插秧时应有田水 2～3 厘米，保水 4～7 天，田水不可淹没秧心。

直接撒施：水稻移栽后，于早稻插后 7～10 天，晚稻 3～5 天，每亩用 0.1%异丙甲·苄细粒剂 6～7 千克，直接撒施，施药后保持水层 3～5 厘米，田水不可淹没水稻心叶，保水时间 4～7 天。

防除水稻抛秧田一年生及部分多年生杂草，每亩用 20%异丙甲·苄可湿性粉剂 40～50 克，采用毒土法、药肥法施药，不宜采用喷雾法，施药前，灌水 3～5 厘米，施药后保持水层 3～5 天，缺水缓溉，切忌断水。施药时水层不得淹没水稻心叶，应掌握在下雨或灌溉前后施药，每季最多使用 1 次。

㉑ **苄·乙·二氯喹**。由苄嘧磺隆与乙草胺、二氯喹啉酸复配的一种选择性内吸传导型除草剂。防除水稻移栽田一年生杂草、部分多年生杂草，早稻移栽后 5～7 天，晚稻移栽后 3～5 天用药，每亩用 19.2%苄·乙·二氯喹可湿性粉剂 30～40 克，先用 1 千克左右细沙土拌匀，再加 10～15 千克湿润细土充分拌匀，选晴天或露水干后均匀撒施。稻田要求平整，施药时稻田必须有水层 3～5 厘米，药后保水 5～7 天，水层不足时应缓慢补水，切忌断水。漏水和水层淹没秧苗心叶，会影响除草效果或产生药害，每季最多使用 1 次。

㉒ **苄·乙·扑草净**。由苄嘧磺隆与乙草胺、扑草净混配的选择性内吸传导型除草剂。防除水稻移栽田一年生杂草，于水稻移栽后4～7天、稗草1叶1心期前，每亩用7%苄·乙·扑草净粉剂80～100克，先加干细沙土500克拌匀，再与湿润沙土或化肥15～20千克充分拌匀，待稻叶无露水时均匀撒施。施药时水稻田内必须有水层3～5厘米，并保水3～5天，使药剂均匀分布，水层不足时应缓慢补水。施药后7天不排水、串水，以免降低药效。适用于长江流域及其以南大苗移栽田，不能用于秧田、直播田、抛秧田、移栽小苗及两段育秧苗。宜在秧苗返青后，稗草1.5叶期前进行处理。不宜过早泡田、过早或过晚施药。每季最多使用1次。

㉓ **苄·五氟·氰氟**。为苄嘧磺隆与五氟磺草胺、氰氟草酯复配的除草剂。防除水稻直播田一年生杂草，于杂草2～3叶期，每亩用21%苄·五氟·氰氟可分散油悬浮剂30～50毫升，兑水20～30千克均匀茎叶喷雾。施药前排水，施药后24～72小时内灌水，保持3～5厘米水层5～7天。施药量按杂草密度和草龄确定，密度大、草龄大，使用上限用药量。注意水层勿淹没水稻心叶，避免药害。每季最多使用1次，施药前后一周如遇温度低于15℃的天气，不推荐使用。

㉔ **苄嘧隆·异噁松·丁草胺**。由苄嘧磺隆与异噁草松、丁草胺复配而成。防除水稻直播田一年生杂草，水稻播种后2～4天时土壤喷雾处理，每亩用60%苄嘧隆·异噁松·丁草胺可分散油悬浮剂50～90毫升，兑水30～50千克均匀喷雾。播种后到水稻2.5叶上水前，保持垄面湿润，勿超量使用避免药害，注意保证整地质量与栽培管理水平，田间积水易造成药害，每季最多使用1次。

㉕ **苄·丙·噁草酮**。由苄嘧磺隆与丙草胺、噁草酮复配而成。防除水稻机插秧田一年生杂草，水稻插秧返青后均匀撒施，早稻插秧后7～10天、晚稻插秧后5～8天，水稻活棵后用药，每亩用6%苄·丙·噁草酮颗粒剂350～450克撒施，该产品中不含有安全剂，施药前须灌水3～5厘米，水层在水稻心叶以下，施药后要保水5～7天，对缺水田要缓灌补水，切忌断水干田或水淹水稻心叶，每季最多使用1次。

㉖ **苄·丁·乙草胺**。由苄嘧磺隆与丁草胺、乙草胺复配的一种选择性内吸传导型水稻抛秧田一次性除草剂。防除水稻抛秧田一年生及部分多

年生杂草，宜在水稻抛秧后5～7天、秧苗返青扎根后、稗草1叶1心期前施用，每亩用22.5%苄·丁·乙草胺可湿性粉剂80～100克，加湿润细土或细沙或化肥10～15千克，拌匀后，待稻叶无露水时均匀撒施于田间，施药前灌水3～5厘米，药后保水5～7天，水层不足时应缓慢补水。每季最多使用1次。可在南方水稻抛秧田使用，严禁用于秧田、直播田、漏田、干田，倒苗弱苗不宜使用此复配剂。

防除水稻移栽田一年生及部分多年生杂草，在水稻移栽后3～7天，每亩用20%苄·丁·乙草胺可湿性粉剂30～40克，先加干细沙土500克拌匀，再与细沙或尿素10千克左右充分拌匀后均匀撒施，施药前田间灌水层3～5厘米，药后保水5～6天，水层不足时应缓慢补水。每季最多使用1次。

㉗ **苄·丁·扑草净**。由苄嘧磺隆与丁草胺、扑草净三元复配的一种选择性内吸传导型除草剂。适用于水稻育秧田，施药前将苗床畦面整平，水稻播种后，在稻种上均匀覆土2～3厘米，充分遮盖稻种，然后每亩用33%苄·乙·扑草净可湿性粉剂260～320千克，兑水30～50千克均匀喷雾土壤表面。施药后，在床面上加盖塑料薄膜保温，并保持床面湿润，播种覆土厚度以2～3厘米为宜，覆土过浅在低温条件下抑制稻苗生长，易造成药害，覆土过深，影响稻苗发芽。稻苗出土后，及时揭膜通风。

㉘ **苄·丁·异丙隆**。由苄嘧磺隆与丁草胺、异丙隆复配的一种选择性内吸传导型除草剂。防除水稻直播田一年生及部分多年生杂草，于水稻播种后至立针前，每亩用50%苄·丁·异丙隆可湿性粉剂50～60克（南方地区），兑水30～50千克喷雾，或药土法用15～20千克细润土拌匀撒施。对1叶1心前稗草有抑制作用，药后保持田间土壤湿润而不能有积水。水稻1叶1心期后才能建立水层，但水层不能淹没心叶。水稻播种后要盖籽，露籽用药对水稻芽有一定的灼伤，但能很快恢复。禁止使用弥雾机喷雾施药，沙土田、漏水田禁用。每季最多使用1次。

㉙ **苄·丁·草甘膦**。由苄嘧磺隆与丁草胺、草甘膦三元复配而成的一种内吸传导型灭生性除草剂。防除免耕直播水稻田一年生和多年生杂草，免耕稻田在水稻播种前10～12天，每亩用50%苄·丁·草甘膦可湿性粉剂400～500克，兑水45～50千克喷雾，药后5天左右灌水淹没杂草泡

田3～5天，田间无积水时播种（稻种需浸种催芽）。

㉚ **苄·戊·异丙隆**。由苄嘧磺隆与二甲戊灵、异丙隆复配而成。防除水稻旱直播田一年生杂草，在旱直播水稻播种覆土后1～2天，每亩用50%苄·戊·异丙隆可湿性粉剂60～70克，兑水30～40千克均匀喷雾，不要重复喷药。在旱播水管直播稻田使用，用药后要保证田间湿润无积水，过于干旱影响防除效果，如有积水易产生药害。在水稻2叶期后再建立水层。水直播田不能使用本品。每季最多使用1次。

㉛ **苄·西·扑草净**。由苄嘧磺隆与西草净、扑草净复配而成的除草剂。防除水稻移栽田中的一年生杂草、部分阔叶杂草及莎草科杂草，水稻移栽后7～10天，水稻缓苗返青后，每亩用38%苄·西·扑草净可湿性粉剂40～60克，与细潮土15～20千克混匀后撒施。施药前堵住进出水口，施药后保持3～5厘米药水层5～7天（勿淹没稻苗心叶），不灌不排，然后转入正常管理。施药时称样量应准确，撒施要均匀。每季最多使用1次。

㉜ **苄·噁·丙草胺**。由苄嘧磺隆与异噁草松、丙草胺复配的水稻直播田专用除草剂。防除水稻直播田（南方）一年生杂草，喷雾法：播种当天或播后3天内用药，掌握稗草立针期前施药除草效果最佳，每亩用38%苄·噁·丙草胺可湿性粉剂30～35克，兑水30～50千克均匀喷雾。施药田块要求畦面平整，施药时田沟内必须要有浅水，畦面不能积水，防止秧板淹水或表面干燥，施药后5天内保持田间湿润状态，以免降低除草效果。谷种必须经过催芽再进行播种，若盲谷播种，待谷种露白后立即施药。

药土法：在水稻播前1～3天，每亩用38%苄·噁·丙草胺可湿性粉剂40～60克，拌土或肥撒施，施药时田间保持1～2厘米水层，药后1～2天排水或自然落干，播种已催芽的稻种，播后保持田间湿润，严禁长时间积水。秧苗2叶1心后，应灌浅水，保证药效得到充分发挥。每季最多使用1次。

㉝ **苄·扑·西草净**。由苄嘧磺隆与扑草净、西草净复配而成的除草剂。防除水稻移栽田一年生杂草、部分阔叶杂草及莎草科杂草，水稻移栽后5～7天（稻苗返青后），每亩用38%苄·扑·西草净可湿性粉剂40～60克，混细潮土15～20千克，施药时可先将称好的药剂与少量细土混匀，然后

再与其余的细土混匀后，均匀撒施。施药前堵住进出水口，施药后保持3～5 厘米药水层 5～7 天，不灌不排，然后转入正常管理。每季最多使用 1 次。

㉞ **苄嘧隆·环磺草·五氟磺**。为苄嘧磺隆与双环磺草酮、五氟磺草胺三者复配。防除水稻移栽田一年生杂草，于水稻移栽后 3～5 天，每亩用 35%苄嘧隆·环磺草·五氟磺悬浮剂 40～60 毫升，兑水 15～30 千克均匀喷雾。施药时保持田间 3～5 厘米水层，勿淹没心叶并保水 5～7 天。本品对水稻籼稻不安全，不宜在籼稻田使用，仅能在粳稻上使用，每季最多使用 1 次。

㉟ **苄嘧隆·异噁松·丁草胺**。由苄嘧磺隆与异噁草松、丁草胺三者复配而成。防除水稻直播田一年生杂草，于水稻播种后 2～4 天，每亩用 60%苄嘧隆·异噁松·丁草胺可分散油悬浮剂 50～90 毫升，兑水 30～50 千克均匀喷雾，播种后到水稻 2.5 叶上水前，保持垄面湿润，每季最多使用 1 次。

注意事项

（1）视田间草情，苄嘧磺隆适用于阔叶杂草及莎草科杂草占优势、稗草少的地块。

（2）施药时稻田内必须有水 3～5 厘米，使药剂均匀分布，施药后 7 天内不排水、串水，以免降低药效。

（3）（移栽田）水稻移栽前至移栽后 20 天均可使用，但以移栽后 5～15 天施药为佳。

（4）苄嘧磺隆对晚稻品种（粳、糯稻）相对敏感，应尽量避免在晚稻芽期施用，否则易产生药害。

（5）苄嘧磺隆不能与碱性物质混用，以免药剂分解影响药效。

（6）苄嘧磺隆可与除稗剂混用以扩大杀草谱，但不得与氰氟草酯混用，两者施用间隔期至少 10 天。

（7）与后茬作物安全间隔期：南方地区 80 天，北方地区 90 天。

（8）每季作物最多施用 1 次（特殊处理情况除外）。

（9）对轻质土田块，用药量应减低。

苯噻酰草胺（mefenacet）

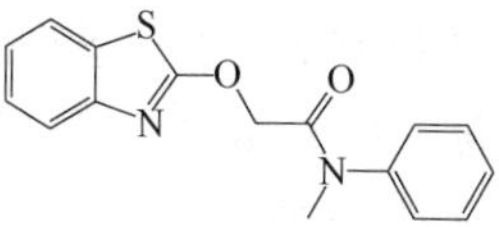

$C_{16}H_{14}N_2O_2S$，298.36

● **其他名称** 环草胺、苯噻草胺、除稗特、稻禾老、拿稗灵、穗宝。

● **主要剂型** 50%、88%可湿性粉剂，960 克/升乳油，30%泡腾颗粒剂，95%、98%原药。

● **毒性** 低毒。

● **作用机理** 苯噻酰草胺属选择性内吸、传导型酰苯胺类除草剂，是细胞生长和分裂抑制剂。主要通过芽鞘和根吸收，经木质部和韧皮部传导至杂草的幼芽和嫩叶，阻止杂草生长点细胞分裂伸长，当禾本科杂草（稗草）接触此药后很快聚集在生长点处。对细胞特别是母细胞起到抑制细胞分裂、增大的作用，从而阻碍稗草生长直至死亡。

● **应用**

（1）单剂应用 适用于水稻抛秧田、移栽田。主要用于防除一年生杂草。

① 防除水稻抛秧田一年生杂草。在水稻抛秧后 3～5 天，杂草 1.5 叶期前，南方地区每亩用 50%苯噻酰草胺可湿性粉剂 50～60 克，北方用量为 60～80 克，混 15～20 千克细潮土或细沙拌匀撒施。施药时有 3～5 厘米浅水层，药后保水 5～7 天。如缺水可缓慢补水（不能排水），水层不应淹过水稻心叶。水稻田露水未干不可施药。

② 防除水稻移栽田一年生杂草。在水稻移栽后 5～7 天，杂草 1.5 叶期前，南方地区每亩用 50%苯噻酰草胺可湿性粉剂 50～60 克，北方地区每亩用 60～80 克，或 88%苯噻酰草胺可湿性粉剂 35～45 克，混 15～20 千克细潮土或细沙拌匀撒施。施药时有 3～5 厘米浅水层，药后保水 5～7 天。如缺水可缓慢补水（不能排水），水层不应淹过水稻心叶。施药时田应耙平，露水地段、沙质土、漏水田使用效果差。稗草基数大的田块用药量为推荐用量的上限，基数小的用药量为推荐用量的下限。或在水

稻移栽后5～7天，每亩用30%苯噻酰草胺泡腾颗粒剂120～140克，均匀撒施，保持4～5厘米水层5～7天，避免淹没稻苗心叶。

③ 防除水稻直播田一年生杂草。水稻播种出苗后1.5～3叶1心期（播后15～20天），稗草1.5叶左右，其他大部分杂草刚出土时，每亩用30%苯噻酰草胺泡腾颗粒剂120～140克，均匀抛撒，药后保持3～5厘米水层3～5天。每季最多使用1次。

（2）复配剂应用

① **苯噻酰·五氟磺**。由苯噻酰草胺与五氟磺草胺复配而成的除草剂。防除水稻移栽田一年生杂草，水稻移栽后 5～10天，秧苗扎根缓苗后，每亩用70%苯噻酰·五氟磺水分散粒剂30～50克，拌细土或拌肥撒施，用药时田间保持 3～5 厘米水层，保持 5～7 天，水层不应淹没稻苗心叶。一年生杂草 2 叶期之前施药为宜。注意水层勿淹没水稻心叶。

② **苯·苄·甲草胺**。由苯噻酰草胺与苄嘧磺隆、甲草胺三元复配的除草剂。防除水稻移栽田一年生和部分多年生禾本科、莎草科和阔叶杂草，插秧前1～2天或插秧后3～5天施药，抛秧田缓苗后施药，每亩用30%苯·苄·甲草胺泡腾粒剂40～60克（南方地区）或60～80克（北方地区），顺地埂两边均匀抛撒，施药时以晴天、无大风、午后气温高时为宜。施药时水层保持3～5厘米，保水3～5天，在此期间，如缺水可缓慢补水，不能排水，水层不能淹过水稻心叶。5～7天后可以排水，使其自然落干。每季最多使用1次。

③ **苯·苄·乙草胺**。由苯噻酰草胺与苄嘧磺隆、乙草胺复配而成的除草剂。防除水稻移栽田一年生及部分多年生杂草，在水稻插秧后 5～7天、秧苗扎根返青后、稗草1叶1心前施药，每亩用30%苯·苄·乙草胺可湿性粉剂60～70克，先与1千克左右湿润细沙土拌匀，再加入20～25 千克细湿土或沙土充分混匀后撒施。施药时一定要灌上3～5厘米水层，保水5～7天，如缺水可缓慢补水，不能排水，水层淹过水稻心叶、漂秧易产生药害；5～7天后可以排水，使其自然落干。

防除水稻抛秧田一年生及部分多年生杂草。长江流域及其以南大苗（30天以上秧龄）抛秧田使用，于抛秧后4～7天，待秧苗直立扎根完全缓苗后，稗草1叶1心前，晴天露水干后施药。每亩用30%苯·苄·乙草胺可湿性粉剂 50～70 克（南方地区），拌湿细沙土 20 千克左右或尿素

10千克均匀撒施。施药时田水深3～5厘米，以不露田土又不淹禾苗心叶为宜。施药时田内应有水层3～5厘米，并保水4～5天。

④ **苯·苄·异丙甲**。由苯噻酰草胺与苄嘧磺隆、异丙甲草胺三元复配的复合内吸传导型除草剂。防除水稻抛秧田一年生杂草，水稻抛秧后4～6天，以秧苗扎根返青后，稗草1叶1心前施药效果较佳。每亩用33%苯·苄·异丙甲可湿性粉剂50～60克，拌入1千克左右细土中，再混拌在15千克左右细土（或尿素）中，均匀撒施。施药时田面应平整，田内保持3～5厘米浅水层，但不能淹没稻苗心叶，保水5～7天，切忌深水或断水。

⑤ **苯·苄·二氯**。由苯噻酰草胺与苄嘧磺隆、二氯喹啉酸复配的除草剂。防除水稻直播田一年生杂草，于水稻3～4叶期、杂草2～4叶期，每亩用88%苯·苄·二氯可湿性粉剂30～40克，兑水20～30千克均匀喷雾，施药前放干田水，药后隔天回水，保持田间3～5厘米浅水层5～7天后正常管理。每季最多使用1次，施药后对后茬敏感作物的安全间隔期应当在80天以上。

⑥ **苯·苄·硝草酮**。由苯噻酰草胺与苄嘧磺隆、硝磺草酮复配而成的除草剂。防除水稻移栽田一年生杂草，在水稻秧苗返青后，根功能恢复正常后，通常在返青肥施用后5～7天，每亩用79%苯·苄·硝草酮可湿性粉剂40～50克，毒土法（拌10～15千克土）均匀撒施。施药田块平整，水层3～5厘米，缺水时可缓慢补水，施药后保水5～7天，防止水淹没稻苗心叶发生药害。本品只限用于移栽粳稻，不推荐抛秧田使用。籼稻及其亲缘的水稻安全性较差，这类水稻品种如需使用请先小范围试验。移栽水稻缓苗不充分时请勿用药，勿超剂量使用。田间保水不好，施药时禾本科杂草超过1～1.5叶龄，阔叶草杂草太大（高度超过10厘米）都可能会导致防效下降。每季最多使用1次。或在水稻移栽后4～7天，稗草1.5叶期前，每亩用10%苯·苄·硝草酮颗粒剂350～400克，在风力小于3级时均匀撒施，整个杂草生育期最多使用1次，施药时田面应平整，田内保持3～5厘米浅水层，保证颗粒能漂浮到指定区域，田水不能淹没稻苗心叶，田间保水5～7天，切忌深水或断水。

⑦ **苯·苄·莎稗磷**。由苯噻酰草胺与苄嘧磺隆、莎稗磷三元复配的选择性除草剂。防除水稻移栽田一年生杂草，于水稻插秧后5～15天，每

亩用 55%苯·苄·莎稗磷可湿性粉剂 90～100 克，拌 10～15 千克土撒施，施药前平整田面，灌水 3～5 厘米，施药后保持水层 3～5 厘米，维持 5～7 天，应单排单灌。每季最多使用 1 次。

⑧ **苯·苄·西草净**。由苯噻酰草胺与苄嘧磺隆、西草净三元复配的内吸传导型高效水田除草剂。防除水稻移栽田一年生杂草，水稻移栽后 7 天、稗草 1.5 叶期前，每亩用 76%苯·苄·西草净可湿性粉剂 60～80 克，与 15～20 千克细潮土（肥）搅拌均匀撒施。施药时田间应有 3～5 厘米浅水层，施药后保水 5～7 天，如缺水可缓慢补水，以免影响药效。施药后水层不应淹过水稻心叶。每季最多使用 1 次。

⑨ **苯·吡·西草净**。由苯噻酰草胺与吡嘧磺隆、西草净三元复配而成的除草剂。防除水稻移栽田一年生杂草，药土法：移栽后 5～7 天即可用药，但以稗草 1 叶 1 心前为最好，每亩用 56%苯·吡·西草净可湿性粉剂 80～100 克，加细沙土 500 克拌匀，再与细沙土 10 千克左右充分拌和，均匀撒施，水层勿淹没水稻心叶，以免产生药害，每季最多使用 1 次。

撒施法：在水稻移栽后 5～10 天，水稻秧苗返青后，每亩用 17%苯·吡·西草净颗粒剂 280～320 克，撒施，田间要有 3～5 厘米水层，保水 5～7 天（以不淹没水稻心叶为准），缺水可缓慢补水，否则影响药效，水层勿淹没水稻心叶避免药害，每季最多使用 1 次。

⑩ **苯·吡·甲草胺**。由苯噻酰草胺与吡嘧磺隆、甲草胺复配的泡腾粒剂。防除水稻移栽田一年生杂草，于北方水稻移栽返青后 5～7 天（南方为 4～6 天），稗草 1.5 叶期，其他大部分杂草刚出土（水稻 4～5 叶期）时用药，每亩用 31%苯·吡·甲草胺泡腾粒剂 30～40 克（南方地区），均匀撒施。施药时及药后保持 3～5 厘米水层 5～7 天，此间只能补水，不能排水，水层不能淹没水稻心叶。

⑪ **苯噻酰·苄嘧隆·双唑草**。由苯噻酰草胺与苄嘧磺隆、双唑草腈复配而成。防除水稻移栽田一年生杂草，在水稻移栽充分缓苗之后，每亩用 10%苯噻酰·苄嘧隆·双唑草颗粒剂 275～580 克均匀撒施，人工插秧后 5～7 天施药，抛秧和机插后 8～10 天后施药。可以直接撒施，拌土均匀撒施，或者拌肥均匀撒施。施药时控制水层 3～5 厘米，并保持 5～7 天，切勿超剂量使用，水层勿淹没水稻心叶。

⑫ **苯噻酰·五氟磺·乙磺隆**。为苯噻酰草胺与五氟磺草胺、乙氧磺隆

复配的传导型除草剂。防除水稻移栽田一年生杂草，在水稻移栽缓苗后，杂草 2 叶期前，每亩用 72%苯噻酰·五氟磺·乙磺隆水分散粒剂 30～40 克药土法均匀撒施，药后保持田间 3～5 厘米水层 5～7 天，防止水淹没稻苗心叶，此后恢复正常管理，每季作物最多使用 1 次。

⑬ **苯噻酰·五氟磺·硝磺草**。为苯噻酰草胺与五氟磺草胺、硝磺草酮复配的除草剂。防除水稻移栽田一年生杂草，于水稻移栽缓苗后，每亩用 22%苯噻酰·五氟磺·硝磺草水分散片剂 180～200 克均匀撒施，施药时和施药后 5～7 天保持 3～5 厘米水层，水层不要淹没水稻心叶，每季最多使用 1 次。水稻缓苗不充分时勿用药。

⑭ **苯噻·氯·硝磺**。由苯噻酰草胺与氯吡嘧磺隆、硝磺草酮复配的水稻移栽田除草剂。防除水稻移栽田一年生禾本科、莎草科及部分阔叶杂草，移栽水稻返青扎新根后（或南方直播稻 4～6 叶期）、杂草 3～5 叶期，每亩用 29%苯噻·氯·硝磺泡腾片剂 150～200 克（南方地区）或 200～250 克（北方地区）撒施在水层 3～5 厘米田间，保水一周，缺水补水（否则影响药效的发挥）。一般 3～5 天见效，需要 1～2 周能出现明显致死症状。每季最多使用 1 次。

⑮ **乙磺·苯噻酰**。乙氧磺隆与苯噻酰草胺复配而成的二元水稻除草剂。防除水稻移栽田一年生杂草，水稻移栽缓苗后，每亩用 75%乙磺·苯噻酰可湿性粉剂 50～60 克，先用少量水稀释后拌细潮土，均匀撒施。施药时及施药后 7～10 天保持 3～5 厘米水层，之后正常田间管理。每季最多使用 1 次。

防除水稻直播田一年生杂草，水稻直播后 7～15 天，杂草 2～3 叶期，每亩用 70%乙磺·苯噻酰水分散粒剂 10～15 克，兑水 30 千克均匀茎叶喷雾，施药前一天将田水排干，保持土壤湿润，施药 2 天后灌水至 3～5 厘米水层，水层不淹没稻心，保水 5～7 天后正常管理。

注意事项

（1）苯噻酰草胺适用于移栽田和抛秧田，未经试验不能用于直播田和其他栽培方式稻田。

（2）苯噻酰草胺不可与碱性物质混用。

（3）苯噻酰草胺使用时田应耙平，沙质土、漏水田使用效果差。

（4）苯噻酰草胺对鱼有毒，对藻类高毒，喷药操作及废弃物处理应避免污染水体。

（5）每季作物最多使用苯噻酰草胺 1 次，不得擅自加大用药量，每亩施用量不得超过最高推荐剂量。

吡嘧磺隆（pyrazosulfuron-ethyl）

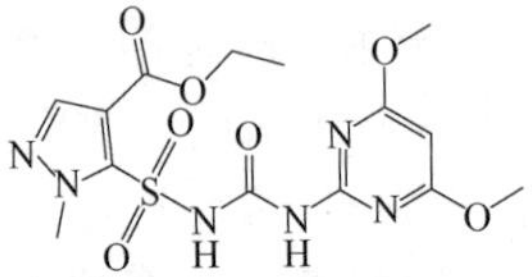

$C_{14}H_{18}N_6O_7S$，414.39

- **其他名称**　草克星、水星、韩乐星、拜伏、堡垒。
- **主要剂型**　7.5%、10%、20%可湿性粉剂，75%水分散粒剂，5%、15%、20%、30%可分散油悬浮剂，2.5%泡腾片剂，15%泡腾颗粒剂，0.6%颗粒剂。
- **毒性**　低毒。对鸟类、鱼、蜜蜂无毒。
- **作用机理**　吡嘧磺隆是磺酰脲类、高活性、选择性内吸传导型除草剂，有效成分可在水中迅速扩散，被杂草的幼芽、根及茎叶吸收后，传导到植株体内，抑制生长，杂草逐渐死亡。作用机理是抑制杂草细胞中乙酰乳酸合成酶（ALS）的活性，阻碍必需氨基酸的生物合成，从而导致杂草的芽和根很快停止生长发育，随后整株枯死。有时施药后杂草虽然仍然呈绿色，但生长发育受到抑制，从而失去与水稻生长的竞争能力，而水稻能分解该药剂，对水稻生长几乎没有影响。
- **应用**

（1）单剂应用

① 防除水稻移栽田阔叶杂草及莎草科杂草。在水稻移栽后 5～7 天，阔叶及莎草科杂草开始萌芽至 2 叶期前施药效果最佳。每亩用 0.6%吡嘧磺隆颗粒剂 400～500 克，或 10%吡嘧磺隆可湿性粉剂 10～30 克，或 15%吡嘧磺隆泡腾颗粒剂 10～20 克，或 20%吡嘧磺隆水分散粒剂 15～20 克，或 20%吡嘧磺隆可湿性粉剂 10～15 克，或 75%吡嘧磺隆水分散粒剂 1.5～2.5 克，拌湿润细沙 20～30 千克，全田撒施，施药时田间保持 3～

5 厘米深水层，施药后（不可向外排水，如缺水可缓慢补水），保持此水层 5～7 天后转正常田间管理。施用本品的田块，耙田要平整，以免有漏水地段而影响药效；杂草较大或较多时，应选择推荐剂量上限值。

② 防除水稻抛秧田稗草。在水稻抛秧后 5～7 天，每亩用 2.5%吡嘧磺隆泡腾片剂 50～80 克，或 10%吡嘧磺隆泡腾片剂 15～20 克直接抛施。

③ 防除秧田稗草。在水稻播种后 5～10 天，每亩用 10%吡嘧磺隆泡腾片剂 15～20 克直接抛施。

④ 防除水稻直播田（南方）杂草。水稻播种后 5～20 天，1～3 叶期施药，每亩用 5%吡嘧磺隆可分散油悬浮剂 30～45 毫升，或 10%吡嘧磺隆可湿性粉剂 10～20 克，或 15%吡嘧磺隆可分散油悬浮剂 10～15 毫升，或 20%吡嘧磺隆可分散油悬浮剂 8～10 毫升，或 20%吡嘧磺隆水分散粒剂 7.5～10 克，或 20%吡嘧磺隆可湿性粉剂 7.5～10 克，或 75%吡嘧磺隆水分散粒剂 2.7～4 克，兑水 30 千克均匀茎叶喷雾，田间必须保持浅水层，保证田板湿润或保水 3～4 天。或直播后 10～15 天，杂草未萌发或萌发初期，每亩用 15%吡嘧磺隆泡腾颗粒剂 10～20 克，均匀抛撒，药后保水 3～5 厘米，保水 5～7 天，避免水稻种子萌芽期用药。

（2）复配剂应用

① **吡嘧·二氯喹**。为吡嘧磺隆与二氯喹啉酸复配的除草剂。防除水稻直播田一年生及部分多年生杂草，水稻 3 叶期以后施药，每亩用 20%吡嘧·二氯喹可湿性粉剂 70～100 克，兑水 30～50 千克均匀茎叶喷雾，施药后保持浅水层或保持土壤湿润状态 3～5 天，秧苗 2.5 叶期以前禁止使用，水稻拔节、孕穗期勿用药。每季最多使用 1 次。

防除水稻移栽田一年生及部分多年生杂草，喷雾法：在水稻插秧后 5～15 天，稗草 2～3 叶期前用药较好，每亩用 20%吡嘧·二氯喹可湿性粉剂 70～90 克，兑水 20～40 千克均匀喷雾，施药前一天将田水排干，施药后 1～2 天灌水入田，并保持 3～5 厘米水层 5～7 天，建议南方用较低限的量，北方用较高限的量。

药土法：水稻移栽后 5～7 天，每亩用 50%吡嘧·二氯喹水分散粒剂 30～40 克，拌细潮土 25 千克进行撒施。施药时田间保留浅水层 3～5 厘米，并保持 5～7 天，以后恢复正常田间管理。建议南方用较低限的量，北方用较高限的量。

防除水稻抛秧田一年生及部分多年生杂草，水稻缓苗后用药，每亩用20%吡嘧·二氯喹可湿性粉剂70～90克，兑水20～40千克均匀茎叶喷雾。

防除水稻秧田一年生及部分多年生杂草，水稻3叶期、稗草1.5～3叶期，每亩用20%吡嘧·二氯喹可湿性粉剂70～90克，兑水20～40千克均匀茎叶喷雾，施药前排干田水，保持土壤湿润。将药液均匀喷于无水厢面上，药后24～48小时内复浅水（2～5厘米），水深以不淹没稻苗心叶为准，保水5～7天不排放。

② **吡嘧·五氟磺**。为吡嘧磺隆与五氟磺草胺复配的除草剂。防除水稻移栽田一年生杂草，茎叶喷雾：水稻插秧15天后，稗草2～3叶期前施药，每亩用13%吡嘧·五氟磺可分散油悬浮剂18～22毫升，兑水20～30千克均匀茎叶喷雾。施药前排水，使杂草茎叶2/3以上露出水面，施药后24～72小时内灌水，保持3～5厘米水层5～7天。

药土法：在水稻移栽缓苗后，稗草2叶期前采用药土法撒施1次，每亩用13%吡嘧·五氟磺可分散油悬浮剂18～24毫升，配药前务必充分摇匀，少量兑水，先拌一些土（约500克），之后与剩余土（约10千克）混匀。施药时注意要在水稻充分缓苗后施药，施药时保持3～5厘米水层，药后保持此水层5～7天，水层勿淹没水稻心叶，以避免药害。每季最多使用1次。

撒施法：水稻移栽缓苗后，每亩用0.03%吡嘧·五氟磺颗粒剂10～13千克，直接撒施，施药时田内保持2～5厘米水层，保水7～10天，只灌不排，之后待其自然落干。

防除水稻直播田一年生杂草，直播水稻2叶期以上，杂草2～3叶期为最佳用药期。每亩用4%吡嘧·五氟磺可分散油悬浮剂50～80毫升，兑水25～30千克均匀茎叶喷雾，施药前先放干田水，药后1～2天复水，并保水5～7天，注意水层勿淹没水稻心叶，施药量按杂草密度和叶龄确定，当杂草密度大、草龄大，需按上限用药量使用。每季最多使用1次。

③ **吡嘧·双草醚**。由吡嘧磺隆与双草醚复配而成的茎叶处理除草剂。防除水稻直播田一年生杂草，直播水稻3叶1心期后、杂草2～3叶期为最佳用药期。每亩用15%吡嘧·双草醚可分散油悬浮剂20～30毫升，兑

水 20～30 千克均匀茎叶喷雾，施药前先放干田水，药后 1～2 天复水 3～5 厘米，并保水 5～7 天。草龄过大时，需用高量。每季最多使用 1 次。

④ **吡嘧·丙草胺**。由吡嘧磺隆与丙草胺复配而成的水稻抛秧田、茭白田除草剂。防除水稻抛秧田一年生杂草及部分多年生杂草，在水稻移栽或抛秧后 5～7 天（水稻返青后）使用，每亩用 36%吡嘧·丙草胺可湿性粉剂 60～80 克，加细湿润土或细沙 5～10 千克拌匀后均匀撒施，田间应保持 3～5 厘米浅水层，施药后（不能向外排水，如缺水可缓慢补水）保持此水层 5～7 天后转正常田间管理。施药后的田间水层不能淹没心叶，以免造成药害。每季最多使用 1 次。

防除水稻直播田一年生及部分多年生杂草，水稻稻苗扎根后，稗草 1.5 叶期以前（播后 2～4 天）施药，每亩用 20%吡嘧·丙草胺可湿性粉剂 80～120 克（南方地区），兑水 30～50 千克均匀喷雾，施药田面要平整，喷药前先排干田水，用药时田板保持湿润状态，田沟内要有浅水层。施药一星期内，保持田间湿润状态，以防止降低除草效果；严禁田水淹没秧苗心叶，以免药害。播种稻谷必须先催芽，盲谷播种不宜使用。“水稻扎根后”与“稗草 1.5 叶期以前”施药是水稻安全有效的两个必要条件。每季最多使用 1 次。

防除水稻移栽田一年生及部分多年生杂草，滴洒法：在水稻移栽前 3～5 天（整地耕平之后）施药，用 22%吡嘧·丙草胺展膜油剂 75～100 毫升，直接在稻田水面选几个点进行滴洒，并保持 10 天左右，水层勿淹没水稻苗心叶避免药害，每季最多使用 1 次。

撒施法：水稻移栽后 5～10 天用药（移栽水稻 3～5 叶期，稗草 1.5～3 叶期）。每亩用 2%吡嘧·丙草胺颗粒剂 2～2.5 千克，沿田埂均匀抛撒在稻田水面，每亩抛撒 10～20 处。施药前须灌水 3～5 厘米，水层在水稻心叶以下，施药后要保水 5～7 天，对缺水田要缓灌补水，切忌断水干田或水淹水稻心叶，每季最多使用 1 次。

药土法：水稻移栽后 2～10 天内施药，以稗草 1.5～2 叶期、阔叶杂草萌芽期施药效果最佳，每亩用 55%吡嘧·丙草胺可湿性粉剂 50～70 克，加细湿润土或细沙 5～10 千克拌匀后均匀撒施，施药前灌浅水 3～5 厘米，药后保水 5～7 天或至少保持田间湿润，根据杂草数量，酌情增减用药量，每季最多使用 1 次。

防除水稻机插秧田一年生及部分多年生杂草，水稻机插后7～12天，待秧苗彻底返青立苗后，田间保持浅水层的情况下，每亩用0.44%吡嘧·丙草胺颗粒剂7000～7500克撒施，水层不可淹没秧心，施药后保水5～7天，每季最多使用1次。

⑤ **吡嘧·丁草胺**。由吡嘧磺隆与丁草胺复配而成的水稻除草剂。防除水稻抛秧田一年生杂草和多年生杂草，在抛秧后，待秧苗生新根并返青后（早稻一般在4～7天，晚稻3～5天）用药，每亩用24%吡嘧·丁草胺可湿性粉剂175～220克，拌细沙土15千克或拌肥料均匀撒施。施药后田间保持3～5厘米水层5～7天。

防除水稻直播田一年生杂草及部分多年生杂草，在播种后5～7天，每亩用24%吡嘧·丁草胺可湿性粉剂150～200克（南方地区），拌细沙土15千克或拌肥料均匀撒施。施药时应保证田板湿润或有1～2厘米薄水层，水不能淹没水稻心叶。

防除水稻移栽田一年生杂草，在移栽后，待秧苗生新根并返青后（早稻一般在4～7天，晚稻3～5天），每亩用24%吡嘧·丁草胺可湿性粉剂200～250克，拌细沙土15千克或拌肥料均匀撒施。施药后田间保持3～5厘米水层5～7天。

⑥ **吡嘧·苯噻酰**。由吡嘧磺隆与苯噻酰草胺复配而成的水稻田专用复合除草剂。防除水稻抛秧田一年生及部分多年生杂草，药土法：在水稻抛秧后5～7天、稗草1～2叶期前用药，每亩用8%吡嘧·苯噻酰颗粒剂375～560克，拌返青肥或潮湿细沙（土）20千克，均匀撒施，用药后田间应保持3～5厘米水层3～5天，然后恢复正常管理，田间保水条件差或稗草叶龄大时应适当增加剂量，本药剂必须在水稻彻底缓苗后使用。

直接撒施：在水稻抛秧后5～10天，每亩用0.15%吡嘧·苯噻酰颗粒剂20～30千克，直接撒施，施药后保持水层2～3厘米，保水5～7天，不能淹没苗心。

防除水稻移栽田一年生及部分多年生杂草，药土法：水稻移栽后5～10天、稗草2叶期前用药，每亩用25%吡嘧·苯噻酰泡腾粒剂100～120克（北方地区）、70～100克（南方地区），用15～20千克细潮土（肥）拌匀撒施，施药时田间灌上3～5厘米水层，施药后保水5～7天，此期间不宜排水，以免影响药效，之后正常管理。

直接撒施：在水稻移栽后5～7天，秧苗活棵直立后，杂草1.5叶期以前，每亩用7%吡嘧·苯噻酰颗粒剂580～720克，直接撒施，施药时沿田埂选择至少4个施药点，将本品均分后撒入水面，几分钟后药粒就可以布满全田，省工省时，药液分布均匀，除草彻底。施药后田间保持3～5厘米水层5～7天，保水期缺水应立即补水，不得换水或排水，水层高度不得淹没秧苗心叶，之后恢复正常的田间管理。

⑦ **吡嘧·唑草酮**。由吡嘧磺隆与唑草酮复配而成的除草剂。防除水稻移栽田三棱草和野慈姑、野荸荠、矮慈姑等阔叶杂草及莎草科杂草。水稻移栽15天后，三棱草、野慈姑、野荸荠、矮慈姑等顽固杂草基本出土，每亩用30%吡嘧·唑草酮可湿性粉剂8～16克，兑水20～30千克均匀茎叶喷雾。施药前排水露出杂草，喷雾后1～2天放水回田，保持3～5厘米水层5～7天，之后恢复正常田间管理。若局部用药量过大，作物叶片在2～3天内可能出现小红斑，但施药后7～10天可恢复正常生长。对作物生长及产量无明显不良影响。每季最多使用1次。

⑧ **吡嘧·丙嗪**。由吡嘧磺隆与丙炔噁草酮复配而成的除草剂。防除水稻移栽田一年生杂草，药土法：在水稻移栽前3～7天，每亩用24%吡嘧·丙嗪可分散油悬浮剂15～25毫升，拌土10～15千克后撒施。施药时水层为3～5厘米，保持5～7天。严重漏水田，不宜使用。每季最多使用1次。

甩施：于水稻移栽前5天，稻田水整地捞平沉浆后，每亩用24%吡嘧·丙嗪可分散油悬浮剂20～25毫升，经二次稀释后倒入喷雾器中，加水10千克，去掉喷雾器喷头甩施，施药后2天内只灌不排，插秧时保持田内3～5厘米的水层，插秧后保持此水层10天以上，避免淹没稻苗心叶造成药害。每季最多使用1次。

⑨ **吡嘧·嘧草醚**。由吡嘧磺隆与嘧草醚复配的除草剂。防除水稻田直播一年生杂草，于水稻直播后、杂草2～3叶期，每亩用25%吡嘧·嘧草醚可分散油悬浮剂15～20毫升，兑水20～30千克均匀喷雾，每季最多使用1次。或于水稻直播后、杂草3叶期前，每亩用25%吡嘧·嘧草醚可湿性粉剂15～20克，拌细土或细沙25千克均匀撒施，撒施时田间应有5～7厘米水层，然后保水5～7天，注意水层勿淹没水稻心叶，避

免药害，每季最多使用 1 次。

⑩ **吡嘧·吡氟酰**。由吡嘧磺隆与吡氟酰草胺复配的除草剂。防除水稻移栽田稗草和部分阔叶杂草。水稻移栽前 3～7 天和移栽后 5～10 天各施药 1 次，每亩用 70%吡嘧·吡氟酰水分散粒剂 15～20 克与 5～10 千克细土混拌均匀撒施。施药时水层为 3～5 厘米，保持 5～7 天，严重漏水田不宜使用。水层勿淹没水稻心叶，避免产生药害。每季最多使用 2 次。

⑪ **吡嘧·莎稗磷**。由吡嘧磺隆与莎稗磷复配的除草剂。防除水稻移栽田一年生禾本科杂草和阔叶杂草，在水稻移栽后 5～7 天，杂草 1～2 叶期施用效果最佳。每亩用 20.5%吡嘧·莎稗磷可湿性粉剂 90～110 克，混土 20～25 千克后撒施，施药后水层控制 3～5 厘米 5～7 天，10 天内稻田落干时立刻补水，勿使水层淹没稻草心叶，盐碱地使用莎稗磷时应该用低量，超量使用对水稻生长有较强的抑制作用。每季最多使用 1 次。

⑫ **吡嘧·二甲戊**。由吡嘧磺隆与二甲戊灵复配的除草剂。防除移栽水稻田一年生杂草，水稻移栽后 5～7 天，缓苗后，每亩用 33%吡嘧·二甲戊可湿性粉剂 60～80 克，拌土 10～15 千克，药土法处理一次。施药田块要平整，水层 3～5 厘米，施药后保水 5～7 天，防止水淹没稻苗心叶，避免产生药害。若水层不足时可缓慢补水，但不能排水。漏水田、弱苗田慎用。每季最多使用 1 次，后茬作物安全期 80 天以上。

⑬ **吡嘧磺隆·噁嗪草酮**。由吡嘧磺隆与噁嗪草酮复配的除草剂。防除水稻移栽田一年生和多年生阔叶杂草以及莎草科杂草，在插秧前 5～7 天或移栽后 8～10 天，每亩用 8%吡嘧磺隆·噁嗪草酮泡腾粒剂 50～60 克撒施。施药时，田间有水层 3～5 厘米，保水 5～7 天。此期间只能补水，不能排水，水深不能淹没水稻心叶。每季最多使用 1 次。

⑭ **吡嘧·嘧草·丙**。由吡嘧磺隆与嘧草醚、丙草胺三者复配而成的除草剂。防除水稻直播田一年生杂草，于水稻直播出苗后、杂草 2～3 叶期，每亩用 35%吡嘧·嘧草·丙可分散油悬浮剂 60～100 毫升，兑水 20～30 千克均匀喷雾。注意勿超量使用，水层勿淹没水稻心叶避免药害。每季最多使用 1 次。

⑮ **吡·甲·氯氟吡**。由吡嘧磺隆与 2 甲 4 氯钠、氯氟吡氧乙酸异辛酯三者复配而成的移栽水稻田内吸传导型苗后除草剂。防除水稻移栽田一年生阔叶杂草及莎草科杂草，于水稻移栽返青后至分蘖末期、杂草 2～4

叶期，每亩用55%吡·甲·氯氟吡可湿性粉剂20～30克，兑水30千克均匀茎叶喷雾。施药前排干田间水，对准杂草均匀喷雾，药后1～2天复水，保持3～5厘米水层5～7天，之后恢复正常田间管理。水层勿淹没水稻心叶。每季最多使用1次。

⑯ **吡·甲·唑草酮**。由吡嘧磺隆与2甲4氯钠、唑草酮复配而成的水稻移栽田除草剂。防除水稻移栽田一年生多种阔叶杂草和莎草科杂草，于水稻移栽返青后至分蘖末期，杂草2～4叶期，用63%吡·甲·唑草酮可湿性粉剂12～18克，兑水30千克均匀茎叶喷雾。施药前排干田间水，对准杂草均匀喷雾，药后1～2天复水，保持3～5厘米水层5～7天，之后恢复正常田间管理。水层勿淹没水稻心叶。该药见光后能充分发挥药效，阴天不利于药效正常发挥，使用时注意。每季最多使用1次。

⑰ **吡·戊·噁草酮**。由吡嘧磺隆与二甲戊灵、噁草酮复配而成的水稻移栽田选择性封闭除草剂。防除水稻移栽田一年生杂草，水稻移栽前，水整地沉浆后，每亩用63%吡·戊·噁草酮可湿性粉剂45～55克，拌干细土10～15千克均匀撒施。施药田块要平整，田间水深3～5厘米，施药后保水5～7天，插秧时或插秧后遇雨应及时排水，勿使水层淹没水稻心叶。若水层不足时可缓慢补水。漏水田勿用本品。每季最多使用1次。

⑱ **吡·氯·双草醚**。为吡嘧磺隆与二氯喹啉酸、双草醚复配而成的除草剂。防除水稻直播田中一年生禾本科、莎草科及部分阔叶杂草，水稻4～5叶期、杂草2～3叶期，每亩用60%吡·氯·双草醚可湿性粉剂30～40克，兑水20～30千克均匀茎叶喷雾。施药前排干田间水，但保持田间湿润，施药后24～48小时回水，保持浅水层3～5厘米，水层不能淹没水稻心叶，保水5～7天。每季最多使用1次。

⑲ **吡·氧·甲戊灵**。由吡嘧磺隆与乙氧氟草醚、二甲戊灵复配而成的水稻移栽田封闭除草剂。防除水稻移栽田一年生杂草，水稻移栽前，水整地沉浆后，每亩用66%吡·氧·甲戊灵可湿性粉剂40～50克，拌干细土10～15千克均匀撒施。施药时田间水深3～5厘米，不露泥，药后保水5～7天，施药后2天内尽量只灌不排。插秧后遇雨应及时排水，以防止淹没秧苗心叶而产生药害。漏水田勿用本品。每季最多使用1次。

⑳ **吡·松·丙草胺**。由吡嘧磺隆与异噁草松与丙草胺三者复配而成的除草剂。防除水稻直播田一年生杂草，水稻直播2～3天后，杂草萌芽期，

每亩用 38%吡·松·丙草胺可湿性粉剂 30～40 克，兑水 20～30 千克均匀喷雾。用药时畦面要平整、湿润、不积水。每季最多使用 1 次。

㉑ **吡·松·丁草胺**。由吡嘧磺隆与异噁草松、丁草胺复配而成的选择性内吸传导型除草剂。防除水稻直播田一年生杂草，于水稻直播后 1～3 天，杂草出土前，每亩用 70%吡·松·丁草胺可分散油悬浮剂 70～100 毫升，土壤喷雾（旱直播，严禁用于水直播）使用。施药前排干田水，保持田间湿润无积水，药后 2～5 天恢复正常管理。每季最多使用 1 次。

㉒ **吡·松·二甲戊**。由吡嘧磺隆与异噁草松、二甲戊灵复配而成的除草剂。防除水稻直播田一年生杂草，于水稻播后苗前，每亩用 42%吡·松·二甲戊微囊悬浮剂 80～100 毫升，兑水 40～50 千克均匀喷雾。每季最多使用 1 次。

㉓ **吡·西·扑草净**。由吡嘧磺隆与西草净、扑草净复配的一种选择性内吸传导型除草剂。防除移栽水稻田中的一年生杂草、部分阔叶杂草及莎草科杂草，水稻移栽后 7～10 天、稗草 1 叶 1 心期前进行施药，每亩用 26%吡·西·扑草净可湿性粉剂 60～100 克，先加干细土 500 克拌匀，再与湿润细沙土或化肥 5～8 千克充分拌匀，待稻叶露水干后均匀撒入田中，施药时保持水层 4～6 厘米（勿淹没稻苗心叶），保水 7 天，只灌不排，弱苗、漏水田、稻叶露水未干时不能使用，在气温超过 30℃或水温超过 28℃时请在当地农技人员指导下使用，防除眼子菜时，在眼子菜发生盛期，即叶片大部分由红转绿时施药效果最好。适用于水稻移栽田，不能用于秧田、直播田、小苗移栽田、漏水田等。每季最多使用 1 次。

㉔ **吡嘧隆·丁草胺·西草净**。由吡嘧磺隆与丁草胺、西草净三者复配而成的水稻移栽田封闭除草剂。防除水稻移栽田一年生杂草，于水稻移栽前 3～7 天，每亩用 66%吡嘧隆·丁草胺·西草净可分散油悬浮剂 60～80 毫升，兑水 30～40 千克，土壤喷雾处理。施药时田间有水层 3～5 厘米，药后保水 2～7 天，以后正常管理。插秧后水层勿淹没水稻心叶避免药害。每季最多使用 1 次。

㉕ **吡嘧隆·异噁松·仲丁灵**。由吡嘧磺隆与异噁草松、仲丁灵三者复配而成的除草剂。防除水稻旱直播田一年生杂草，在旱直播稻播后苗前，每亩用 25%吡嘧隆·异噁松·仲丁灵可分散油悬浮剂 160～240 毫升，兑水 30～40 千克土壤喷雾。每季最多使用 1 次。

◉ **注意事项**

（1）吡嘧磺隆可与除稗剂混用扩大杀草谱，但不得与氰氟草酯混用，两者施用间隔期至少 10 天。

（2）防除三棱草。吡嘧磺隆在第一次用药后仍有三棱草时，可在第一次用药后 15～20 天，在三棱草露出水面以前，每亩用 10%吡嘧磺隆可湿性粉剂 10～15 克补施 1 次。

（3）秧田或直播田施用吡嘧磺隆，应保证田地湿润或有薄层水，移栽田施药应保水 5 天以上，才能取得理想的除草效果。严重漏水田，不宜使用。

（4）吡嘧磺隆不能与碱性物质混用，以免分解失效。

（5）在磺酰脲类除草剂中，吡嘧磺隆对水稻是最安全的一种，但不同水稻品种对吡嘧磺隆的耐药性有较大差异，早籼品种安全性好，晚稻品种相对敏感，应尽量避免在晚稻芽期施用，否则易产生药害。

（6）吡嘧磺隆药雾和田中排水对周围阔叶作物有伤害作用，用药不当易产生药害，应予注意。在实际生产应用中，可用于早稻秧田、直播田，以及早、晚移栽田，在晚稻（包括单季稻）秧田及直播田应用，宜在水稻 2 叶期后，而在芽期一般不宜应用，否则极易产生药害。

（7）每季作物最多使用 1 次（特殊处理情况如 2 次用药除外）。

（8）药土和药肥应现配现用，不可存放。

西草净（simetryn）

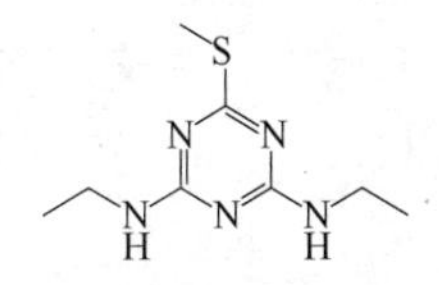

$C_8H_{15}N_5S$，213.30

◉ **其他名称**　草净津、百得斯、禾目清、水锦、眼子菜净。

◉ **主要剂型**　13%、18%乳油，25%、55%可湿性粉剂，80%、94%、95%原药。

◉ **毒性**　低毒。

● **作用机理** 西草净是三嗪类选择性内吸传导型除草剂。可经植物根部及茎叶吸收，运输至绿色叶片内，抑制光合作用希尔反应，影响糖类的合成和淀粉的积累，发挥除草作用。

● **应用**

（1）单剂应用

① 防除水稻移栽田眼子菜及其他阔叶杂草等一年生杂草。水稻移栽后 20～25 天，秧苗完全返青后、大部分眼子菜叶片由红转绿时，每亩用 13%西草净乳油 150～210 毫升，或 18%西草净乳油 100～140 毫升，或 25%西草净可湿性粉剂 100～200 克（南方地区）、200～250 克（东北地区），或 55%西草净可湿性粉剂 60～100 克，拌细土 20 千克均匀撒施 1 次，施药时保持水层 3～5 厘米，保水 7 天以上，以后正常管理，注意田水不要淹没秧苗心叶。

② 防除水稻秧田稗草。于水稻立针期、稗草 1 叶 1 心至 2 叶期，每亩用 25%西草净可湿性粉剂 37.5～50 克，兑水 60～75 千克均匀喷雾。

③ 防除直播田眼子菜等杂草。在水稻分蘖盛期，眼子菜叶片基本转绿时，以毒土法施药，每亩用 25%西草净可湿性粉剂 50～62.5 克，加 20 千克细潮土撒施，施药前堵住进出水口，水层保持 3～5 厘米，5～7 天后转入正常管理。

（2）复配剂应用

① **嗯草·西草净**。由嗯草酮与西草净复配而成的封闭除草剂。防除水稻移栽田多种一年生禾本科杂草及阔叶杂草，药土法：水稻移栽前 3～7 天，整地结束，待泥浆自然沉水面澄清，每亩用 28%嗯草·西草净乳油 140～180 毫升，拌细土 20 千克均匀撒施，施药后保持水层 3～5 厘米，保水 3～5 天，插秧后常规田管，注意插秧后水层勿淹没水稻心叶，避免药害。每季最多使用 1 次。

瓶甩法：水稻移栽前 5～7 天，稻田灌水耙平后，保水 3～5 厘米，平整度应达到寸水不露泥，每亩用 25%嗯草·西草净乳油 185～220 毫升（北方地区）、110～140 毫升（南方地区）均匀瓶甩，药后保水至插秧，常规田管，施药时稻田中水应保持水层 3～5 厘米，药后至插秧前不得排水，让水层自然下降，但插秧时或插秧后水层有所提高则应排水，直至水层降到 3～5 厘米，以防止水淹没水稻心叶，避免药害。每季最多使用

1 次。

② **硝磺·西草净**。由硝磺草酮与西草净复配而成的除草剂。二者混配后，可用于防除水稻移栽田一年生杂草。水稻移栽后 7～10 天，每亩用 18%硝磺·西草净可湿性粉剂 100～140 克，拌细土 20 千克均匀撒施。施药时保证水层在 3～5 厘米，药后需维持 5～7 天，避免水层淹没稻苗心叶。对籼稻及其亲缘水稻品种安全性较差，大面积推广前应先开展小范围试验，移栽水稻缓苗不充分勿用该药，勿超剂量使用，每季最多使用 1 次。

注意事项

（1）根据杂草基数，选择合适的施药时间和用药剂量。田间以稗草及阔叶草为主，施药应适当提早，于秧苗返青后施药。但小苗、弱苗易产生药害，最好与除稗草剂混用以降低用量。

（2）用药量要准确，拌土及撒施要均匀，以免局部施药量过多而产生药害。喷雾法不安全，应采用毒土法，撒药均匀。

（3）要求土地平整，土壤质地 pH 值对安全性影响较大。有机质含量低的沙质土、低洼排水不良地及重碱或强酸性土，易发生药害，不宜使用。

（4）用药时温度应在 30℃以下，超过 30℃易产生药害。西草净主要在北方使用。

（5）不同水稻品种对西草净耐药性不同。在新品种稻田使用西草净时，应注意水稻的敏感性。

灭草松（bentazone）

$C_{10}H_{12}N_2O_3S$，240.28

其他名称　排草丹、苯达松、噻草平、百草克、苯并硫二嗪酮。

主要剂型　25%、40%、560 克/升水剂，48%可溶液剂，80%可溶粉剂，25%悬浮剂。

毒性 低毒。

作用机理 灭草松属于苯并噻二唑类、选择性、触杀型、苗后茎叶除草剂。灭草松作为苗后茎叶处理除草剂，主要通过叶面渗透传导到叶绿体内抑制光合作用，引起杂草叶片失绿而干枯死亡，消除或减轻杂草对作物的直接影响（传播病、虫害，与作物争夺养分、水分及生长空间）、间接影响（降低农产品质量，增加管理用工和生产成本），从而使作物增加产量。

应用

（1）单剂应用

① 防除水稻移栽田莎草和阔叶杂草。在移栽后15～30天，大部分莎草和阔叶草生长3～5叶期，每亩用25%灭草松水剂300～400毫升，或25%灭草松悬浮剂250～300毫升，或40%灭草松水剂180～240毫升，或48%灭草松水剂175～200毫升，或480克/升灭草松水剂150～200毫升，或480克/升灭草松可溶液剂150～200毫升，或560克/升灭草松水剂100～150毫升，或560克/升灭草松微乳剂160～180毫升，或80%灭草松可溶粉剂80～120克，兑水30～50千克均匀喷雾于杂草茎叶上。施药前排干田水，施药后2天再正常灌水，保持3～5厘米水层5～7天，以后恢复正常管理。每季最多使用1次。

② 防除水稻直播田莎草和阔叶杂草。在播种后30～40天，大部分莎草和阔叶草生长3～5叶期，每亩用480克/升灭草松水剂150～200克，或480克/升灭草松可溶液剂133～200毫升，或560克/升灭草松水剂130～170毫升，兑水30～50千克均匀茎叶喷雾。施药前把田水排干，使杂草全部露出水面，选高温、无风晴天施药，施药后1～2天再灌水入田，保水5～7天。每季最多使用1次。

③ 防除水稻抛秧田一年生阔叶杂草及莎草科杂草。在水稻抛秧后15～30天，杂草3～5叶期，每亩用480克/升灭草松液剂150～200毫升，兑水30～50千克均匀喷雾，施药前将田水排干，施药后24小时再将水位恢复正常，每季最多使用1次。

（2）复配剂应用

① **灭松·双草醚**。由灭草松与双草醚复配而成的茎叶处理除草剂。

防除水稻直播田一年生杂草，水稻3叶1心期后，稗草、鸭舌草、异型莎草等杂草2～4叶期，每亩用23%灭松·双草醚水剂60～90毫升，兑水30千克均匀茎叶喷雾。施药前排干田水，施药1～2天后，复水正常管理。注意水层勿淹没水稻心叶，避免药害。每季最多使用1次。

② **双醚·灭草松**。由双草醚与灭草松复配的除草剂。防除水稻直播田稗草、莎草及阔叶杂草等一年生杂草，水稻直播田杂草1.5～3叶期，每亩用41%双醚·灭草松可湿性粉剂130～140克，兑水30～40千克均匀茎叶喷雾。施药前排干田水，施药后隔1～2天复水，保持3～5厘米浅水层3～5天。每季最多使用1次。

③ **唑草·灭草松**。由唑草酮与灭草松复配的除草剂。防除水稻直播田莎草科杂草三棱草、野荸荠、异型莎草，以及阔叶杂草水花生、鳢肠、鸭舌草、节节菜等。必须在阔叶及莎草科杂草齐苗后施药，水稻3叶至拔节前使用，尽量避免过早或过晚施药；每亩用40%唑草·灭草松水分散粒剂80～120克，兑水30～45千克均匀喷雾，确保打匀打透。根据杂草草龄、密度，在登记范围内适当调整用水量、用药量。施药前排干田水，使杂草全部露出水面，均匀喷雾，药后1天复水，保持水层3～5天。不能加表面活性剂（如洗衣粉）或增效剂等。每季最多使用1次，制种田禁用。

注意事项

（1）因灭草松以触杀作用为主，喷药时必须使杂草茎叶充分湿润。

（2）药效发挥作用的最佳温度为15～27℃，最佳相对湿度65%以上，施药后8小时内应无雨。施药时风速不要超过5米每秒。不能进行超低容量喷雾，施药后8小时内降雨会降低药效。

（3）稻田防除水莎草、阔叶杂草，一定要在杂草出齐、排水后喷雾，均匀喷在杂草茎叶上，2天后灌水，效果显著，否则影响药效。

（4）灭草松可与二氯喹啉酸、2甲4氯、敌稗等混用，防除稗草、莎草科杂草和阔叶杂草。

（5）在干旱、水涝或气温大幅度波动的不利情况下使用灭草松，容易对作物造成伤害或降低除草效果。

（6）灭草松对棉花、蔬菜、甜菜、油菜及烟草等作物较为敏感，施药时应避免药液飘移到上述作物上，以防产生药害。

（7）灭草松对蜜蜂、鱼类等水生生物、家蚕有毒。鱼、虾、蟹套养稻田禁用。

噁草酮（oxadiazon）

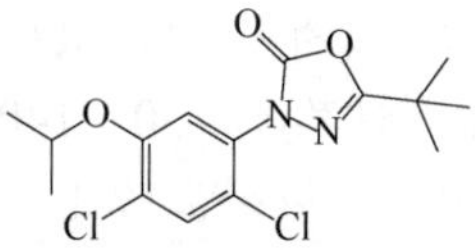

$C_{15}H_{18}Cl_2N_2O_3$，345.2

其他名称 农思它、噁草灵、草畏斯、稻优、放锄、农使友、甩思。

主要剂型 10%、25.5%、26%、31%、120克/升、250克/升乳油，30%水乳剂，30%微乳剂，13%、35%、480克/升悬浮剂，0.06%、0.6%颗粒剂，30%可湿性粉剂，30%微乳剂。

毒性 低毒。对鱼类毒性中等。对蜜蜂、鸟低毒。

作用机理 噁草酮是杂环类选择性芽前、芽后除草剂。芽前处理，杂草通过幼芽或幼苗与药剂接触、吸收而起作用。苗后施药，杂草通过地上部分吸收，药剂进入植物体后累积在生长旺盛的部位，抑制生长，使杂草组织腐烂死亡。该药在光照条件下才能发挥杀草作用，但并不影响光合作用的希尔反应。

应用

（1）单剂应用

① 防除水稻移栽田一年生杂草

a. 药土法　水稻移栽前施用最佳。于水稻移栽前2～3天，在整地后趁水浑浊时，每亩用12.5%噁草酮乳油190～260毫升，或13%噁草酮乳油200～300毫升，或25%噁草酮乳油100～150毫升，或26%噁草酮乳油90～150毫升，或30%噁草酮水乳剂80～110毫升，或30%噁草酮可湿性粉剂80～125克，或30%噁草酮微乳剂80～110毫升，或35%噁草酮悬浮剂90～90毫升，或380克/升噁草酮悬浮剂65～90毫升，或40%噁草酮悬浮剂60～80毫升，拌干细土15～20千克均匀撒施，保持3～5厘米深的水层。施药与插秧，至少间隔2天。插秧时稻田水层应尽量自然落降或人工排降至3厘米深，排水尽量不要搅动稻田水层，插秧后保持3～5厘米水层7天以上，避免水层淹没稻苗心叶。也可在水稻移栽后5～7天，每亩用药量拌干细土15～20千克均匀撒施，药后保持3～5厘米深水层7天。在拌干细土之前，将每亩药剂兑水1千克稀释，然后再将稀释好的药液喷在干细土上，边喷边拌，更能全面发挥本产品的效果。每季最多使用1次。

b. 瓶甩法　水稻移栽前1～3天，稻田灌水整平后呈泥水或清水状态时，每亩用120克/升噁草酮乳油200～300毫升，或12.5%噁草酮乳油150～200毫升，或13%噁草酮乳油185～246毫升，或250克/升噁草酮乳油100～150毫升，直接持瓶均匀甩施于4～6厘米稻田水层中。施药后2天内不排水，插秧后保持3～5厘米水层，避免淹没稻苗心叶。

c. 喷雾　一般整好地后，最好在田间还处于泥水状时，水稻移栽前2～3天，每亩用250克/升噁草酮乳油90～120毫升，或26%噁草酮乳油100～150毫升，或31%噁草酮乳油85～110毫升，兑水15～25千克或原瓶甩喷，喷布全田。施药后保持浅水层3天，自然落干，以后正常管理。施药应均匀，勿重喷或漏喷，避免药液飘移到邻近敏感作物上，以防产生药害。

② 防除水稻直播田一年生杂草

a. 药土法　在水稻直播前2～4天，整地上满水泡田，随即施药，每亩用35%噁草酮悬浮剂63.2～84.2毫升，或380克/升噁草酮悬浮剂40～60毫升，拌干细土15～20千克均匀撒施，保水7天后排水，后播种（催芽后的种子），以后正常水肥管理。整田不平、排水不便的田块易产生药害，避免使用。每季最多使用1次。

b. 土壤喷雾　直播水稻播前2～3天，每亩用13%噁草酮悬浮剂180～240毫升，或25%噁草酮乳油100～150毫升，或250克/升噁草酮乳油115～130毫升，或26%噁草酮乳油95～125毫升，兑水30～50千克土壤喷雾，注意喷雾均匀，也可直接甩施。

c. 撒施　直播水稻播种前1～3天，每亩用0.06%噁草酮颗粒剂50000～62500克撒施，施药后保持浅水层3天，排水后播种。或于水稻播种前1～2天，每亩用0.6%噁草酮颗粒剂4000～5300克，拌干细土10～20千克均匀撒施。每季最多使用1次。

（2）复混剂应用

① **噁草酮·五氟磺草胺**。由噁草酮与五氟磺草胺复配而成的除草剂。防除水稻移栽田一年生杂草，水稻移栽前3～5天，稻田灌水整平后呈泥水或清水状时，每亩用15%噁草酮·五氟磺草胺悬浮剂100～200毫升甩施，将药剂稀释混匀后均匀甩施到5～7厘米水层的稻田中，2天内不排水，插秧后保持3～5厘米水层10天以上，避免淹没水稻苗心叶。每季最多使用1次。

② **噁草·丙草胺**。由噁草酮与丙草胺复配而成的除草剂。防除水稻移栽田一年生杂草，药土法：水稻移栽前3～5天，杂草未萌发或萌发初期，即稻田灌水整平后呈泥水状态时，每亩用38%噁草·丙草胺乳油90～110毫升，直接拌细沙（土）15～30千克，均匀撒施1次。药后保持田内3～5厘米水层，药后2天内尽量只灌不排。插秧时或插秧后，水层勿淹没水稻心叶，以防产生药害。

瓶甩法：水稻移栽前稻田灌水整平后呈泥水状态时，每亩用25%噁草·丙草胺展膜油剂150～175毫升，直接持瓶均匀甩施于稻田水层中，施药时田间保持水层3～5厘米。施药后保持水层2～3天，避免淹没稻苗心叶，每季最多使用1次。

③ **噁草·丁草胺**。由噁草酮与丁草胺复配而成的除草剂。用于防除水稻移栽田一年生杂草。瓶甩法：水稻移栽前1～3天，稻田灌水整平后呈泥水或清水状态时，每亩用42%噁草·丁草胺乳油100～150毫升，直接持瓶均匀甩施于4～6厘米稻田水层中。施药后2天内不排水，插秧后保持3～5厘米水层，避免淹没稻苗心叶。

土壤喷雾、药土法：水稻移栽田移栽前2天，每亩用20%噁草·丁草胺乳油200～225毫升，兑水20～30千克喷雾，也可于水稻移栽后5～7天，用毒土法。于移栽前施药为佳。

防除水稻旱育秧及半旱育秧田一年生单、双子叶杂草，于播种后、杂草1～3叶期施药，每亩用20%噁草·丁草胺乳油200～225毫升，兑水30～50千克均匀喷雾土面。杂草自萌芽至1～2叶期均对该药敏感，以杂草萌芽期施药效果最好，随杂草长大效果下降。平整秧板，施药时田水排干，保持土壤湿润，无积水，盖土不露籽，齐苗揭膜前保持床温在35℃以下，以防烧苗及药害。注意喷雾均匀、土壤润湿是药效发挥的关键。秧田及水直播田勿使用催芽谷，水层过深淹没心叶时，易出现药害。

防除南方水稻直播田一年生杂草，播后苗前土壤喷雾，旱直播稻田在整地播种盖土后，上“跑马水”，待自然落干（田面湿润，无积水），在水稻出苗前，每亩用 42%噁草·丁草胺乳油 90～125 毫升，兑水 40～50 千克均匀喷雾。苗床只能浇水，不可灌水或渍水，喷药后至少隔半小时再盖膜，如果气温超过 33℃，要及时揭膜通风降温，否则易产生药害。用药后保持田间湿润而不能有积水。用药要均匀，不要重喷和漏喷药。严禁超量用药。每季最多使用 1 次。

④ **噁草·仲丁灵**。由噁草酮与仲丁灵加专用助剂配制而成的封闭除草剂。防除水稻移栽田一年生杂草，在水稻移栽前 1～3 天，稻田灌水后整体呈泥水或清水状态时，每亩用 32%噁草·仲丁灵水剂 200～300 毫升，拌土 10～20 千克均匀撒施。施药后保持 3～4 厘米水层，不可露土，不排不灌。注意水层勿淹没水稻心叶避免药害。每季最多使用 1 次。

⑤ **噁草·莎稗磷**。由莎稗磷、噁草酮复配而成的选择性苗前封闭除草剂。防除水稻移栽田多种一年生禾本科、莎草科及阔叶类杂草。喷雾法：水稻移栽前 2～5 天，每亩用 37%噁草·莎稗磷乳油 40～80 毫升，兑水 30～50 千克，土壤封闭喷雾处理。每季最多使用 1 次。

药土法：水稻移栽前，水整地静置后，每亩用 35%噁草·莎稗磷微乳剂 70～100 毫升，拌干细土或细沙 10～15 千克均匀撒施，施药时田间水深 3～5 厘米，不淹没稻苗心叶，不露泥，药后保水 5～7 天。若水层不足时可缓慢补水，但不能排水。每季最多使用 1 次。

⑥ **噁草酮·莎稗磷·西草净**。由噁草酮与莎稗磷、西草净复配而成的移栽水稻田选择性芽前封闭除草剂。防除水稻移栽田一年生杂草，水稻移栽前，水整地静置后，每亩用 42%噁草酮·莎稗磷·西草净乳油 80～100 毫升，拌干细土 10～15 千克均匀撒施。施药时田间水深 3～5 厘米，不淹没稻苗心叶，不露泥，药后保水 5～7 天。若水层不足时可缓慢补水，但不能排水。每季最多使用 1 次。

⑦ **噁草酮·异噁草松**。由噁草酮与异噁草松复配而成的选择性芽前封闭除草剂。防除水稻直播田一年生杂草，直播前整平田面后 3～5 天，每亩用 25%噁草酮·异噁草松乳油 80～120 毫升土壤喷雾。每季最多使用 1 次。

⑧ **噁酮·西草净**。由噁草酮与西草净复配的水稻移栽田封闭除草剂。防除水稻移栽田中绝大部分一年生杂草，水稻移栽前5～7天，稻田灌水耙平后，保水3～5厘米，平整度应达到寸水不露泥（寸水指1寸水深，为水深3.33厘米），每亩用25%噁酮·西草净乳油185～220毫升（北方地区）或110～140毫升（南方地区）均匀瓶甩，药后保水至插秧，常规田管。施药时稻田中水应保持水层3～5厘米，药后至插秧前不得排水，让水层自然下降，但插秧时或插秧后水层有所提高，则应排水，直至水层降到3～5厘米，以防止水淹没水稻心叶，避免药害。每季最多使用1次。

⑨ **甲戊·噁草酮**。由二甲戊灵与噁草酮复配而成的除草剂。防除水稻移栽田一年生杂草，瓶甩法：水稻移栽前3～5天，水整地趁浑浊时，每亩用42%甲戊·噁草酮乳油80～100毫升，瓶甩法均匀甩施至稻田。药后保水7天。注意插秧后水层勿淹没水稻心叶，避免药害。每季最多使用1次。

药土法：水稻移栽后3～10天，每亩用30%甲戊·噁草酮悬浮剂150～225毫升，拌细潮土均匀撒施，施药后保持浅水层5～7天，注意水层勿淹没水稻心叶，避免药害。每季最多使用1次。

防除水稻旱直播田一年生杂草，在水稻播后苗前，采用土壤喷雾法施药，每亩用40%甲戊·噁草酮悬浮剂120～150毫升，兑水30～45千克均匀喷雾土壤。

防除水稻旱秧田一年生杂草，于水稻旱秧田播种复土润湿后，每亩用39%甲戊·噁草酮悬浮剂60～100毫升，兑水30～45千克均匀喷雾土壤。不得随意加大用药量。施药后严禁田块有积水，遇连续阴雨且雨量偏大应保持沟渠排水畅通或避免用药。

防除水稻直播田一年生杂草，在水稻播种后2～5天，每亩用40%甲戊·噁草酮乳油120～150毫升，兑水30～45千克喷雾土壤，施药前排干田水，保持3～5厘米水层5～7天。喷药要力求均匀，防止局部用药过多造成药害，或发生漏喷现象。每季最多使用1次。

⑩ **噁·氧·二甲戊**。由噁草酮与乙氧氟草醚、二甲戊灵复配而成的封闭除草剂。防除水稻移栽田一年生杂草，在水稻移栽前3～5天，杂草未萌发或萌发初期时施药最佳，即稻田灌水整平后呈泥水状态时，每亩用40%噁·氧·二甲戊乳油50～70毫升，直接拌细沙土（或肥）10～15千

克，均匀撒施。在晴天无风（或微风），午后 4 时前为最佳用药时间。要求施药田块平整，水层 3～5 厘米，施药后 2 天内只灌不排，保水 5～7 天，插秧时或插秧后防止水淹没稻苗心叶以免发生药害。小苗田及弱苗田慎用。每季最多使用 1 次。

⑪ **噁·氧·莎稗磷**。由噁草酮与乙氧氟草醚、莎稗磷复配的选择性触杀内吸传导型除草剂。防除水稻移栽田一年生杂草，水稻移栽前 5～7 天，稻田灌水整平后呈泥水状态时，每亩用 37%噁·氧·莎稗磷微乳剂 50～60 毫升（北方地区）或 40～50 毫升（南方地区），拌细沙（土）10～15 千克，均匀撒施。施药时保持田内 3～5 厘米水层，药后 2 天内尽量只灌不排，保水 5～7 天，避免淹没稻苗心叶。每季最多使用 1 次。

注意事项

（1）水稻插秧后施药，弱苗、小苗、水层淹没心叶，都容易出现药害。秧田及水直播田使用催芽种子，易发生药害。噁草酮用药后，如果遇到阴雨低温天气，容易产生药害，影响封闭效果。

（2）旱田使用噁草酮时，土壤湿润是药效发挥的关键。

（3）施药时应避免对周围蜂群的影响，蜜蜂花期禁用。

丙炔噁草酮（oxadiargyl）

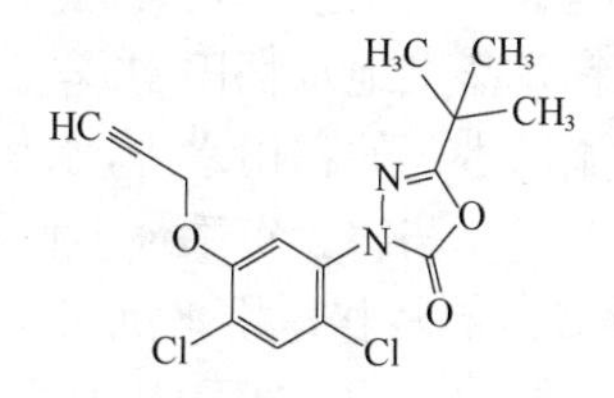

$C_{15}H_{14}Cl_2N_2O_3$，341.2

其他名称 稻思达、快噁草酮。

主要剂型 80%可湿性粉剂，10%、15%乳油，8%、12%水乳剂，10%、25%、38%可分散油悬浮剂，8%、80%水分散粒剂，15%、400 克/升悬浮剂。

毒性 低毒。

作用机理 丙炔噁草酮是一种高效、低毒、持效期长的优秀除草剂新品种，属环状亚胺类选择性触杀型芽前、芽后除草剂。主要在杂草出苗前后通过稗草等敏感杂草的幼芽或幼苗接触吸收而起作用。作用机理是丙炔噁草酮施于稻田水中经过沉降，逐渐被表层土壤胶粒吸附形成一个稳定的药膜封闭层，当其后萌发的杂草幼芽经过此药膜层时，会接触吸收和有限传导药剂，在光照条件下，使接触部位的细胞膜破坏和叶绿素分解，并使生长旺盛部位的分生组织遭到破坏，最终导致受害的杂草幼芽枯萎而死亡。而在药剂沉降之前已经萌发出土但尚未露出水面的杂草幼苗，则在药剂沉降之前即从水中接触吸收到足够的药剂，致使其很快坏死腐烂。

应用

（1）单剂应用　防除水稻移栽田稗草、莎草及阔叶草等一年生杂草。在杂草出苗前或出苗后的早期用于插秧的稻田。最好在插秧前施用，也可以在插秧后施用。

① 药土法。于水稻移栽前3～7天、稗草1叶期前，稻田灌水整平后呈泥水或清水状时，每亩用8%丙炔噁草酮水乳剂50～70毫升，或10%丙炔噁草酮乳油50～75毫升，或12%水乳剂42～63毫升，或80%丙炔噁草酮水分散粒剂6～8克，拌化肥或细沙5～7千克，均匀撒施到3～5厘米水层的稻田中。施药后3～5天不排不灌，并保持3～5厘米水层，避免淹没稻心。严格按推荐的使用技术均匀施用，不得超范围使用。不推荐用于抛秧和直播水稻及盐碱地水稻田中。本剂为触杀型土壤处理剂，插秧时勿将稻苗淹没在施用本剂的稻田水中，水稻移栽后使用应采用“药土法”撒施，以保药效，避免药害。每季最多使用1次。

② 甩施。在水稻移栽前灌水整地捞平沉浆后，每亩用10%丙炔噁草酮可分散油悬浮剂50～60毫升，或15%丙炔噁草酮悬浮剂35～40毫升，或25%丙炔噁草酮可分散油悬浮剂20～25毫升，或400克/升丙炔噁草酮悬浮剂12.5～15毫升，经二次稀释后倒入喷雾器中，兑水10千克，去掉喷雾器的喷头甩施用药1次。施药后2天内只灌不排，插秧时保持田内3～5厘米的水层，并保水5～7天。插秧后水层勿淹没水稻心叶避免药害。避免使用高剂量，以免因稻田高低不平、缺水或施用不均等造成作物药害。每季最多使用1次。

③ 瓶甩法。在水稻移栽前3～7天、稗草1叶期以前，稻田灌水整

平后呈泥水或清水状时，每亩用 8%丙炔噁草酮水分散粒剂 50～65 克，或 38%丙炔噁草酮可分散油悬浮剂 13～17 毫升，或 80%丙炔噁草酮可湿性粉剂 6 克（南方地区）或 6～8 克（北方地区），将亩药量倒入甩施瓶中，加水 500～600 毫升，用力摇瓶至本剂彻底溶解后，均匀甩施到 5～7 厘米水层中（甩施幅度 4 米宽，步速 0.7～0.8 米/秒）。施药后 2 天内不排水，插秧后保持 3～5 厘米水层 10 天以上，避免淹没稻苗心叶。避免施用高剂量，以免因稻田高低不平、缺水或使用不均等造成作物药害。每季最多使用 1 次。

④ 喷雾法。每亩用 10%丙炔噁草酮乳油 50～60 毫升，于稻田灌水整平后呈泥水或清水状时，兑水 30～40 千克喷雾。施药后 2 天内不排水，插秧后保持 3～5 厘米水层 5～7 天，避免淹没稻苗心叶。

（2）复配剂应用

① **丙噁·五氟磺**。由丙炔噁草酮与五氟磺草胺复配而成的除草剂。防除水稻移栽田一年生杂草，水稻移栽后 5～7 天、一年生杂草 2～3 叶期，用 15%丙噁·五氟磺可分散油悬浮剂 30～40 毫升，取适量药剂与湿润细沙土制成药土，均匀撒施在水稻田中，药后保水 2～3 厘米的水层 5 天。每季最多使用 1 次。充分缓苗后用药，药后水层勿淹没水稻心叶。

② **丙噁·丙草胺**。由丙炔噁草酮与丙草胺复配而成的除草剂。防除水稻移栽田一年生杂草，甩施法：水稻移栽前 2～5 天，稻田整平后呈泥水或清水状时，每亩用 32%丙噁·丙草胺可湿性粉剂 40～60 毫升，将亩药量倒入甩施瓶中，加水 500～600 毫升，用力摇瓶至本剂彻底混匀后，均匀甩施到 5～7 厘米水层的稻田中（甩施幅度 4 米宽，步速 0.7～0.8 米/秒）。施药后 2 天内不排水，插秧后保持 3～5 厘米水层 10 天以上，避免淹没稻苗心叶。每季最多使用 1 次。

药土法：水稻移栽前 5～7 天，每亩用 31%丙噁·丙草胺水乳剂 80～120 毫升，拌毒土或毒沙 15～20 千克均匀撒施 1 次。施药时及施药后须保持 3～5 厘米水层 5～7 天。注意插秧后水层勿淹没水稻心叶避免药害。每季最多使用 1 次。

③ **丙噁·丁草胺**。由丙炔噁草酮与丁草胺复配而成的除草剂。防除水稻移栽田一年生杂草，土壤喷雾：在水稻移栽前 3～7 天，每亩用 30%丙噁·丁草胺微囊悬浮剂 160～200 毫升，兑水 20～30 千克或沙土（化肥）

均匀喷施或撒施到 3～5 厘米稻田水层中。施药后至移栽后 7 天内只灌不排，保持 3～5 厘米水层，勿使水层淹没稻苗心叶，之后进行正常田间管理。水稻移栽后严禁喷雾处理，每季最多使用 1 次。

甩施：水稻移栽前 3～7 天，采用甩施法施药 1 次。每亩用 35%丙噁·丁草胺乳油 100～120 毫升，兑水 10～20 千克。稻田灌水整地捞平沉浆后进行施药，施药后保持 3～5 厘米水层 5～7 天。移栽时、插秧后水层勿淹没水稻心叶，以免产生药害。每季最多使用 1 次。

防除水稻旱直播田一年生杂草，水稻旱直播田于播种盖土落干后出苗前，每亩用 30%丙噁·丁草胺微囊悬浮剂 125～150 毫升，兑水 30～40 千克，土壤喷雾处理。每季最多使用 1 次。

④ **丙噁酮·丁草胺·西草净**。由丙炔噁草酮与丁草胺、西草净复配的水稻田苗前土壤处理除草剂。防除水稻移栽田一年生杂草，甩施法：于水稻移栽前 3～7 天、稗草 1 叶期以前，稻田灌水整平后呈泥水或清水状时，每亩用 50%丙噁酮·丁草胺·西草净乳油 80～120 毫升，兑水 10 千克，去除喷雾器喷头均匀甩施，施药后保持 3～5 厘米水层 5～7 天。勿超剂量使用，插秧后水层勿淹没水稻心叶避免药害。每季最多使用 1 次。

喷雾法：在水稻移栽前灌水整地后，每亩用 78%丙噁酮·丁草胺·西草净可分散油悬浮剂 60～80 毫升，兑水 30～50 千克均匀喷雾施药 1 次，施药后田间需有水层 3～5 厘米，后排水插秧，正常管理。勿超剂量使用，插秧后水层勿淹没水稻心叶避免药害。每季最多使用 1 次。

⑤ **丙噁酮·丁草胺·噁嗪酮**。由丙炔噁草酮与丁草胺、噁嗪草酮三者复配扩大杀草谱，增加对杂草的防效。防除水稻移栽田一年生杂草，在水稻移栽之前 3～5 天稻田水整地捞平沉浆后进行施药，每亩用 37%丙噁酮·丁草胺·噁嗪酮可分散油悬浮剂 80～100 毫升，兑水 10 千克，去掉喷雾器喷头甩施。施药后 2 天内只灌不排，插秧时保持田内 3～5 厘米的水层，插秧后水层勿淹没水稻心叶避免药害。每季最多使用 1 次。

⑥ **丙噁酮·丁草胺·异噁松**。由丙炔噁草酮与丁草胺、异噁草松三者复配而成的除草剂。防除水稻移栽田一年生杂草，在水稻移栽前 3～7 天灌水整地后，每亩用 68%丙噁酮·丁草胺·异噁松乳油 80～100 毫升，兑水 10～30 千克均匀甩施，药后保水至插秧常规田管。勿超剂量使用，插秧后水层勿淹没水稻心叶避免药害。施药时防止甩施到邻近作物，以

免产生药害。异噁草松土壤残效期较长，注意合理安排后茬作物，保证安全间隔期。每季最多使用1次。

⑦ **丙炔噁·滴辛酯·乙氧氟**。由丙炔噁草酮与2，4-滴异辛酯、乙氧氟草醚复配而成的除草剂，防除水稻移栽田一年生杂草。防除水稻移栽田一年生杂草，使用瓶甩法：水稻移栽前3～7天，稻田灌水整平后呈泥水或清水状态时，每亩用29%丙炔噁·滴辛酯·乙氧氟乳油30～50毫升直接持瓶均匀甩施于4～6厘米稻田水层中。施药后2天内不排水，插秧后保持3～5厘米水层，避免淹没稻苗心叶。每季最多使用1次。

⑧ **丙噁·乙氧氟**。由丙炔噁草酮与乙氧氟草醚复配而成的除草剂。为水稻移栽田选择性除草剂。防除水稻移栽田一年生杂草，药土法：施药于水稻移栽前2～3天，稻田灌水整平后呈现泥水或清水状态时，每亩用26%丙噁·乙氧氟可分散油悬浮剂35～45毫升，与10～12千克细土拌匀后采用药土法施药。施药时保持水层3～5厘米深，水层勿淹没水稻心叶，避免药害。不推荐用于抛秧和直播水稻及盐碱地水稻田中。每季最多使用1次。

甩施：于水稻移栽前3～5天稻田水整地捞平沉浆后进行施药，每亩用22%丙噁·乙氧氟悬浮剂45～50毫升，药剂经二次稀释后倒入喷雾器中，加水10千克，去掉喷雾器喷头甩施，施药后2天内只灌不排，插秧时保持田内3～5厘米的水层，插秧后保持此水层10天以上，避免淹没稻苗心叶造成药害。

或于水稻移栽后5～7天，稻田灌水整平后，每亩用20%丙噁·乙氧氟可分散油悬浮剂30～45毫升，兑水500毫升摇匀后均匀甩施到有3～7厘米水层的稻田中。施药后2天内不排水，插秧后保持3～4厘米水层10天以上，缺水补水，切勿进行大水漫灌淹没稻苗心叶，东北地区建议每亩施用本剂30克，避免使用高剂量，以免因整地不平、缺水或施用不均等造成作物药害。每季最多使用1次。

⑨ **丙噁·氧·丙草**。由丙炔噁草酮与乙氧氟草醚、丙草胺复配的选择性触杀兼内吸传导型除草剂。防除水稻移栽田一年生杂草，在水稻移栽前3～5天，杂草未萌发或萌发初期施药，即稻田灌水平整后施药。每亩用16%丙噁·氧·丙草乳油50～70毫升，拌毒土10～12千克，均匀撒施。必须确保施药时药剂与潮湿的细土混拌均匀。要求施药田块平整，水层

3～5 厘米，水不可淹没稻苗心叶，以免产生药害。药后 48 小时内只灌不排，施药后保水 5～7 天。秸秆还田（旋耕整地、打浆）的稻田，也需于水稻移栽前 3～7 天趁清水或浑水施药，且秸秆要打碎并彻底与耕层土壤混匀，以免因秸秆集中腐烂造成稻苗根部缺氧引起稻苗受害。本品只限于移栽粳稻，不推荐抛秧田使用。糯稻、籼稻及其亲缘的水稻安全性较差，这类水稻品种如需使用请先小范围试验。每季最多使用 1 次。

⑩ **丙噁酮·西草净·异噁松**。由丙炔噁草酮与西草净、异噁草松三元复配的除草剂。防除水稻移栽田一年生杂草，水稻移栽前 3～7 天，每亩用 28%丙噁酮·西草净·异噁松乳油 50～70 毫升，兑水 30～50 千克喷雾，或根据当地农业生产实际兑水喷雾处理。施药时田间需有水层 2～5 厘米，药后保水 3～7 天，以后正常管理。每季最多使用 1 次。

⑪ **丙噁酮·莎稗磷·西草净**。由丙炔噁草酮与莎稗磷、西草净复配而成的移栽水稻田选择性芽前除草剂。防除水稻移栽田一年生杂草，水稻移栽前 3～7 天施药。稻田灌水整平后呈泥水或清水状时，每亩用 41%丙噁酮·莎稗磷·西草净乳油 70～90 毫升，兑水 30 千克，去除喷雾器喷头均匀甩施，施药后保持 3～5 厘米水层 5～7 天。插秧后水层勿淹没水稻心叶避免药害。每季最多使用 1 次。

⑫ **丙噁酮·莎稗磷·异噁松**。由丙炔噁草酮与莎稗磷、异噁草松复配而成的除草剂。防除水稻移栽田一年生杂草，水稻移栽前灌水整地后，每亩用 37%丙噁酮·莎稗磷·异噁松乳油 60～80 毫升，拌细土 10～12 千克采用药土法均匀撒施一次。施药时田间保持水层 3～5 厘米，注意水层勿淹没水稻心叶，避免药害，施药后保水 5～7 天，以后恢复正常田间管理。每季最多使用 1 次。

⑬ **丙噁酮·异噁松·乙氧氟**。由丙炔噁草酮与异噁草松、乙氧氟草醚三元复配的除草剂。防除水稻移栽田一年生杂草，在水稻移栽前灌水整地捞平沉浆后，每亩用 21%丙噁酮·异噁松·乙氧氟水乳剂 50～70 毫升，兑水 30 千克，采用甩施法用药一次。施药前灌水入田建立 5～7 厘米水层，施药后 2 天内不排水，插秧后保持 3～5 厘米水层 10 天以上，避免淹没稻苗心叶。每季最多使用 1 次。

⑭ **松·丙噁·丙草**。由异噁草松与丙炔噁草酮、丙草胺三元复配的除草剂。防除水稻移栽田一年生杂草，水稻移栽前 3～7 天，每亩用 26%

松·丙噁·丙草乳油85～100毫升，兑水20～30千克均匀喷雾，施药时田间需有水层2～3厘米，药后保水5～7天。勿超剂量使用，插秧后水层勿淹没水稻心叶，合理安排后茬作物，避免药害。每季最多使用1次。

注意事项

（1）严格遵照推荐的使用技术，不得超范围使用。丙炔噁草酮对水稻的安全幅度较窄，仅适用于籼稻和粳稻的移栽田，不得用于糯稻田。也不宜用于弱苗田、制种田、抛秧田和直播水稻田。

（2）水稻田采用喷雾器甩喷施用时，应于水稻移栽前3～7天，每亩兑水5千克以上，甩喷施的药滴间距应小于0.5米。秸秆还田（旋耕整地、打浆）的稻田，也必须于水稻移栽前3～7天趁清水或浑水施药，且秸秆要打碎并彻底与耕层土壤混匀，以免因秸秆集中腐烂造成水稻根际缺氧引起稻苗受害。

（3）丙炔噁草酮为触杀型土壤处理剂，插秧时勿将稻苗淹没在施用丙炔噁草酮的稻田水中，水稻移栽后4天内应减量与其他药剂桶混作土壤处理或5～7天期间全量采用“毒土法”撒施，以保药效，避免药害。东北地区水稻移栽前后两次用药防除稗草、三棱草、慈姑、泽泻等恶性或抗性杂草时，可按说明先于栽前施用丙炔噁草酮，再于水稻栽后15～18天使用其他杀稗剂和阔叶除草剂，两次使用杀稗剂的间隔期应在20天以上。

（4）丙炔噁草酮对眼子菜及莎草科某些杂草防效较差，在这些杂草发生较重的田块应与苄嘧磺隆或吡嘧磺隆进行混用，以扩大杀草谱；同时苄嘧磺隆可作为丙炔噁草酮的解毒剂以减轻后者对水稻的药害。

（5）最好现配现用，不宜长时间搁置。

（6）整地时田面要整平，施药时不要超过推荐用量，把药拌匀施用，并要严格控制好水层。以免因施药过量、稻田高低不平、缺水、水淹没稻苗心叶或施药不均匀等造成药害。

（7）丙炔噁草酮对水层要求较为严格，施药时及施药后要保持3～5厘米水层5～7天，此期间缺水补水，但切勿进行大水漫灌淹没稻苗心叶，以致产生药害。

（8）不推荐在抛秧田和直播水稻田及盐碱地水稻田中使用。

乙氧氟草醚（oxyfluorfen）

$C_{15}H_{11}ClF_3NO_4$，361.7

其他名称 果尔、割草醚、氟硝草醚、草尔。

主要剂型 20%、24%乳油，2%颗粒剂，25%、480克/升悬浮剂，10%展膜油剂，3%、6%微乳剂。

毒性 低毒。

作用机理 乙氧氟草醚属二苯醚类触杀型低毒除草剂，在有光的情况下发挥除草作用。主要通过胚芽鞘、中胚轴进入植物体内，经根部吸收运输较少，仅有极微量通过根部向上运输进入叶部。

应用

（1）单剂应用 防除水稻移栽田一年生杂草。

① 药土法。水稻移栽前3～7天，每亩用20%乙氧氟草醚乳油15～25毫升，或24%乙氧氟草醚乳油20～30毫升（东北地区）或15～20毫升（其他地区），或240克/升乙氧氟草醚乳油15～20毫升，或30%乙氧氟草醚微乳剂16～20毫升，或32%乙氧氟草醚乳油10～15毫升，兑水500毫升配成母液，与10～15千克细沙或土混合均匀，撒施。药后保证水层在3～4厘米，需至少维持5～6天，严禁大水淹没水稻心叶，水位切勿高过心叶部位。或在水稻移栽后5～7天，在秧龄30～35天以上，株高20厘米以上的大苗移栽田，每亩用5%乙氧氟草醚悬浮剂75～100毫升，或25%乙氧氟草醚悬浮剂15～20毫升，或35%乙氧氟草醚悬浮剂10～14毫升，与10～15千克细潮土混匀撒施，药后保证水层在3～4厘米，需维持5～6天，严禁大水淹没水稻心叶部位，小苗移栽的机插和抛秧田禁用，东北水稻移栽田在水稻移栽前 5～7 天水田整地沉浆后使用，每季最多使用1次。

② 甩施。水整地耕平沉浆后，水稻移栽前 3 天，每亩用 10%乙氧氟草醚水乳剂80～120毫升，兑水2～3千克，使用盖上锥孔的塑料瓶甩

施，保持田间3～5厘米水层。施药后2天内只灌不排。施药后田块不要寄秧，施药3天后进行插秧，插秧后保持3～5厘米水层7天以上，避免水层淹没水稻心叶，其后常规管理。本药剂对水温要求较高，建议于气温和水温较高时使用。每季最多使用1次。

③ 洒滴。在水稻移栽前3～7天（整地耕平之后）在有水条件下，每亩用10%乙氧氟草醚展膜油剂50～100毫升直接在稻田水面选几个点进行滴洒，药后保水至插秧，之后常规田管，每季最多使用1次。

（2）复配剂应用

① **氧氟·丙草胺**。由乙氧氟草醚与丙草胺复配而成的封闭除草剂。防除水稻移栽田多种一年生禾本科、莎草科和阔叶类杂草，水稻移栽前3～7天，水整地整平静置后，每亩用25%氧氟·丙草胺水乳剂65～80克（南方）或100～130克（东北），拌干细土10～15千克均匀撒施。施药时田间保持3～5厘米水层，不露泥，药后保水3～5天。插秧时水层不可淹没水稻心叶。插秧后水位若提高，应及时排水，防止淹没秧苗心叶，影响生长。每季最多使用1次。

② **氧氟·噁草酮**。由乙氧氟草醚与噁草酮复配而成的水稻移栽田除草剂。防除水稻移栽田一年生杂草，水稻移栽前，水整地沉浆后，每亩用32%氧氟·噁草酮微乳剂50～70毫升，拌干细土10～15千克均匀撒施。施药时田间水深3～5厘米，不露泥，药后保水5～7天，施药后2天内尽量只灌不排。插秧时或插秧后遇雨应及时排水，勿使水层淹没水稻心叶。漏水田勿用本品。或水稻移栽后2～7天内，每亩用14%氧氟·噁草酮乳油133～171毫升，拌干细土10～15千克均匀撒施，以水层不淹没水稻心叶为准，缺水时要缓缓补水。每季最多使用1次。

③ **氧氟·异丙草**。由乙氧氟草醚与异丙草胺复配而成的触杀型内吸除草剂。防治水稻移栽田一年生杂草，每亩用50%氧氟·异丙草可湿性粉剂15～20克，拌干细土10～15千克均匀撒施，应掌握在下雨或灌溉前后施用。仅适用于移栽田，不得用于水稻秧田及直播田，不得随意加大用药量。每季最多使用1次。

④ **硝磺草酮·乙氧氟草醚**。由硝磺草酮和乙氧氟草醚复配的除草剂。防除水稻移栽田一年生杂草，在水稻移栽缓苗后5～7天，秧苗返青后施药，每亩用2%硝磺草酮·乙氧氟草醚颗粒剂230～300克，直接在田水

中撒施（确保撒施均匀）。在露水干后施药，避免药剂直接黏附作物，无法在水中崩解分散。本品适用于稻苗高 20 厘米以上、秧龄在 30 天的水稻大苗移栽田。施药时气温在 20～30℃，施药后田间保水 7 天以上，水层 3～5 厘米。水层勿淹没水稻心叶避免药害。硝磺草酮对部分籼稻及其亲缘水稻品种安全性差，大面积推广使用前应先开展小范围试验。每季最多使用 1 次。

注意事项

（1）乙氧氟草醚为触杀型除草剂，施药时要均匀周到，不可重喷、漏喷。

（2）插秧田使用乙氧氟草醚，以药土法施用比喷雾法安全，应在露水干后施用，施药田应整平，切忌水层过深淹没水稻心叶。在移栽稻田使用，稻苗高应在 20 厘米以上，秧龄应为 30 天以上的壮秧，气温达 20～30℃，否则易发生药害。切忌在日温低于 20℃、土温低于 15℃或秧苗过小、过嫩或遭伤害还未恢复时施用。勿在暴雨来临之前施药，施药后遇大暴雨田间水层过深，需要排水，保持 3～5 厘米浅水层，以免伤害稻苗。

（3）乙氧氟草醚用量少、活性高，使用时切勿任意提高用药量，否则易产生药害。初次使用时，应根据不同气候带，先经小规模试验，找出适合当地使用的最佳施药方法和最适剂量后，再大面积使用。在刮大风、下暴雨、田间露水未干时不能施用，以免产生药害。

噁唑酰草胺（metamifop）

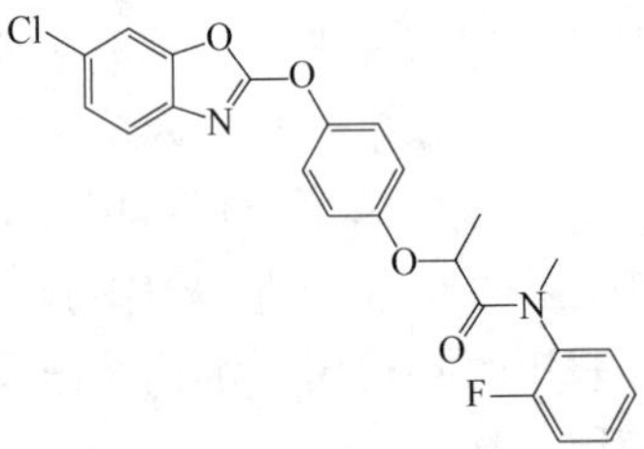

$C_{23}H_{18}ClFN_2O_4$，440.9

其他名称 韩秋好。

主要剂型 10%、15%、20%乳油，10%可湿性粉剂，10%、15%、

20%可分散油悬浮剂，96%原药。

毒性 低毒。对鱼高毒，对蜜蜂低毒。

作用机理 噁唑酰草胺为芳氧苯氧丙酸酯类除草剂，为内吸传导型防除一年生禾本科杂草除草剂，其作用机理为乙酰辅酶A羧化酶（ACCase）抑制剂，该药剂被禾本科杂草的叶子吸收后能迅速传导到整个植株，积累于植物分生组织，抑制植物体内乙酰辅酶A羧化酶的活性，导致脂肪酸合成受阻，引起叶片黄化，最终杀死杂草。

应用

（1）单剂应用　防除水稻直播田一年生禾本科杂草，在直播稻田禾本科杂草2～4叶期，每亩用10%噁唑酰草胺可湿性粉剂80～120克，或10%噁唑酰草胺乳油85～100毫升，或15%噁唑酰草胺乳油40～50毫升，或15%噁唑酰草胺可分散油悬浮剂40～60毫升，或20%噁唑酰草胺可分散油悬浮剂35～45毫升，或20%噁唑酰草胺乳油35～40毫升，兑水30～45千克均匀喷雾，确保打匀打透。随着草龄、密度增大，适当增加用水量。施药前排干田水，使杂草茎叶2/3以上露出水面，均匀喷雾，药后1天复水，保持3～5厘米水层5～7天，注意避免淹没水稻秧苗心叶，之后正常田间管理。

（2）复配剂应用

① **噁唑·氰氟**。由噁唑酰草胺和氰氟草酯复配的茎叶处理除草剂。防除水稻直播田一年生禾本科杂草，在直播稻田禾本科杂草2～4叶期，每亩用10%噁唑·氰氟乳油100～140毫升，兑水30～40千克均匀茎叶喷雾，施药前排干田水。药后1～2天灌水回田，保持3～5厘米浅水层5～7天后常规田管。水层勿淹没水稻心叶避免药害。施药时防止药液飘移到邻近作物，以免产生药害。每季最多使用1次。

② **噁唑草·二氯喹**。由噁唑酰草胺与二氯喹啉酸复配的茎叶处理除草剂。对水稻田马唐、稗草等一年生禾本科杂草有较好的防治效果。防除水稻直播田一年生禾本科杂草，于直播稻3叶期后、一年生禾本科杂草2～4叶期施药，每亩用15%噁唑草·二氯喹可分散油悬浮剂100～120毫升，兑水30～45千克均匀茎叶喷雾，或根据当地农业生产实际兑水，茎叶喷雾使用，施药前排干田水，均匀喷雾，药后3天复水，保持3～5厘米浅水层5～7天，水层不能淹没水稻心叶。每季最多使用1次。

③ **嗯唑·五氟磺**。由嗯唑酰草胺与五氟磺草胺复配的茎叶处理除草剂。防除水稻直播田一年生杂草，于水稻 3 叶后、杂草 2～4 叶期，每亩用 11%嗯唑·五氟磺可分散油悬浮剂 100 毫升，兑水 30～40 千克均匀茎叶喷雾，施药前排田水，药后 1～2 天灌水回田，保持 3～5 厘米浅水层 5～7 天后常规管理，水层勿淹没水稻心叶，勿超剂量使用避免药害，抗药性严重地区不宜使用。每季最多使用 1 次。

④ **嗯唑·灭草松**。由嗯唑酰草胺与灭草松复配的茎叶处理除草剂。防除水稻直播田一年生杂草，于水稻 2 叶 1 心后、杂草 2～3 叶期，每亩用 20%嗯唑·灭草松微乳剂 200～250 毫升，兑水 30～40 千克均匀茎叶喷雾。随着杂草草龄、密度增大，适当增加用药量，均匀喷雾，喷匀喷透。施药前排干田水，使杂草充分露出水面，药后 1～2 天灌水，水深以不淹没水稻秧心为宜，保持 3～5 厘米浅水层 5～7 天。每季最多使用 1 次。

⑤ **嗯唑草·嘧啶肟**。由嗯唑酰草胺与嘧啶肟草醚复配的茎叶处理除草剂。防除水稻直播田稗草、双穗雀稗、鸭舌草、异型莎草、水莎草等一年生杂草。杂草 2～4 叶期，施药前排干田水，每亩用 16%嗯唑草·嘧啶肟乳油 40～60 毫升，兑水 30～40 千克均匀茎叶喷雾，施药后 1～2 天复水，保持 3～5 厘米浅水层 3～5 天。每季最多使用 1 次。

⑥ **嗯唑酰草胺·双草醚**。由嗯唑酰草胺与双草醚复配的茎叶处理除草剂。防除水稻直播田一年生杂草，在水稻直播田杂草 3～5 叶期，每亩用 16%嗯唑酰草胺·双草醚可分散油悬浮剂 50～60 毫升，兑水 30～40 千克均匀茎叶喷雾，喷匀喷透。每季最多使用 1 次。

⑦ **嗯唑草·氯吡酯·氰氟**。由嗯唑酰草胺与氯氟吡氧乙酸异辛酯、氰氟草酯混配的茎叶处理除草剂。防除水稻直播田一年生杂草，在直播稻 3～5 叶期、杂草 2～4 叶期，每亩用 30%嗯唑草·氯吡酯·氰氟乳油 40～50 毫升，兑水 30～50 千克均匀茎叶喷雾。水层勿淹没水稻心叶，避免药害。每季最多使用 1 次。

⑧ **嗯唑·氯吡嘧·双草醚**。由嗯唑酰草胺与氯吡嘧磺隆、双草醚三元复配的茎叶处理除草剂。防除水稻直播田一年生杂草，在直播稻田杂草 2～4 叶期，每亩用 20%嗯唑·氯吡嘧·双草醚可分散油悬浮剂 40～60 毫升，兑水 30～40 千克均匀茎叶喷雾。注意水层勿淹没水稻心叶，避免

药害。

注意事项

（1）单独使用，噁唑酰草胺不能与吡嘧磺隆、苄嘧磺隆等混用，以免降低药效。

（2）避免中午相对湿度低时施药，以防水稻产生药害。

（3）禁止使用迷雾机，每亩用水量不少于 30 千克。

（4）噁唑酰草胺对鱼类等水生生物有毒，需远离水产养殖区施药，并避免其污染地表水、鱼塘和沟渠等。

（5）噁唑酰草胺对赤眼蜂高风险，施药时需注意保护天敌生物。

2 甲 4 氯钠（MCPA）

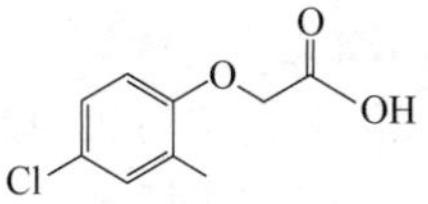

$C_9H_9ClO_3$，200.62

其他名称 农多斯、兴丰宝、苏米大、帮锄。

主要剂型 13%、750 克/升水剂，40%、56%可湿性粉剂，50.5%、56%可溶粉剂，88%、95%、96%、97%原药。

毒性 低毒。对鱼、蜜蜂、鸟低毒。

作用机理 2 甲 4 氯钠为内吸传导型药剂。药液喷施到植物茎叶表面后，穿过角质层和细胞质膜，最后传导到各部位。在不同部位对核酸和蛋白质的合成产生不同影响，在植物顶端抑制核酸代谢和蛋白质的合成，使生长点停止生长，细嫩叶片不能伸展，抑制光合作用的正常进行，传导到植株下部的药剂，使植株茎部组织的核酸和蛋白质的合成增加，促进细胞异常分裂，根尖膨大，丧失吸收能力，使茎秆扭曲、畸形，筛管堵塞，韧皮部破坏，有机物运输受阻，从而破坏植物正常的生活能力，最终导致植物死亡。

应用

（1）单剂应用

① 防除水稻移栽田一年生和多年生阔叶及莎草科杂草。在水稻分蘖

末期，每亩用 13% 2 甲 4 氯钠水剂 350～450 毫升，或 13% 2 甲 4 氯钠盐水剂 231～462 毫升，或 40% 2 甲 4 氯钠可湿性粉剂 100～150 克，或 56% 2 甲 4 氯钠可溶粉剂 54～107 克，兑水 30～50 千克均匀茎叶喷雾。施药前先排水，施药后隔天灌水。

② 防除水稻直播田一年生杂草。于水稻分蘖末期施药，每亩用 85% 2 甲 4 氯钠可溶粉剂 55～70 克，兑水 30～50 千克均匀茎叶喷雾，每季最多使用 1 次。

（2）复配剂应用

① **2 甲·吡嘧**。由 2 甲 4 氯钠与吡嘧磺隆复配而成的茎叶处理除草剂。防除水稻直播田阔叶杂草及莎草科杂草，于水稻分蘖期，每亩用 18%2 甲·吡嘧可湿性粉剂 90～115 克，兑水 20～30 千克均匀喷雾。施药前排干田水，药后 1～3 天回水，保持 3～5 厘米浅水层 5～7 天，严重漏水田不宜使用。每季最多使用 1 次。

② **2 甲·灭草松**。由 2 甲 4 氯钠与灭草松复配的茎叶处理除草剂。防除水稻移栽田莎草及阔叶杂草，在插秧后，水稻彻底返青后，水稻分蘖中后期，每亩用 22%2 甲·灭草松水剂 250～350 克，兑水 30～40 千克均匀喷雾，喷雾前 1～2 天将稻田排干水，用药后 1～2 天灌水恢复正常管理，用量适宜，能促进水稻早生快发，增加分蘖率。稻田防治三棱草、阔叶杂草一定要等杂草出齐、排水后喷雾，均匀喷洒在杂草茎叶上，2 天后灌水，效果显著。

防除水稻直播田阔叶杂草及莎草科杂草，水稻 4 叶期后施药，每亩用 37.5%2 甲·灭草松水剂 200～250 毫升，或 46%2 甲·灭草松水剂 135～165 毫升，兑水 30～40 千克均匀喷施，在施药前排干田水，用药 1～2 天后灌水恢复正常管理，避免在直播水稻 4 叶期前施用。每季最多使用 1 次。

③ **2 甲·唑草酮**。由 2 甲 4 氯钠与唑草酮复配的一种传导型选择性茎叶处理除草剂。防除水稻移栽田一年生阔叶杂草，在水稻分蘖末期到拔节前（移栽后 30 天左右）、杂草 3～5 叶期、阔叶杂草与莎草基本出齐时施药，每亩用 70.5%2 甲·唑草酮水分散粒剂 40～50 克，兑水 25～40 千克均匀茎叶喷雾。要求喷药前排干田水，施药后 2～3 天后再灌水回田。进行喷雾施药时，要求喷雾均匀周到，不可重喷、漏喷，确保杂草茎叶

喷至湿润。

注意事项

（1）多数双子叶作物对2甲4氯钠敏感，该药飘移对双子叶作物威胁极大，应避免飘移到周边棉花、马铃薯、向日葵等敏感作物上。

（2）2甲4氯钠对禾本科植物幼苗和幼穗分化期较敏感，在水稻移栽田使用应掌握在水稻5叶期至分蘖末期、杂草生长旺盛前期。

（3）2甲4氯钠每季作物仅能用药1次，用药前认真阅读并严格按说明用药，用药量根据杂草种类及大小确定。

（4）用过2甲4氯钠的喷雾器，应彻底清洗，最好专用，否则易对其他作物造成药害。

（5）2甲4氯钠对鱼类等水生生物、蜜蜂、家蚕、鸟类有毒。鱼或虾、蟹套养稻田禁用。

莎稗磷（anilofos）

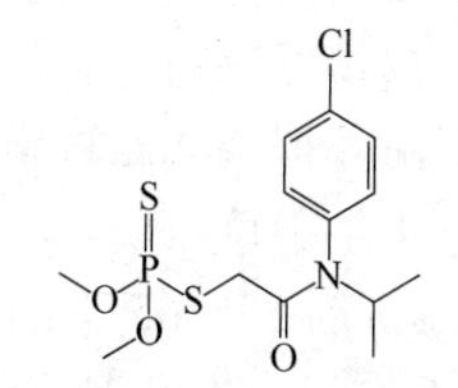

$C_{13}H_{19}ClNO_3PS_2$，367.84

其他名称　阿罗津。

主要剂型　30%、40%乳油，50%可湿性粉剂，36%微乳剂，20%水乳剂。

毒性　低毒。

作用机理　莎稗磷为选择性内吸、传导型土壤处理除草剂。药剂主要通过植物的幼芽和幼根吸收，抑制植物细胞分裂与伸长。杂草受药后生长停止，叶片深绿，变短变厚，极易折断，心叶不抽出，最后整株枯死。

应用

（1）单剂应用　防除水稻移栽田莎草及稗草，水稻移栽后5～8天、杂草 2 叶 1 心期以内，每亩用 30%莎稗磷乳油 50～60 毫升（南方地区）或 60～70 毫升（北方地区），或 300 克/升莎稗磷乳油 50～60 毫升，或 36%莎稗磷微乳剂 40～50 毫升，或 40%莎稗磷乳油 37.5～45 克（南方地区）或 45～52.5 克（北方地区），或 45%莎稗磷乳油 35～55 毫升，或 50%莎稗磷可湿性粉剂 30～36 克（南方地区）或 36～42 克（北方地区），与 5～7 千克细沙土、化肥或 30～40 千克水混匀后，均匀撒（喷）施到 3～5 厘米水层的稻田中，施药后保持 3～5 厘米水层 5 天以上，勿使水层淹没稻苗心叶。

（2）复配剂应用

① **莎稗磷·西草净**。由莎稗磷与西草净复配而成的水稻移栽田选择性芽前封闭除草剂。防除水稻移栽田一年生杂草，于水稻移栽前、水整地静止后，每亩用 31%莎稗磷·西草净乳油 80～100 毫升，拌干细土 10～15 千克均匀撒施。施药时田间水深 3～5 厘米，不淹没稻苗心叶，不露泥，药后保水 5～7 天。若水层不足时可缓慢补水，但不能排水。用于插秧田，弱苗、小苗，或超过常规用药量，水层过深淹没水稻心叶，或插秧时将稻苗没入稻田水中，都易导致药害。每季最多使用 1 次。

② **莎稗磷·乙氧磺隆**。由莎稗磷与乙氧磺隆复配的内吸传导选择性除草剂。防除水稻移栽田一年生杂草，于水稻移栽后 5～7 天，每亩用 30%莎稗磷·乙氧磺隆可湿性粉剂 50～65 克，拌干细土 15～20 千克均匀撒施。施药前田间水深 3～5 厘米，不露泥，药后保水 5～7 天，但不能淹没稻秧心叶。若水层不足时可缓慢补水，但不能排水。用药不宜太晚，稗草 1.5 叶后用药影响防效。盐碱地使用含莎稗磷药剂时应该用低量，超量使用对水稻生长有较强的抑制作用。每季最多使用 1 次。

③ **莎稗磷·五氟磺·乙磺隆**。由莎稗磷与五氟磺草胺、乙氧磺隆复配的除草剂。防除移栽水稻田鸭舌草、陌上菜、稗草、千金子等多种一年生杂草，移栽后 3～7 天，每亩用 0.52%莎稗磷·五氟磺·乙磺隆颗粒剂 2～2.5 千克撒施，保持 3～5 厘米浅水层 5～7 天。水层勿淹没水稻心叶避免药害。本品经茎叶吸收，推荐剂量下使用对水稻安全。每季最多使用 1 次。

④ **莎·氧·噁草酮**。由莎稗磷与乙氧氟草醚、噁草酮复配而成的水稻移栽田选择性封闭除草剂。防除水稻移栽田一年生杂草，于水稻移栽前、

水整地沉浆后，每亩用41%莎·氧·噁草酮微乳剂70～90毫升，拌干细土（沙）10～15千克均匀撒施。施药时田间水深3～5厘米，不露泥，药后保水5～7天，施药后2天内尽量只灌不排。插秧后遇雨应及时排水，以防淹没秧苗心叶而影响水稻生长。每季最多使用1次。

注意事项

（1）旱育秧苗对莎稗磷的耐药性与丁草胺相近，轻度药害一般在3～4周消失，对分蘖和产量没有影响。

（2）水育秧苗即使在莎稗磷较高剂量时也无药害，若在栽后3天前施药，则药害很重，直播田的类似试验证明，苗后10～14天施药，作物对莎稗磷的耐药性差。

（3）直播水稻4叶期以前对莎稗磷敏感。莎稗磷可用于大苗移栽田，不可用于小苗秧田，抛秧田用药要慎重。

（4）杂草3叶期之前药效好，超过3叶期药效变差，因此应提早施药。

（5）施药4小时后降雨或灌溉对药效影响不大。

丙草胺（pretilachlor）

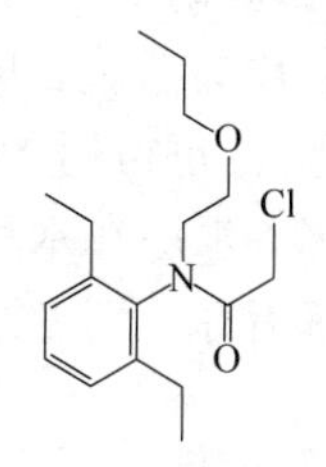

$C_{17}H_{26}ClNO_2$，311.85

其他名称　扫茀特、瑞飞特、草杀特、草消特。

主要剂型　30%、300克/升、52%、70%乳油，35%、85%水乳剂，85%微乳剂，60%可分散油悬浮剂，30%细粒剂，30%、36%微囊悬浮剂，5%颗粒剂，40%可湿性粉剂。

毒性　低毒。

作用机理　丙草胺为酰胺类选择性苗前除草剂，产品属2-氯代乙酰替苯胺类除草剂，是细胞分裂抑制剂，对水稻安全，杀草谱广，用于土壤处理。有效成分由禾本科植物胚芽鞘和阔叶植物下胚轴吸收，向上传导，进入植物体内抑制蛋白质合成，使杂草幼芽和幼根停止生长，不定根无法形成。受害症状为禾本科植物芽鞘紧包生长点，稍变粗，胚根细而弯曲，无须根，初生叶生长扭曲、萎缩；阔叶杂草叶片紧缩变黄，逐渐变褐枯死。杂草种子萌发时穿过药土层吸收药剂而被杀死，茎叶处理效果差。

应用

（1）单剂应用

① 防除水稻移栽田一年生杂草

a. 药土法　水稻移栽后5～7天、稗叶1叶1心期前，每亩用300克/升丙草胺乳油100～150毫升，或36%丙草胺微囊悬浮剂85～95毫升，或50%丙草胺水乳剂60～80毫升，或50%丙草胺乳油50～70毫升，或500克/升丙草胺乳油60～70毫升，或52%丙草胺乳油60～70毫升，或55%丙草胺水乳剂55～90毫升，或85%丙草胺微乳剂30～40毫升，或85%丙草胺水乳剂36～48毫升，拌细土15千克撒施，施药时及施药后须保持3～5厘米浅水层5～7天，水层不能淹没稻苗心叶。用药时间不宜太晚，稗草1.5叶期后用药影响防效。每季最多使用1次。

b. 撒施　水稻移栽返青后均匀撒施。早稻移栽后6～10天，晚稻移栽后4～8天，水稻活棵后用药。每亩用5%丙草胺颗粒剂600～700克撒施，施药前须灌水3～5厘米，水层在水稻心叶以下，施药后要保持浅水层5～7天，对缺水田要缓灌补水，切忌断水干田或水淹水稻心叶。每季最多使用1次。

② 防除水稻直播田一年生杂草

a. 土壤喷雾　在水稻催芽种子播种后2～4天，每亩用30%丙草胺乳油120～150毫升，或300克/升丙草胺乳油120～150毫升，或40%丙草胺可湿性粉剂55～75克，或60%丙草胺可分散油悬浮剂50～60毫升，兑水30～50千克均匀喷雾，施药后3天，施药田面要平整，用药时田板保持湿润状态，施药1星期内，保持田间湿润状态。谷种必须先催芽，在芽长相当于种子1/2时播种，必须在根具有吸收能力时施药。每季最多使用1次。

b. 药土法　应在直播水稻催芽播种后 2～4 天内，每亩用 35%丙草胺水乳剂 85～115 毫升，拌细土 15～20 千克均匀撒施。施药后须保持 3～5 厘米浅水层 3～5 天，每季最多使用 1 次。

c. 撒施　在直播水稻播种后 1～2 天，每亩用 5%丙草胺颗粒剂 600～700 克，均匀撒施一次，药后 5～7 天正常田间管理，施药时田间勿积水，避免药害。每季最多使用 1 次。

③ 防除水稻秧田一年生杂草　播种（催芽）后 2～4 天，待幼根下扎后，每亩用 300 克/升丙草胺乳油 110～120 毫升，或 30%丙草胺乳油 100～150 毫升，兑水 20～40 千克均匀喷雾，药前灌浅水，药后保持水层 3～4 天。水稻需先催芽，芽长至谷粒的一半或与谷粒等长，且根和芽均生长正常时播种。

④ 防除水稻抛秧田一年生杂草　水稻抛秧后 3～5 天、稗草 1 叶 1 心期前，每亩用 30%丙草胺乳油 110～150 毫升，或 30%丙草胺细粒剂 100～120 克，或 50%丙草胺水乳剂 70～80 毫升，或 500 克/升丙草胺乳油 40～60 毫升，或 85%丙草胺微乳剂 30～40 毫升，拌细沙土 20 千克或化肥均匀撒施。或每亩用 5%丙草胺颗粒剂 600～700 克均匀撒施。施药后田间应有 3～5 厘米的水层，药后保水 3～5 天，以后正常管理。

（2）复配剂应用

① **丙草胺·五氟磺草胺**。由丙草胺与五氟磺草胺复配而成的封闭除草剂。防除水稻直播田莎草科、阔叶杂草等，水稻播前 3 天施药，可直接撒施。每亩用 5%丙草胺·五氟磺草胺颗粒剂 500～900 克撒施，药前耙平水田并保水 5～8 厘米，最好自然落干播种，如果不能自然落干，就要排干。每季最多使用 1 次。

② **丙草·西草净**。由丙草胺与西草净复配而成的除草剂。防除水稻移栽田鸭舌草、稗草、异型莎草等多种一年生杂草，药土法：水稻移栽后 7～10 天，水稻缓苗返青后，每亩用 45%丙草·西草净乳油 60～100 毫升，拌细潮土 15～20 千克撒施。施药前堵住进出水口，施药后保持 3～5 厘米药水层 5～7 天（勿淹没稻苗心叶），不灌不排，然后转入正常管理。施药时称样量应准确，撒施要均匀。每季最多使用 1 次。

甩施：水稻移栽前 2～3 天，稻田灌水耙平呈泥水或清水状态时，每亩用 14%丙草·西草净悬乳剂 260～340 毫升，倒入甩施瓶中，手持甩施瓶每走5～6步，左右各甩施一次。施药时田间保持水层5～7厘米，施药后2天内不排水，插秧后保持3～5厘米浅水层5～7天，只灌不排，避免水层淹没稻苗心叶，之后恢复正常田间管理。每季最多使用1次。

③ **丙草胺·噁唑酰草胺**。由丙草胺与噁唑酰草胺复配的除草剂。防除水稻直播田稗草、千金子、异型莎草、牛毛毡、鸭舌草、窄叶泽泻等多种一年生杂草。以杂草2～5叶期、水稻3叶1心期防治为最佳，尽量避免过早或过晚施药。每亩用40%丙草胺·噁唑酰草胺可分散油悬浮剂70～90毫升，兑水30～45千克均匀茎叶喷雾，确保打匀打透。随着草龄、密度增大，适当增加用水量。施药前排干田水，均匀喷雾，药后1天复水，保持水层3～5天。水层勿淹没水稻心叶，以免发生药害。每季最多使用1次。

④ **丙草胺·噁嗪草酮**。由丙草胺与噁嗪草酮复配的除草剂。防除水稻直播田稗草、千金子、鳢肠、碎米莎草、异型莎草、鸭舌草等一年生杂草，水稻1叶1心至3叶1心期施药，每亩用44%丙草胺·噁嗪草酮乳油50～70毫升，兑水30～50千克均匀茎叶喷雾，或根据当地农业生产实际兑水。施药前排干水，24小时后灌水入田，保持水层3～5厘米，持续5～7天，同时避免水层淹没水稻心叶，避免发生药害。每季最多使用1次。

防除水稻移栽田一年生杂草，在水稻移栽缓苗后，每亩用60%丙草胺·噁嗪草酮悬乳剂15～20毫升，拌细土10～15千克撒施，先兑水50～100毫升摇匀后与部分土拌匀，之后与剩余土混匀（为防止药剂损失，建议在盆或者袋中拌土），田块应力求平整，否则影响药效，施药时应注意田间必须有3～5厘米水层，并保水5～7天（能达到7天以上更佳），此后恢复正常管理。水层勿淹没水稻心叶避免药害。每季最多使用1次。

⑤ **丙草胺·双环磺草酮**。由丙草胺与双环磺草酮复配的除草剂。防除水稻移栽田稗草、千金子、鸭舌草、矮慈姑、异型莎草、节节菜等一年生杂草，移栽水稻充分缓苗后，杂草出苗前或者稗草出苗1～2叶期，每亩用24%丙草胺·双环磺草酮可分散油悬浮剂100～200毫升，兑水30～40千克水面喷雾。施药时田间须有3～5厘米的水层，使已出苗的杂草淹没在水层以下，水层不能淹没水稻的心叶，施药后需保水7～14天，之后恢复正常管理。对粳稻品种安全性差，不宜在粳稻田使用。每

季最多使用 1 次。

⑥ **丙草胺·氯吡嘧磺隆**。由丙草胺与氯吡嘧磺隆复配的除草剂。防除水稻直播田一年生及部分多年生杂草，水稻 1 叶 1 心至 2 叶 1 心期施药，每亩用 38%丙草胺·氯吡嘧磺隆可分散油悬浮剂 80～100 毫升，兑水 30～40 千克均匀茎叶喷雾，每季最多使用 1 次。

⑦ **丙草胺·西草净·乙氧氟**。由丙草胺与西草净、乙氧氟草醚复配的水稻移栽田选择性封闭除草剂。防除水稻移栽田一年生杂草，药土法：水稻移栽前 3～5 天，杂草未萌发或萌发初期，即稻田灌水整平后呈泥水状态时，每亩用 40%丙草胺·西草净·乙氧氟乳油 40～80 毫升，直接拌细土（沙）10～15 千克，均匀撒施，用药后保持田内 3～5 厘米水层，只灌不排。插秧时或插秧后，水层勿淹没水稻心叶避免药害。每季最多使用 1 次。

甩施：在水稻移栽前灌水整地后，每亩用 50%丙草胺·西草净·乙氧氟乳油 30～53 毫升甩施用药一次，秧后水层勿淹没水稻心叶，避免药害，每季最多使用 1 次。

⑧ **丙草胺·嘧草醚·苄嘧隆**。由丙草胺与嘧草醚、苄嘧磺隆复配而成的除草剂。防除直播水稻田一年生杂草，水稻播种后 2～4 天内用药，稗草萌芽至立针期前施药最佳，每亩用 48%丙草胺·嘧草醚·苄嘧隆可分散油悬浮剂 55～75 毫升，兑水 30～50 千克土壤均匀喷雾处理，施药后 5 天保持田间湿润，对杂草防效高且较长，对水稻安全。每季最多使用 1 次。

⑨ **丙草胺·嘧草醚·乙氧氟**。由丙草胺与嘧草醚、乙氧氟草醚复配而成的三元封闭除草剂。防除水稻移栽田一年生杂草，水稻移栽前 3～7 天，灌水整地后，每亩用 30%丙草胺·嘧草醚·乙氧氟可分散油悬浮剂 60～100 毫升，兑水甩施用药 1 次，药后保持 3～5 厘米水层至水稻移栽，之后恢复正常管理。每季最多使用 1 次。

⑩ **丙草胺·丙噁酮·西草净**。由丙草胺与丙炔噁草酮、西草净复配而成的封闭除草剂。防治水稻移栽田一年生杂草，甩施：水稻移栽前 5～7 天，稻田水整地整平沉浆后施药，每亩用 36%丙草胺·丙噁酮·西草净乳油 80～100 毫升，兑水 10～30 千克，或根据农业生产实际兑水；施药时保持田内 3～5 厘米的水层，药后保水 5～7 天，插秧后避免田水淹没稻

苗心叶，每季最多使用1次，安全间隔期为收获期。

⑪ **丙草·噁·异松**。由丙草胺与噁草酮、异噁草松复配而成的水稻移栽田选择性芽前封闭除草剂。防除水稻移栽田一年生杂草，水稻移栽前3～5天，杂草未萌发或萌发初期，即稻田灌水整平后呈泥水状态时，每亩用40%丙草·噁·异松乳油85～110毫升，土壤喷雾处理。施药时田间水深3～5厘米，并保持5～7天。插秧后水位若提高，应及时排水，以防止淹没秧苗心叶，影响水稻生长，每季最多使用1次。

⑫ **丙草·丙噁·松**。由丙草胺与丙炔噁草酮、异噁草松三元复配的除草剂。防除水稻移栽田一年生杂草，水稻移栽前3～5天，即稻田灌水平整后，每亩用26%丙草·丙噁·松乳油85～100毫升，兑水40～60千克土壤喷雾处理。要求施药田块平整，水层3～5厘米，水不可淹没稻苗心叶，以免产生药害。药后48小时内只灌不排，施药后保水5～7天。每季最多使用1次。

⑬ **丙·氧·噁草酮**。由丙草胺与乙氧氟草醚、噁草酮复配而成的水稻移栽田除草剂。防除水稻移栽田一年生杂草，药土法：水稻移栽前3～5天，杂草未萌发或萌发初期，稻田灌水整平后呈泥水状态时，每亩用51%丙·氧·噁草酮微乳剂70～90毫升，直接拌细土（沙）15～30千克，均匀撒施。药后保持田内3～5厘米水层，药后2天内尽量只灌不排。插秧时或插秧后，水层勿淹没水稻心叶，以防产生药害。每季最多使用1次。

撒施：水稻返青后，每亩用5%丙·氧·噁草酮颗粒剂500～700克均匀撒施。早稻移栽后7～10天，晚稻移栽后5～8天，水稻活棵后用药。移栽前用药需间隔5～7天才能栽种。施药前须灌水3～5厘米，水层在水稻心叶以下。施药后要保水5～7天，对缺水田要缓灌补水，切忌断水干田或水淹水稻心叶。每季最多使用1次。

⑭ **丙草胺·异噁松·乙氧氟**。由丙草胺与异噁草松、乙氧氟草醚复配而成的封闭除草剂。

防除水稻移栽田一年生杂草，水稻移栽前5～7天，水整地沉浆后，每亩用55%丙草胺·异噁松·乙氧氟乳油50～60毫升，拌干细土（沙）10～15千克，均匀撒施。施药时田间水深3～5厘米，不露泥，药后保水5～7天。插秧后水位若过高，应及时排水，以防止淹没秧苗心叶，影响水稻生长。漏水田勿用本品。每季最多使用 1 次。

⑮ **丙草胺·西草净·乙氧氟**。由丙草胺与西草净、乙氧氟草醚复配而成的封闭除草剂。防除水稻移栽田陌上菜、稗草、异型莎草等多种一年生杂草，药土法：水稻移栽前 3～5 天，杂草未萌发或萌发初期，即稻田灌水整平后呈泥水状态时，每亩用 40%丙草胺·西草净·乙氧氟乳油 40～80 毫升，直接拌细土（沙）10～15 千克，均匀撒施，用药后保持田内 3～5 厘米水层，只灌不排。插秧时或插秧后，水层勿淹没水稻心叶避免药害。每季最多使用 1 次。

甩施：在水稻移栽前灌水整地后甩施用药一次，每亩用 50%丙草胺·西草净·乙氧氟乳油 30～53 毫升甩施，使用前摇匀，大风天或预计 1 小时内降雨，请勿施药，水层勿淹没水稻心叶避免药害。每季最多使用 1 次。

注意事项

（1）在北方水稻直播田和秧田使用丙草胺时，应先试验，取得经验后再推广，以免产生药害。北方寒温带气温低，水稻生长慢，若播后很快用药，稻谷因没有很快扎根，对安全剂无吸收能力，易产生药害。水稻扎根后与稗草 1.5 叶前是确保水稻安全和除草效果好的两个必要条件。药后保水时间在长江流域中稻田以 48 小时为宜，各地应先试验，保水时间过短，会影响除草效果，保水时间过长，则影响稻苗素质，排水应安排在晚上，以利于稻苗恢复。

（2）地整好后要及时播种、施药，否则杂草出土后再施药会影响药效。

（3）直播水稻需先催芽，在大多数稻谷达到芽长 1/2 谷粒至 1 谷粒长后再进行播种，播种的稻谷要根芽正常，切忌播种有芽无根的稻谷。

（4）抛秧田、移栽田可以不选用含安全剂的丙草胺产品。

（5）丙草胺芽前除草剂，用药不宜太迟。杂草过大（1.5 叶期以上）时，耐药性会增强，从而影响药效发挥。

（6）丙草胺使用剂量过高时，对早期水稻株高有抑制作用。

（7）丙草胺对鱼和藻类高毒，施药时应远离鱼塘或沟渠，施药后的田水及残药不得排入水体，也不能在养鱼、虾、蟹的水稻田使用丙草胺。

敌稗（propanil）

$C_9H_9Cl_2NO$，218.08

其他名称 斯达姆。

主要剂型 16%、34%乳油，60%、80%水分散粒剂，68%可湿性粉剂。

毒性 低毒。

作用机理 敌稗是具有高度选择性的触杀型除草剂，在植物体内几乎不传导，只在药剂接触部位起触杀作用。该药是光系统Ⅱ抑制剂，药剂进入杂草体内，最先破坏杂草的细胞膜，使其失水加速，引起细胞质壁分离，打破杂草水分平衡，还破坏杂草光合作用，抑制氧化磷酸化过程和呼吸作用，干扰核酸与蛋白质合成等，从而使敏感植物的生理机能受到影响。杂草受害后叶片失水加速，逐渐干枯、死亡。

应用

（1）单剂应用

① 防除水稻直播田稗草。在直播稻4～5叶期、稗草2～5叶期，每亩用16%敌稗乳油1250～1875毫升，或34%敌稗乳油500～800毫升，或45%敌稗乳油300～400毫升，或68%敌稗可湿性粉剂200～300克，兑水30～50千克均匀茎叶喷雾，施药前排干田水将杂草暴露，药后2天灌水回田，保持田间3～5厘米水层5～7天，水层勿淹没水稻心叶，此后常规田间管理。每季最多使用1次。

② 防除水稻秧田稗草。水稻秧田和直播田防除稗草。于稗草1叶1心期施药，每亩用16%敌稗乳油1升，兑水30～50千克均匀喷雾；2～3叶期也可施药，但应加大用药量，每亩用16%敌稗乳油1～1.5升，兑水30～50千克均匀喷雾。喷药前排干田水，喷药后1～2天不灌水，使稗草整株受药，晒田后，可灌深水淹没稗草心叶2昼夜，以提高杀稗效果。

③ 防除水稻移栽田稗草。在水稻移栽后，稗草 1 叶 1 心至 2 叶 1 心期，每亩用 34%敌稗乳油 550～830 毫升，或 80%敌稗水分散粒剂 250～350 克，兑水 50 千克均匀喷雾，喷药前 2 天排干田水，喷药后 2 天复水淹没稗草，保水 7 天。

④ 防除水稻旱直播田稗草。水稻 2～3 叶期，稗草 1～2 叶期，用 20%敌稗乳油 100 毫升，兑水 30～50 千克均匀喷雾，或者与杀草丹、噁草灵、丁草胺、2 甲 4 氯钠等药剂混用，扩大杀草谱。

（2）复配剂应用

① **敌稗·噁唑酰草胺**。由敌稗与噁唑酰草胺复配而成的茎叶处理除草剂。用于防除水稻直播田稗草、马唐、千金子、狗尾草等一年生禾本科杂草，在直播稻田水稻 2～3 叶期、禾本科杂草 2～4 叶期，每亩用 38%敌稗·噁唑酰草胺乳油 80～100 毫升，兑水 30～40 千克均匀茎叶喷雾。施药前排干田水，保持土壤湿润，药后 2 天回水，保持 3～5 厘米浅水层 5～7 天，以后正常管理。注意水层勿淹没水稻心叶，避免药害。每季最多使用 1 次。

② **敌稗·噁唑草·氰氟酯**。由敌稗与噁唑酰草胺、氰氟草酯三元复配而成的茎叶处理除草剂。防除水稻直播田一年生禾本科杂草，在直播水稻 3～4 叶期、禾本科杂草 2～3 叶期，每亩用 45%敌稗·噁唑草·氰氟酯乳油 40～50 毫升，兑水 30～45 千克均匀茎叶喷雾。施药前排干田水，药后 1～3 天回水，保持 3～5 厘米浅水层 5～7 天。水层勿淹没水稻心叶，避免药害，每季最多使用 1 次。

③ **敌稗·氰氟草酯**。由敌稗与氰氟草酯混配而成的茎叶处理除草剂。防除水稻直播田稗草、千金子、马唐、狗尾草等一年生禾本科杂草，在直播稻田禾本科杂草 2～4 叶期，每亩用 39%敌稗·氰氟草酯乳油 50～60 毫升，兑水 30～40 千克均匀茎叶喷雾。施药前排干田水，保持土壤湿润，药后 2 天回水，并保持 3～5 厘米浅水层 5～7 天，以后正常管理。注意水层勿淹没水稻心叶，避免药害。每季最多使用 1 次。

④ **敌稗·二氯喹啉酸**。由敌稗与二氯喹啉酸复配而成的茎叶处理除草剂。用于防除水稻直播田一年生禾本科杂草，于水稻 3 叶期后、杂草 2～3 叶期，每亩用 36%敌稗·二氯喹啉酸可分散油悬浮剂 300～400 毫升，兑水 30～45 千克均匀茎叶喷雾。施药时排干田水，施药后 2 天内保持 3～

5厘米水层（以不淹没水稻心叶为准，避免药害）5～7天，保水期间不排水、串水，以免降低药效。病苗田、弱苗田、浅根苗田及盐碱地，已遭受或药后5天内易遭受冻涝害等胁迫田块，不宜施用。低温、寡照天气一定程度影响药效发挥，强光、高温利于药效发挥。应选晴天、无风天气喷药。杂草叶面湿润会降低除草效果，要待露水干后施用。建议该药在长江流域抗性稗草等禾本科杂草高发的稻区使用。每季最多使用1次。

⑤ **敌稗·丁草胺**。由敌稗与丁草胺复配而成的茎叶处理除草剂。防除水稻抛秧田一年生杂草，秧苗3叶1心期、抛秧后6～10天、稗草3叶1心之前施药1次，每亩用550克/升敌稗·丁草胺乳油100～130毫升，兑水30～40千克均匀茎叶喷雾。

防除水稻直播田一年生杂草，在水稻2叶1心至3叶1心、稗草3叶1心之前，每亩用550克/升敌稗·丁草胺乳油100～120毫升，兑水30～40千克均匀喷雾。施药前将水排干，保持土壤湿润，药后24～48小时内复浅水2～5厘米，水深以不淹没稻苗心叶为准，保水5～7天，每季最多使用1次。

⑥ **敌稗·丁草胺·异噁草松**。由敌稗与丁草胺、异噁草松复配而成的除草剂。防除水稻直播田一年生杂草，水稻2叶1心至3叶1心、杂草3叶1心之前施药，每亩用46%敌稗·丁草胺·异噁草松乳油200～300毫升，兑水20～25千克均匀茎叶喷雾。每季最多使用1次。

⑦ **敌稗·异噁松**。由敌稗与异噁草松复配的茎叶处理除草剂。防除水稻直播田一年生禾本科杂草，于水稻3～4叶期、杂草3叶期之前，每亩用39%敌稗·异噁松乳油100～150毫升，兑水30～45千克均匀茎叶喷雾，水层勿淹没水稻心叶，避免药害，每季最多使用1次。

⑧ **敌稗·莎稗磷**。由敌稗与莎稗磷复配的茎叶处理除草剂。防除水稻直播田一年生禾本科杂草，水稻4～5叶期、杂草3～4叶期，每亩用35%敌稗·莎稗磷乳油150～200毫升，兑水30～45千克均匀茎叶喷雾。施药前排干田水，使杂草茎叶2/3以上露出水面，施药后1～3天内回水，保持3～5厘米浅水层5～7天，之后正常田间管理。注意水层勿淹没水稻心叶，避免药害。不能与有机磷类杀虫剂和氨基甲酸酯类药剂混用，使用要间隔10天以上，以免引起药害。施药前后10天之内不能使用马拉硫磷、敌百虫等。更不能与这类农药混合施用，以免水稻发生药害。

每季最多使用 1 次。

⑨ **敌稗·三唑磺草酮**。由敌稗与三唑磺草酮复配的茎叶处理除草剂。防除水稻直播田稗草，直播水稻田须在 3 叶期之后、稗草 2～4 叶期，每亩用 28%敌稗·三唑磺草酮可分散油悬浮剂 200～250 毫升，兑水 15～30 千克均匀茎叶喷雾。直播稻田施用本品前务必做好土壤封闭处理，以降低杂草出土基数，提高药剂整体防效。均匀施药，严禁重喷、漏喷或超量施用。施药前排水确保杂草 2/3 以上露出水面，施药后 48 小时上水并保持 3～5 厘米浅水层 7 天以上，水层勿淹没水稻心叶，避免药害。避免在糯稻和杂交水稻制种田使用。部分籼稻品种对此药剂敏感，施药后 5～7 天会出现短暂发白症状，正常推荐用量下对后期水稻长势及产量无影响。每季最多使用 1 次。

注意事项

（1）由于氨基甲酸酯类、有机磷类杀虫剂能抑制水稻体内敌稗解毒酶的活力，因此不能与仲丁威、异丙威、甲萘威等氨基甲酸酯类农药和三唑磷、辛硫磷、毒死蜱、乙酰甲胺磷、丙溴磷、马拉硫磷、敌百虫、敌敌畏等有机磷农药混用，以免产生药害。喷敌稗前后 10 天内也不能喷上述药剂。

（2）应避免将敌稗同液体肥料一起施用。

（3）可与多种除草剂混用，如 2 甲 4 氯、丁草胺等，扩大杀草谱。

（4）该药杀除稗草最适时期为稗草 2 叶期，待稗草长至 3～4 片真叶时施药防效变差。一般水稻直播稻田在水稻 4 叶 1 心期至拔节前用药；旱直播稻田在水稻 3 叶 1 心期至拔节前用药。

（5）应选晴天、无风天气喷药，气温高除草效果好，药后 1 天杂草即可表现出明显中毒症状，并可适当降低用药量。在阴天使用敌稗，也有除草效果，但杂草死亡很慢。如果阴天施药后降雨，大龄杂草容易反弹，所以，不建议阴天或雨前施药。杂草叶面潮湿会降低除草效果，要待露水干后再施用。

（6）敌稗作为触杀型除草剂，施药时一定要喷透，才能达到良好的除草效果。如果仅仅叶子接触药液，杂草茎秆不死，反弹会很快。

（7）若田间有水，应在施药前 2 天排水，待杂草叶片没有水珠再喷药。水田能保水的田块，施药后 3 天复水，保水 5～7 天，杂草死亡彻底不反弹。漏水田先不回水，待杂草彻底死亡再回水。旱稻区使用敌稗后，等杂草彻底死亡后再回水。

（8）盐碱较重的秧田，由于晒田引起泛盐，也会伤害水稻，可在保浅水或秧根湿润情况下施药。

（9）敌稗易挥发，应密封贮存在阴凉处，贮存中会出现结晶，使用时略加热，待结晶熔化后再稀释使用。

（10）棉花、大豆、蔬菜、果树等幼苗对敌稗敏感，施药时应避免药液飘移到上述作物上，以防产生药害。

嘧啶肟草醚（pyribenzoxim）

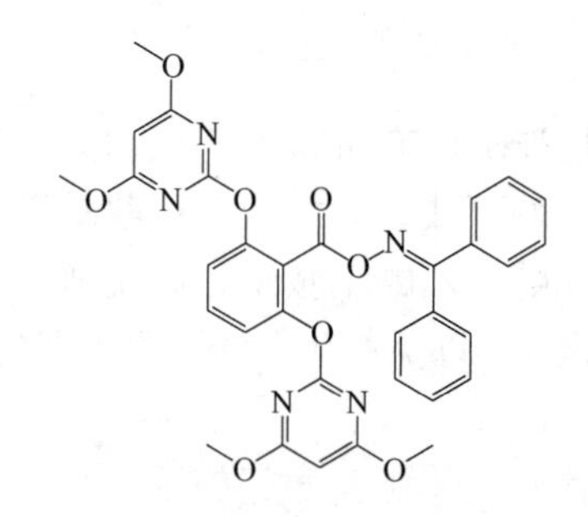

$C_{32}H_{27}N_5O_8$，609.60

其他名称　韩乐天、嘧啶草醚。

主要剂型　5%、10%、20%乳油，10%水乳剂，10%可分散油悬浮剂，10%悬浮剂，5%微乳剂，95%、96%原药。

毒性　低毒。

作用机理　嘧啶肟草醚是新颖的嘧啶水杨酸类除草剂，属于原卟啉原氧化酶（PPO）抑制剂，广谱选择性芽后除草剂。该药被植物茎叶吸收后，传导至整个植株，抑制乙酰乳酸合成酶（ALS），影响支链氨基酸（亮氨酸、缬氨酸、异亮氨酸）的生物合成，抑制植物分生组织生长，从而杀死杂草。

应用

（1）单剂应用

① 防除水稻直播田一年生杂草。水稻直播 7～12 天，或在水稻 3

叶期后、杂草2～4叶期，每亩用5%嘧啶肟草醚乳油40～50毫升（南方地区）或50～60毫升（北方地区），或10%嘧啶肟草醚水乳剂20～25毫升，或10%嘧啶肟草醚可分散油悬浮剂20～30毫升，或10%嘧啶肟草醚乳油20～30毫升，或10%嘧啶肟草醚悬浮剂20～25毫升，兑水15～20千克均匀茎叶喷雾，尽量在无风无雨时施药，避免雾滴飘移，危害周围作物。施药前1天排干田水，使杂草露出水面，充分接触药剂，施药后1～2天灌薄水层3～5厘米，保水5～7天，之后恢复正常管理。水层勿淹没水稻心叶，避免药害。每季最多使用1次。

② 防除水稻移栽田一年生杂草。在水稻3叶期后、杂草2～4叶期，每亩用5%嘧啶肟草醚乳油40～50毫升（南方地区）或50～60毫升（北方地区），或5%嘧啶肟草醚微乳剂40～50毫升（南方地区）或50～60毫升（北方地区），兑水30～40千克均匀茎叶喷雾。施药前1天排干水，使杂草露出水面充分接触药剂，施药后48小时内复水，建立水层2～3厘米，并保水5～7天，之后恢复正常管理。

（2）复配剂应用

① **嘧肟·丙草胺**。由嘧啶肟草醚与丙草胺复配的除草剂。防除水稻移栽田禾本科杂草、阔叶杂草和莎草科杂草，水稻移栽后7～10天，以草龄为准，即杂草3～5叶期为最佳施药期，尽早施药。每亩用30.6%嘧肟·丙草胺乳油80～100毫升（东北地区）或60～80毫升（其他地区），兑水20～30千克，细雾滴全田均匀喷雾。施药前排水，施药后1～3天灌水，并保持3～5厘米水层5～7天。杂草草龄较大或/和发生密度较大时，采用高剂量或适当增加用药量。注意水层勿淹没水稻心叶。每季最多使用1次。

防除水稻直播田多种一年生杂草，以草龄为准，即稗草2～3叶期为最佳施药期。直播田播种催芽稻谷，播后7～12天、水稻2叶1心期施药，尽早施药，但直播稻不能早于播后7天。每亩用30.6%嘧肟·丙草胺乳油60～80毫升，兑水20～30千克，细雾滴全田均匀喷雾。施药前排水，施药后1～3天灌水，并保持3～5厘米浅水层5～7天。杂草草龄较大或/和发生密度较大时，采用高剂量或适当增加用药量。

② **嘧肟·丙·氰氟**。由嘧啶肟草醚与丙草胺、氰氟草酯三元复配的除草剂。防除水稻直播田一年生杂草，每亩用35%嘧肟·丙·氰氟乳油80～

100毫升，兑水30～50千克均匀茎叶喷雾。施药时期：以草龄为准，即稗草2～3叶期为最佳施药期。直播田播种催芽稻谷，播后7～12天、水稻2叶1心施药，尽早施药，但直播稻不能早于播后7天。施药前排水，施药后1～3天灌水，并保持3～5厘米浅水层5～7天，每季最多使用1次。

③ **嘧肟·吡·氰氟**。由嘧啶肟草醚与吡嘧磺隆、氰氟草酯三者复配而成的茎叶处理除草剂。防除水稻直播田一年生杂草，水稻直播出苗后、杂草2～3叶期，每亩用20%嘧肟·吡·氰氟可分散油悬浮剂40～50毫升，兑水30～50千克均匀茎叶喷雾，每季最多使用1次。

④ **嘧肟·氰氟草**。由嘧啶肟草醚与氰氟草酯复配而成的茎叶处理除草剂。防除水稻直播田一年生杂草，直播水稻4叶期、杂草2～3叶期，每亩用9%嘧肟·氰氟草乳油90～120毫升，兑水30～45千克均匀茎叶喷雾，确保打匀打透。不重喷，不漏喷。随着草龄、密度增大，使用登记批准高剂量。施药前排干水，药后1天复水，保持3～5厘米浅水层5～7天后常规田管，注意水层勿淹没水稻心叶避免药害，每季最多使用1次。

注意事项

（1）嘧啶肟草醚属内吸选择性除草剂，必须喷到杂草叶片上才能发挥药效，毒土毒肥无效。喷雾时要选择扇形喷头的背负式手动喷雾器，不可使用超低量的弥雾喷雾器和机动喷雾器，喷雾要均匀，且不可重复喷雾。

（2）嘧啶肟草醚属茎叶处理除草剂，当杂草密度过大时，杂草叶片之间重叠遮挡，部分杂草接触不到药剂，从而影响药效。因此，杂草密度较大地块应尽早施药，使杂草叶片均匀接触药剂，从而达到理想的防除效果。

（3）嘧啶肟草醚具有迟效性，药剂除草速度较慢，施药后24小时能抑制杂草生长，3～5天出现黄化（可以与池埂边杂草对比，确定是否黄化），7～14天枯死。

（4）嘧啶肟草醚使用后3～5天，有时水稻会出现叶片黄化现象，这是水稻对嘧啶肟草醚的正常生理反应，4～5天后长出绿色新叶，水稻恢复正常生长，不影响水稻产量。嘧啶肟草醚对水稻产生药害的原因：药量过高，有效成分大于60克/公顷或者重复喷施或者施药后遇低温等对水稻产生了药害，表现为抑制水稻生长，水稻叶过度发黄，从而对水稻产量产生影响。

（5）嘧啶肟草醚不能与敌稗、灭草松及含有这两种药剂的复配制剂混用，混用降低药效；不能与吡嘧磺隆、苄嘧磺隆混用，以免产生药害，应间隔 7 天以上使用。

（6）豆类、十字花科作物对嘧啶肟草醚敏感，施药时避免雾滴飘移至邻近作物。大风天或预计 2 小时内降雨，请勿施药。

（7）后茬仅可种植水稻、油菜、小麦、大蒜、胡萝卜、萝卜、菠菜、移栽黄瓜、甜瓜、辣椒、番茄、草莓、莴苣。

（8）用药后 6 小时内降雨会影响药效，应及时补喷。

（9）温度低于 15℃持续 3～4 天，药效不好；15～30℃条件下施用，效果正常，且在该温度范围内温度越高，效果越强；超过 30℃，不会出现药害，但水稻黄化现象会出现得早。

（10）低温条件施药，水稻会出现黄叶、生长受抑制，1 天后可恢复正常生长，一般不影响产量，施药过量，影响水稻分蘖及产量。

（11）嘧啶肟草醚遇水失效，所以使用前应排水，使杂草充分露出水面，施药后 1～2 天灌浅水层，保水 5～7 天。

（12）嘧啶肟草醚对粳稻处理后有时会出现轻微的叶片发黄现象，但 1 周后迅速恢复，不影响水稻分蘖和产量。

（13）嘧啶肟草醚对鱼类等水生生物有毒，水产养殖区、河塘等水体附近禁用，鱼或虾、蟹套养稻田禁用。

第三章 水稻常用杀菌剂

三环唑（tricyclazole）

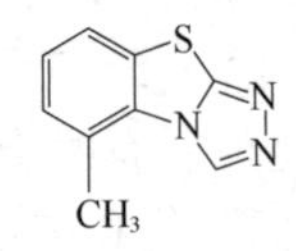

$C_9H_7N_3S$，189.24

- **其他名称**　比艳、克瘟灵、克瘟唑、三唑苯噻、稻艳、丰登。
- **主要剂型**　20%、40%、75%可湿性粉剂，75%、80%水分散粒剂，20%、30%、35%、40%悬浮剂，8%颗粒剂，1%、4%粉剂，20%溶胶剂。
- **毒性**　中等毒。
- **作用机理**　主要通过抑制附着胞黑色素的形成，从而抑制孢子萌发和附着胞的形成，有效阻止病菌侵入并减少稻瘟病分生孢子产生。
- **应用**

（1）单剂应用　主要用于防治水稻稻瘟病。

① 撒施。按每亩用 8%三环唑颗粒剂 448～700 克的量，在插秧当日或前一天均匀地撒在育秧盘上（请务必撒施均匀，以免因撒施不均匀导致叶片发黄、叶尖枯萎等药害发生）。掸落黏附在叶片上的颗粒后，喷

洒适量的水，使颗粒黏附在育秧盘土上，两天内必须插秧。如果稻叶是湿的或有露水，先掸落叶片上的露水再进行颗粒剂处理。每季最多使用 1 次，收获期安全。对软弱徒长苗、立枯苗、生长不良苗、错过移植时间的秧苗等容易发生药害的，不建议使用本品。沙质土壤水田、漏水田、使用未成熟有机肥的水田不建议使用。过量使用本药剂会产生秧苗叶黄化、枯萎等药害，因此请严格按照规定的使用量、使用时期及使用方法使用。若大田不平整，可能会发生药害，因此应仔细耙田。移栽后田间必须保水，注意移植后不要让田面露出。

② 喷雾。防治水稻苗瘟，在秧苗 3～4 叶期或移栽前 5 天使用；防治水稻叶瘟，当叶瘟刚发生时使用；防治穗颈瘟，第一次喷药最迟不宜超过破口后 3 天。每亩用 20%三环唑悬浮剂 70～100 毫升，或 30%三环唑悬浮剂 60～70 毫升，或 40%三环唑悬浮剂 35～55 毫升，或 75%三环唑可湿性粉剂 20～40 克，或 75%三环唑水分散粒剂 20～40 克，兑水 60 千克均匀喷雾，安全间隔期 21 天，每季最多使用 2 次。或每亩用 20%三环唑可湿性粉剂 75～100 克，或 80%三环唑水分散粒剂 19～25 克，兑水 30～45 千克均匀喷雾，安全间隔期 35 天，每季最多使用 2 次。

（2）复配剂应用

① **三环·丙环唑**。由三环唑与丙环唑复配的一种低毒复合杀菌剂。可防治水稻稻瘟病和纹枯病。防治水稻稻瘟病，防治苗瘟及叶瘟时，在田间出现发病中心时立即开始喷药，每隔 5～7 天喷 1 次，可连喷 1～2 次；防治穗颈瘟时，在破口初期和齐穗初期各喷药 1 次即可。防治水稻纹枯病，从田间出现发病中心后立即开始喷药。每亩用 525 克/升三环·丙环唑悬浮剂 30～50 毫升，兑水 50 千克均匀喷雾，安全间隔期 30 天，每季最多施用 2 次。

② **三环·多菌灵**。由三环唑与多菌灵复配的一种专用低毒（或中毒）复合杀菌剂。防治水稻稻瘟病，于稻瘟病发病初期，每亩用 18%三环·多菌灵悬浮剂 90～120 毫升，兑水 40 千克均匀喷雾，防治穗颈瘟，第一次喷药最迟不宜超过破口后 3 天，安全间隔期 30 天，每季最多使用 2 次。

③ **三环·烯唑醇**。由三环唑与烯唑醇复配的一种专用低毒复合杀菌剂。防治水稻稻瘟病，防治苗瘟及叶瘟时，在田间出现发病中心时立即开始喷药，每隔 5～7 天喷 1 次，连喷 1～2 次；防治穗颈瘟时，在破口

初期和齐穗初期各喷药 1 次即可。每亩用 18%三环·烯唑醇悬浮剂 40～50 毫升，兑水 30～45 千克均匀喷雾。

④ **三环·杀虫单**。由三环唑与杀虫单复配的一种中毒复合杀菌、杀虫剂，可同时防治水稻的稻瘟病和水稻螟虫等病虫害。防治水稻稻瘟病，防治穗颈瘟，第一次喷药最迟不宜超过破口后 3 天，每亩用 50%三环·杀虫单可湿性粉剂 100～120 克，兑水 30～45 千克均匀喷雾，安全间隔期 35 天，每季最多使用 2 次。

防治水稻二化螟、三化螟、稻纵卷叶螟等螟虫，每亩用 50%三环·杀虫单可湿性粉剂 100～120 克，兑水 30～45 千克均匀喷雾，安全间隔期 35 天，每季节最多使用 2 次。

⑤ **三环·嘧菌酯**。为三环唑和嘧菌酯的复配剂。防治水稻稻瘟病，在水稻破口初期和齐穗期，每亩用 28%三环·嘧菌酯悬浮剂 80～100 毫升，兑水 30～60 千克均匀喷雾，一般连续施药 2 次，施药间隔期为 7～10 天，安全间隔期 28 天，每季最多使用 2 次。

⑥ **三环·氟环唑**。由三环唑与氟环唑复配而成。防治水稻稻瘟病，防治水稻叶瘟时，可在初见病斑时施药，防治穗颈瘟和穗瘟，最适宜施药期是水稻破口期，视病情隔 7～10 天再施药 1 次。防治穗颈瘟，第一次喷药最迟不宜超过破口后 3 天。每亩用 40%三环·氟环唑悬浮剂 30～40 毫升，兑水 40～50 千克均匀喷雾，安全间隔期 21 天，每季最多使用 2 次。

防治水稻纹枯病，水稻分蘖末期、拔节至孕穗期，于病害发生前或初见零星病斑时喷雾 1～2 次，每亩用 30%三环·氟环唑悬浮剂 60～90 毫升，兑水 45～50 千克，视天气情况和病情发展，每隔 7～10 天喷 1 次，安全间隔期 28 天，每季最多使用 2 次。

防治水稻稻曲病，在水稻破口前 5～7 天施药 1 次，7 天后再施药 1 次，每亩用 60%三环·氟环唑可湿性粉剂 32～40 克，兑水 40～50 千克均匀喷雾，安全间隔期 21 天，每季最多使用 2 次。

⑦ **三环·戊唑醇**。由三环唑与戊唑醇复配。防治水稻纹枯病，应在发病前或发病初期施药 1 次，根据病情发生程度，间隔 7～10 天再喷雾 1 次；防治稻曲病，应在水稻稻曲病侵染初期（水稻破口前 7 天）开始施药，7～10 天后破口期第二次施药，每亩用 35%三环·戊唑醇悬浮剂

25～35 毫升，兑水 30～60 千克均匀喷雾，安全间隔期 35 天，每季最多使用 2 次。

⑧ **三环·异稻**。由三环唑与异稻瘟净复配。防治水稻稻瘟病，在稻瘟病发病初期使用。防治穗颈瘟，第一次喷药最迟不宜超过破口后 3 天。每亩用 20%三环·异稻可湿性粉剂 100～120 克，兑水 30～45 千克均匀喷雾。在防治稻瘟病有效的浓度下，有时会出现小褐点或小褐色线条状等轻微药害症状，特别是对籼稻，但一般不影响产量，安全间隔期 35 天，每季最多使用 2 次。

⑨ **三环·己唑醇**。由三环唑与己唑醇复配而成。防治水稻稻瘟病，于稻瘟病发生前或发病初期，每亩用 30%三环·己唑醇悬浮剂 40～60 毫升，兑水 30～60 千克均匀喷雾，或根据当地农业生产实际进行兑水茎叶喷雾，安全间隔期 30 天，每季最多使用 2 次。

⑩ **三环唑·肟菌酯**。由三环唑与肟菌酯复配。防治水稻稻瘟病，防治叶瘟，在发病初期施第一次药，视病情发展情况间隔 7～10 天施第二次药，防治穗颈瘟，在孕穗后期或破口期第一次用药，视病情发展情况间隔 7～10 天施第二次药，每亩用 300 克/升三环唑·肟菌酯悬浮剂 50～75 毫升，兑水 30～60 千克均匀喷雾，安全间隔期 21 天，每季最多使用 2 次。

⑪ **三环·稻瘟灵**。由稻瘟灵与三环唑复配。防治水稻稻瘟病，于稻瘟病发病初期施药，每亩用 60%三环·稻瘟灵可湿性粉剂 60～70 克，兑水 40～60 千克均匀喷雾，安全间隔期 28 天，每季最多使用 2 次。

⑫ **硫黄·三环唑**。由硫黄与三环唑复配的一种复合杀菌剂。防治水稻稻瘟病，在抽穗前防止叶片受害时，从田间出现发病中心后立即开始喷药，每隔 7～10 天喷 1 次，连喷 1～2 次；防治穗颈瘟时，在破口初期至齐穗期喷药，每隔 7～10 天喷 1 次，连喷 2 次。

注意事项

（1）三环唑属保护性杀菌剂，仍然是预防穗颈瘟的特效杀菌剂，始穗期是防治穗颈瘟的关键时期，在发病严重的情况下在齐穗期再施 1 次药是必要的。如果选用合适的药剂，破口前施药对穗颈瘟也有一定的防控作用。由于防治稻曲病的最佳施药时期是破口前，因此，一次施药兼防穗颈瘟和稻曲病是可行的。防治水稻穗颈瘟，第一次施药最迟不得超过破口后 3 天。

（2）三环唑对水稻的安全性好，正常施药一般不会对水稻造成不良影响，不当施药可能对水稻造成药害，在水稻颖壳和叶片上形成触杀白斑。每亩用 75%三环唑水分散粒剂 50 克，用药量较大，但只要相应加大用水量正常施药，一般也不会对水稻造成严重药害。三环唑对稻瘟病的预防效果好，而且稻瘟病菌没有对其产生较强的抗药性，按正常用量施药就能保证对稻瘟病的防效，没必要加大用药量，以免增加用药成本和对水稻的药害风险。施药前注意按正确方法配药，先加水，再投药，以免高浓度药液进入喷管中，导致初喷药时高浓度药液喷到稻株上产生药害。

（3）用药液浸秧，有时会引起发黄，但不久即能恢复，不影响稻秧以后的生长。

（4）对鱼类等水生生物有毒。鱼或虾、蟹套养稻田禁用。施药期间避免对周围蜂群的影响，开花植物花期 、蚕室和桑园附近禁用。

多菌灵（carbendazim）

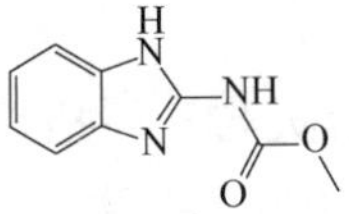

$C_9H_9N_3O_2$，191.19

其他名称 棉萎灵、苯并咪唑 14 号、棉萎丹、溶菌灵、防霉宝。

主要剂型 25%、40%、50%、80%可湿性粉剂，40%、50%、500 克/升悬浮剂，50%、75%、80%、90%水分散粒剂，15%烟剂。

毒性 低毒。

作用机理 干扰真菌细胞有丝分裂中纺锤体的形成，从而影响细胞分裂，导致病菌死亡。

应用

（1）单剂应用

① 防治水稻纹枯病。于水稻分蘖末期和孕穗末期各施药 1 次，每亩用 25%多菌灵可湿性粉剂 150～200 克，或 40%多菌灵悬浮剂 160～180

毫升，或40%多菌灵可湿性粉剂125克，或50%多菌灵可湿性粉剂100～120克，或50%多菌灵悬浮剂75～100毫升，或500克/升多菌灵悬浮剂100～120毫升，或80%多菌灵可湿性粉剂62.5克，兑水30～50千克均匀喷雾，重点喷水稻茎部，安全间隔期 30天，每季最多使用2次。

② 防治稻瘟病。防治叶瘟，于病斑初见期开始喷药，每隔 7～10天喷1次；防治穗瘟，在水稻破口期和齐穗期各喷1次。每亩用25%多菌灵可湿性粉剂200～264克，或40%多菌灵可湿性粉剂125克，或50%多菌灵可湿性粉剂100～133克，或50%多菌灵悬浮剂75～125毫升，或80%多菌灵可湿性粉剂62.5克，兑水30～50千克均匀喷雾，安全间隔期30天，每季最多使用2次。

③ 防治水稻小粒菌核病。于水稻分蘖末期至抽穗期，每亩用 50%多菌灵可湿性粉剂75～100克，兑水30～50千克均匀喷雾。

（2）复配剂应用

① **多·福·硫黄**。由多菌灵、福美双、硫黄复配的一种广谱低毒复合杀菌剂。防治水稻稻瘟病，防治苗瘟及叶瘟时，从田间出现发病中心后立即开始喷药，每隔7天左右喷1次，连喷1～2次；防治穗颈瘟时，从破口初期开始喷药，每隔7～10天喷1次，连喷2～3次。每亩用25%多·福·硫黄可湿性粉剂150～200克，兑水30～45千克均匀喷雾，安全间隔期30天，每季最多使用1次。

② **多·咪·福美双**。由多菌灵与咪鲜胺、福美双复配的一种低毒复合种子处理杀菌剂。防治水稻恶苗病，每100千克种子用18%多·咪·福美双悬浮种衣剂2500～3333毫升，充分摇匀后，既可机械包衣亦可人工包衣。

防治水稻立枯病，每100千克种子用18%多·咪·福美双悬浮种衣剂2500～3333毫升，充分摇匀后，既可机械包衣亦可人工包衣。

③ **多·酮**。由多菌灵和三唑酮复配而成的新型杀菌剂。防治水稻纹枯病，在水稻孕穗末期至抽穗期施药，每亩用36%多·酮悬浮剂100～140毫升，兑水50千克均匀喷雾，安全间隔期21天，每季最多施用3次。

防治水稻稻曲病，每亩用 40%多·酮可湿性粉剂 80～100 克，兑水30～45千克均匀喷雾，安全间隔期30天，每季最多使用2次。

防治水稻白尖叶枯病，每亩用40%多·酮可湿性粉剂125～150克，兑水30～45千克均匀喷雾，安全间隔期21天，每季最多使用3次。

防治水稻稻瘟病，病害发生前，每亩用 40%多·酮可湿性粉剂 80～100 克，兑水 30～45 千克均匀喷雾，安全间隔期 30 天，每季最多使用 1 次。

防治杂交水稻云形病，在孕穗至破口抽穗期，每亩用 40%多·酮可湿性粉剂 75～100 克，兑水 60 千克常规喷雾或兑水 20 千克弥雾，安全间隔期 30 天，每季最多使用 2 次。

防治杂交水稻叶尖枯病，在孕穗至破口抽穗期，每亩用 40%多·酮可湿性粉剂 75～100 克，兑水 60 千克常规喷雾或兑水 20 千克弥雾，安全间隔期 30 天，每季最多使用 2 次。

④ **多·福**。由多菌灵和福美双复配。可防治水稻恶苗病，可供种业公司作种子处理，亦可供农户直接包衣。防治水稻恶苗病，按 15%多·福悬浮种衣剂 1∶（40～60）（药种比），将药剂充分摇匀按照药种比进行包衣处理，包衣时充分翻搅，使药液均匀包裹在种子表面，阴干后播种。用于水稻良种包衣可浸种催芽露白后包衣；也可包衣 3～7 天阴干后浸种、催芽，按常规方法播种育秧。

防治水稻稻瘟病，在病害发病初期施用，防治效果较好，水稻 1 叶 1 心期施药，每亩用 45%多·福可湿性粉剂 160～200 克，兑水 30～45 千克均匀喷雾，安全间隔期为收获期。

⑤ **多·福·立枯磷**。由多菌灵与福美双、甲基立枯磷复配的水稻田专用种子包衣剂。对水稻立枯病有较好的防治效果。于水稻播种前，用 13%多·福·立枯磷悬浮种衣剂按药种比 1∶50 进行种子包衣。用人工或机械包衣的方法，使种子均匀包衣。

⑥ **多·咪鲜·甲霜**。由多菌灵、咪鲜胺、甲霜灵复配。防治水稻立枯病，按 100 千克种子用 20%多·咪鲜·甲霜悬浮剂 1250～1665 毫升进行种子包衣，采用种子包衣法施药，兑水比例为 1∶1，搅拌均匀后进行包衣，使种子均匀地沾上药剂。包衣的种子阴干后，浸种催芽后播种。可机械包衣，亦可人工包衣。

⑦ **烯唑·多菌灵**。由烯唑醇与多菌灵复配的一种广谱低毒复合杀菌剂。防治水稻稻粒黑粉病，孕穗末期至灌浆初期是喷药防治的关键期，抽穗后以下午喷药效果较好。每亩用 18.7%烯唑·多菌灵可湿性粉剂 35～40 克，兑水 50～60 千克均匀喷雾，安全间隔期 30 天，每季最多使用 2 次。

◉ **注意事项**

（1）多菌灵可与一般杀菌剂混用，但与杀虫剂、杀螨剂混用时要随混随用，不能与强碱性药剂或铜制剂混用。

（2）多菌灵不能与碱性农药等物质混用。长期单一使用易使病菌产生抗药性，为延缓病菌抗药性的发生，应与其他杀菌剂轮换使用。

（3）多菌灵对水生生物有毒。

己唑醇（hexaconazole）

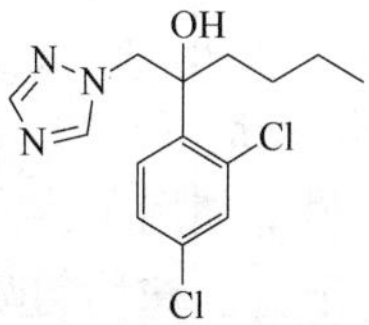

$C_{14}H_{17}Cl_2N_3O$，314.21

◉ **其他名称**　叶秀、同喜、珍绿、开美、翠禾、翠丽、洋生、叶中靶。

◉ **主要剂型**　5%、10%、25%、40%悬浮剂，50%可湿性粉剂，30%、40%、50%水分散粒剂，10%乳油，5%微乳剂。

◉ **毒性**　低毒。

◉ **作用机理**　破坏和阻止病菌细胞膜的重要组成成分麦角甾醇生物合成，使病菌细胞膜不能形成，最终使病菌死亡，还能抑制病原菌菌丝生长，阻止已发芽的病菌孢子侵入作物组织。

◉ **应用**

（1）单剂应用

① 防治水稻纹枯病。发病初期，每亩用10%己唑醇乳油30～50毫升，兑水50～60千克均匀喷雾，安全间隔期21天，每季最多使用2次。或每亩用10%己唑醇悬浮剂35～45毫升，兑水50～60千克均匀喷雾，安全间隔期28天，每季最多使用2次。或每亩用50%己唑醇可湿性粉剂9～10克，兑水50～60千克均匀喷雾，安全间隔期28天，每季最多使用3次。或每亩用25%己唑醇悬浮剂18～20毫升，或30%己唑醇悬浮剂17～21毫升，兑水50～60千克均匀喷雾，安全间隔期28天，每季

最多使用4次。或每亩用10%己唑醇微乳剂40～50毫升，兑水50～60千克均匀喷雾，安全间隔期30天，每季最多使用2次。或每亩用5%己唑醇悬浮剂70～90毫升，或40%己唑醇悬浮剂10～14毫升，兑水30～45千克均匀喷雾，安全间隔期30天，每季最多使用3次。或每亩用5%己唑醇微乳剂80～100毫升，或30%己唑醇水分散粒剂15～18克，或40%己唑醇水分散粒剂10～12克，或50%己唑醇水分散粒剂8～10克，兑水50～60千克均匀喷雾，安全间隔期45天，每季最多使用2次。或每亩用70%己唑醇水分散粒剂6～7克，兑水50～60千克均匀喷雾，安全间隔期45天，每季最多使用3次。

② 防治水稻稻曲病。第一次在破口前5～7天，第二次在抽穗后使用。每亩用50%己唑醇水分散粒剂8～10克，兑水30～45千克均匀喷雾，安全间隔期28天，每季最多使用1次。或每亩用5%己唑醇微乳剂70～100毫升，兑水30～45千克全株均匀喷雾，在破口前5～7天和抽穗后各使用1次，安全间隔期30天，每季最多使用2次。或每亩用5%己唑醇悬浮剂80～100毫升，或50克/升己唑醇悬浮剂75～100毫升，或10%己唑醇悬浮剂35～50毫升，或40%己唑醇悬浮剂10～14毫升，兑水30～45千克均匀喷雾，安全间隔期45天，每季最多使用2次。或每亩用10%己唑醇乳油35～50毫升，或30%己唑醇悬浮剂15～20毫升，兑水50～60千克均匀喷雾，安全间隔期58天，每季最多使用1次。

（2）复配剂应用

① **己唑·稻瘟灵**。由己唑醇与稻瘟灵复配的一种低毒复合杀菌剂。可防治水稻稻瘟病、纹枯病、稻曲病等。防治水稻稻瘟病，发病初期第一次用药，破口抽穗期第二次用药，齐穗期第三次用药；防治水稻纹枯病，发病前施药一次，孕穗末期第二次用药；防治水稻稻曲病，始穗期第一次用药，齐穗期第二次用药。每亩用33%己唑·稻瘟灵微乳剂60～80毫升，兑水40～50千克均匀喷雾，安全间隔期7天，每季最多使用3次。

② **己唑·嘧菌酯**。由嘧菌酯与己唑醇复配。防治水稻稻瘟病、稻曲病，发病初期，每亩用30%己唑·嘧菌酯悬浮剂40～50毫升，兑水30～45千克均匀喷雾，安全间隔期21天，每季最多使用3次。防治苗瘟、叶瘟应在水稻发病初期施药；防治穗颈瘟重点在水稻破口前5～7天和扬花完成后用药。

防治水稻纹枯病，发病初期，每亩用 24%己唑·嘧菌酯悬浮剂 15～20 毫升，兑水 30～50 千克均匀喷雾，安全间隔期 28 天，每季最多使用 2 次。

③ **己唑·三环唑**。由己唑醇与三环唑复配。防治水稻稻瘟病，发生前或者发病初期，每亩用 28%己唑·三环唑悬浮剂 80～89 毫升，兑水 30～60 千克均匀喷雾，安全间隔期 28 天，每季最多使用 2 次。

④ **己唑·多菌灵**。由多菌灵与己唑醇复配。防治水稻稻曲病，发病初期，即破口前 5～7 天，齐穗期各施药一次，每亩用 40%己唑·多菌灵悬浮剂 40～60 毫升，兑水 30～45 千克均匀喷雾，安全间隔期 45 天，每季最多使用 2 次。

防治水稻纹枯病，发病前或发病初期施药，间隔 7～10 天后第二次施药，每亩用 45%己唑·多菌灵悬浮剂 50～60 毫升，兑水 30～45 千克均匀喷雾，连施 2 次，每次施药间隔 7～10 天，安全间隔期 30 天，每季最多使用 2 次。

⑤ **己唑·四霉素**。由己唑醇与四霉素复配。可防治水稻稻曲病和纹枯病，在水稻破口前、孕穗前，每亩用 5%己唑·四霉素微乳剂 65～80 毫升，兑水 40～60 千克均匀喷雾，施药间隔 7 天，安全间隔期 21 天，每季最多使用 2 次。

注意事项

（1）己唑醇有时对某些苹果品种有药害。

（2）己唑醇不得与碱性物质混用。

（3）应避免对周围桑蚕的影响，蚕室和桑园附近禁用。远离水产养殖区施药。鱼或虾、蟹套养稻田禁用，施药后的田水不可排入水体。

噻呋酰胺（thifluzamide）

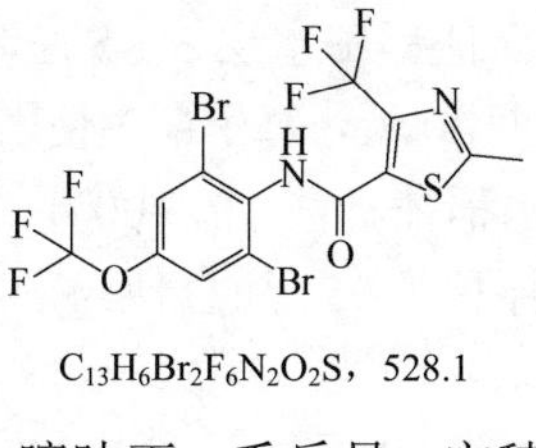

$C_{13}H_6Br_2F_6N_2O_2S$，528.1

其他名称 巧农闲、噻呋灭、千斤丹、宝穗、噻氟酰胺、噻氟菌胺、满穗。

◉ **主要剂型** 20%、30%、35%、40%、240克/升悬浮剂，19%干拌种剂，0.15%、0.5%、4%颗粒剂，40%、50%水分散粒剂，4%展膜油剂，8%种子处理悬浮剂。

◉ **毒性** 微毒。

◉ **作用机理** 噻呋酰胺是一种琥珀酸脱氢酶抑制剂，抑制病菌三羧酸循环中琥珀酸脱氢酶，干扰线粒体呼吸作用，导致病原菌不能正常合成能量，进而衰竭死亡，达到防治病害的目的。由于含氟，其在生化过程中竞争力很强，一旦与底物或酶结合就不易恢复，从而影响病原菌呼吸链电子传递，导致菌体死亡。其作用机理独特，与现有杀菌剂无交互抗性，迄今为止未发现副作用。

◉ **应用**

（1）单剂应用

① 防治水稻纹枯病

a. 大田撒施 在水稻直播田3叶1心后15～20天、水稻移栽田移栽后7～10天，每亩用0.15%噻呋酰胺颗粒剂15～20千克，全田均匀撒施使用。使用本品时田间需保水，水稻叶片上有露水或雨水时不建议使用，每季最多使用1次。

b. 育秧田撒施 育秧盘处理量，按每亩用4%噻呋酰胺颗粒剂448～700克的药量，在插秧当日或前一天均匀撒在育秧盘上（请务必撒施均匀，以免因撒施不均匀导致叶片发黄、叶尖枯萎等药害）。掸落黏附在叶片上的颗粒后，喷洒适量的水，使颗粒黏附在育秧盘土上，2天内必须插秧。如果稻叶是湿的或有露水，先掸落叶片上的露水再进行颗粒剂处理，收获期安全，每季最多使用1次。

c. 滴洒 在水稻纹枯病发病初期施药，每亩用4%噻呋酰胺展膜油剂135～180克，滴洒，保证稻田水层3～5厘米，药剂在稻田内直接滴施并保水5天，安全间隔期30天，每季最多使用2次，施药间隔期15天。

d. 拌种 于浸种后水稻播种前，按100千克种子用19%噻呋酰胺干拌种剂1000～1600克，拌种1次，注意使药剂均匀包裹在种子表面，按照常规方法进行播种。

e. 喷雾 在水稻抽穗前30天，每亩用20%噻呋酰胺悬浮剂15～25

毫升，或240克/升噻呋酰胺悬浮剂15～25毫升，兑水30～50千克均匀喷雾，安全间隔期 7天，每季最多使用1次。或每亩用40%噻呋酰胺悬浮剂12.5～15毫升，兑水30～50千克均匀喷雾，安全间隔期14天，每季最多使用1次。或每亩用50%噻呋酰胺水分散粒剂8.4～10.4克，兑水30～50千克均匀喷雾，安全间隔期 21天，每季最多使用2次。或每亩用40%噻呋酰胺悬浮剂8～13毫升，兑水30～50千克均匀喷雾，安全间隔期28天，每季最多使用2次。或每亩用30%噻呋酰胺悬浮剂14～18毫升，或35%噻呋酰胺悬浮剂12～15毫升，兑水30～50升均匀喷雾，安全间隔期 30天，每季最多使用3次。

② 防治水稻稻曲病　抽穗破口前5～7天，每亩用240克/升噻呋酰胺悬浮剂13～23毫升，兑水30～50千克均匀喷雾，安全间隔期14天，每季最多使用1次。

（2）复配剂应用

① **噻呋·己唑醇**。由噻呋酰胺与己唑醇复配。防治水稻纹枯病，发病初期或抽穗前20天，每亩用13%噻呋·己唑醇悬浮剂20～30毫升，兑水30～45千克均匀喷雾，安全间隔期7天，每季最多使用1次。

② **噻呋·嘧菌酯**。由噻呋酰胺与嘧菌酯复配。防治水稻纹枯病，发生前或发病初期，每亩用0.6%噻呋·嘧菌酯颗粒剂3000～5000克，撒施，安全间隔期14天，每季最多使用1次。或每亩用4%噻呋·嘧菌酯展膜油剂141～188毫升，兑水40～50千克均匀喷雾，安全间隔期21天，每季最多使用2次。

③ **噻呋·戊唑醇**。由噻呋酰胺与戊唑醇复配。防治水稻纹枯病，发病初期，每亩用40%噻呋·戊唑醇悬浮剂25～30毫升，兑水40～50千克均匀喷雾，安全间隔期14天，每季最多使用1次。

④ **噻呋·氟环唑**。由噻呋酰胺和氟环唑复配。防治水稻纹枯病，发病初期，每亩用20%噻呋·氟环唑悬浮剂30～50毫升，兑水40～50千克均匀喷雾，安全间隔期21天，每季最多使用1次。

⑤ **噻呋·肟菌酯**。由噻呋酰胺与肟菌酯复配。防治水稻纹枯病，发病初期，每亩用40%噻呋·肟菌酯悬浮剂15～20毫升，兑水40～50千克均匀喷雾，安全间隔期21天，每季最多使用1次。

⑥ **噻呋·咪鲜胺**。由噻呋酰胺与咪鲜胺复配。防治水稻纹枯病，发

病初期，每亩用 30%噻呋·咪鲜胺悬浮剂 45～55 毫升，兑水 40～50 千克均匀喷雾，安全间隔期 28 天，每季最多使用 2 次。

⑦ **噻呋·苯醚甲**。由噻呋酰胺与苯醚甲环唑复配。防治水稻纹枯病，发病初期，每亩用 27.8%噻呋·苯醚甲悬浮剂 20～25 毫升，兑水 40～50 千克均匀喷雾，安全间隔期 14 天，每季最多使用 1 次。

⑧ **噻呋·嘧苷素**。由噻呋酰胺与嘧啶核苷类抗菌素复配。防治水稻纹枯病，掌握在发病初期使用；防治水稻稻曲病在水稻破口期前 5～7 天开始使用，每亩用 18%噻呋·嘧苷素悬浮剂 30～35 毫升，兑水 50 千克均匀喷雾，安全间隔期 7 天，每季最多使用 1 次。施药后保持田间水层 3～6 厘米。

⑨ **噻呋·醚菌酯**。由噻呋酰胺与醚菌酯复配。防治水稻纹枯病，发病初期，每亩用 30%噻呋·醚菌酯悬浮剂 22～30 毫升，兑水 30 千克后均匀喷雾，纹枯病发生严重时，可适当提高用药量和用水量，或在抽穗期再施药 1 次，安全间隔期 30 天，每季最多使用 3 次。

⑩ **噻呋·噻森铜**。由噻呋酰胺与噻森铜复配。防治水稻纹枯病，发病前或发病初期，每亩用 30%噻呋·噻森铜悬浮剂 13～21 毫升，兑水 30 千克均匀喷雾，安全间隔期 14 天，每季最多使用 1 次。

⑪ **噻呋·寡糖**。由噻呋酰胺与氨基寡糖素复配的预防和治疗双重功效杀菌剂。防治水稻纹枯病，发病初期，每亩用 42%噻呋·寡糖悬浮剂 15～18 毫升，兑水 30～45 千克均匀喷雾，安全间隔期 7 天，每季最多使用 1 次。

⑫ **噻呋·三环唑**。由噻呋酰胺和三环唑复配而成的杀菌剂。防治水稻稻瘟病、纹枯病，每亩用 40%噻呋·三环唑悬浮剂 42～58 毫升，兑水 30 千克均匀喷雾。防治稻瘟病应于破口期或发病前喷雾施药 1 次，间隔 7～10 天再施药 1 次，共施药 2 次；防治纹枯病应于孕穗期或发病前喷雾施药 1 次，重点喷施茎基部，间隔 7～10 天再施药 1 次，共施药 2 次，安全间隔期 40 天，每季最多使用 2 次。

注意事项

（1）耐雨水冲刷，打药后 1 小时内遇到雨水，一般不需要重喷。噻呋酰胺在部分西瓜、甜瓜等瓜类作物上容易引发药害，切勿在此类作物上使用。

（2）噻呋酰胺对蜜蜂低毒。对鱼类等水生生物有一定毒性，鱼或虾、蟹套养的稻田禁用。

（3）建议与其他作用机制不同的杀菌剂轮换使用，以延缓抗性产生。对于发病较严重的作物，建议混配其他药剂使用，如三唑类药剂中的戊唑醇、己唑醇等，或者使用噻呋酰胺的混剂产品。

甲基硫菌灵（thiophanate-methyl）

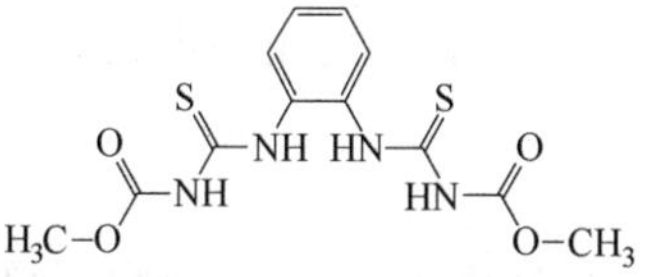

$C_{12}H_{14}N_4O_4S_2$，342.39

其他名称　甲基托布津、浩伦甲托、艾托、安美克、奥力托。

主要剂型　50%、70%、80%可湿性粉剂，40%、50%胶悬剂，10%、56%悬浮剂，70%、80%水分散粒剂，4%膏剂，3%、5%、8%糊剂。

毒性　低毒。

作用机理　甲基硫菌灵主要通过强烈抑制麦角甾醇的生物合成，改变孢子的形态和细胞膜的结构，致使孢子细胞变形、菌丝膨大、分枝畸形，导致直接影响到细胞的渗透性，从而使病菌受抑制或死亡。在作物体内可转化成多菌灵，因此与多菌灵有交互抗性。

应用

（1）单剂应用

① 防治水稻纹枯病。发病初期，每亩用36%甲基硫菌灵悬浮剂140～210毫升，或48.5%甲基硫菌灵悬浮剂100～150毫升，或50%甲基硫菌灵可湿性粉剂140～200克，或50%甲基硫菌灵悬浮剂100～150毫升，或500克/升甲基硫菌灵悬浮剂93～160毫升，或70%甲基硫菌灵可湿性粉剂100～150克，兑水30～50千克均匀喷雾，每隔7～10天喷1次，连喷2～3次，安全间隔期30天，每季最多使用3次。

② 防治水稻稻瘟病。发病初期，或幼穗形成期至孕穗期，每亩用70%甲基硫菌灵水分散粒剂80～140克，兑水30～50千克均匀喷雾，每

隔 7～10 天喷 1 次，安全间隔期 20 天，每季最多使用 3 次。或每亩用 36%甲基硫菌灵悬浮剂 140～210 毫升，或 50%甲基硫菌灵可湿性粉剂 140～200 克，或 50%甲基硫菌灵悬浮剂 100～150 毫升，或 70%甲基硫菌灵可湿性粉剂 100～143 克，兑水 30～50 千克均匀喷雾，每隔 7～14 天喷 1 次，安全间隔期 30 天，每季最多使用 3 次。

③ 防治水稻菌核病。发病初期或幼穗形成期至孕穗期施药，每亩用 70%甲基硫菌灵可湿性粉剂 100～142.8 克，兑水 40～50 千克喷雾，每隔 7～10 天喷 1 次，可连喷 2～3 次。或用 36%甲基硫菌灵可湿性粉剂 800～1500 倍液叶面喷雾，视病害发生情况每隔 10 天左右喷 1 次，可连喷 2～3 次。

（2）复配剂应用

① **甲硫·己唑醇**。由甲基硫菌灵与己唑醇复配的一种广谱低毒复合杀菌剂。防治水稻纹枯病，分蘖期、孕穗期、破口期各喷药 1 次，即可有效控制纹枯病的发生为害，每亩用 30%甲硫·己唑醇悬浮剂 100～120 毫升，兑水 30～45 千克均匀喷雾，安全间隔期 30 天，每季最多使用 2 次。

② **甲硫·三环唑**。由甲基硫菌灵和三环唑复配而成。防治水稻稻瘟病，于稻瘟病发生前或发病初期，每亩用 40%甲硫·三环唑悬浮剂 60～70 毫升，兑水 30～45 千克均匀喷雾，间隔 7～10 天后再施药 1 次，防治水稻叶瘟以病害发生初期（破口抽穗期）施药最佳，穗颈瘟于水稻破口期和齐穗期施药最佳，安全间隔期 30 天，每季最多使用 2 次。

③ **甲·嘧·甲霜灵**。由甲基硫菌灵、嘧菌酯、甲霜灵复配加工而成的悬浮种衣剂，用于种子包衣处理能有效防治水稻恶苗病。种子包衣方法：以包 100 千克种子为例，按 100 千克种子用 12%甲·嘧·甲霜灵悬浮种衣剂 500～1500 克的用药量，用水稀释至 1～2 升，将药浆与种子充分搅拌，直到药液均匀分布到种子表面，晾干后即可。每季最多使用 1 次。

注意事项

（1）甲基硫菌灵不能与含铜和碱性、强酸性农药混用。

（2）甲基硫菌灵连续使用易产生抗药性，应注意与不同类型药剂交替使用。甲基硫菌灵与多菌灵、苯菌灵等都属于苯并咪唑类杀菌剂，因此应注意与其他药剂轮用。

（3）甲基硫菌灵对蜜蜂、鱼类等生物、家蚕有影响。虾、蟹套养稻田禁用。

稻瘟灵（isoprothiolane）

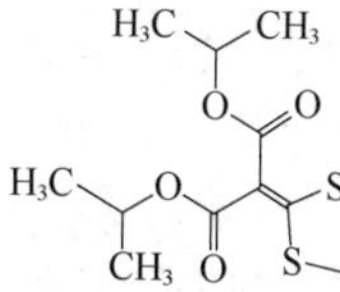

$C_{12}H_{18}O_4S_2$，290.40

其他名称 富士一号、异丙硫环、病控、除瘟好手。

主要剂型 30%、40%可湿性粉剂，30%、40%乳油，18%微乳剂，18%高渗乳油，40%泡腾粒剂，30%、40%展膜油剂。

毒性 低毒。

作用机理 稻瘟灵属含硫杂环类内吸性杀菌剂，具有保护和治疗作用。作用机理是抑制纤维素酶的形成，从而阻止菌丝生长。

应用

（1）单剂应用

① 防治水稻苗瘟。插秧田，在插秧前 5～7 天，苗床用药，每亩用 40%稻瘟灵乳油 66.5～100 毫升，或 40%稻瘟灵可湿性粉剂 66.5～100 克，兑水 50 千克喷雾，用于早稻时安全间隔期 14 天，用于晚稻时安全间隔期 28 天，早稻每季最多使用 3 次，晚稻每季最多使用 2 次。

② 防治水稻叶瘟。在田间出现叶瘟发病中心或急性病斑时，每亩用 40%稻瘟灵乳油 66.5～100 毫升，或 40%稻瘟灵可湿性粉剂 66.5～100 克，或 30%稻瘟灵乳油 100～150 毫升，兑水 30～50 千克均匀喷雾。经常发生地区可在发病前 7～10 天，每亩用 40%稻瘟灵乳油 60～100 毫升，或 40%稻瘟灵可湿性粉剂 60～100 克，兑水 50 千克泼浇，用于早稻时安全间隔期 14 天，用于晚稻时安全间隔期 28 天，早稻每季最多使用 3 次，晚稻每季最多使用 2 次。

③ 防治水稻穗颈瘟。每亩用 40%稻瘟灵乳油 66.5～100 毫升，或 40%稻瘟灵可湿性粉剂 66.5～100 克，兑水 30～50 千克均匀喷雾，在孕穗后期到破口期和齐穗期各喷 1 次，用于早稻时安全间隔期 14 天，用于

晚稻时安全间隔期 28 天，早稻每季最多使用 3 次，晚稻每季最多使用 2 次。

（2）复配剂应用

① **稻瘟灵·嘧菌酯**。由稻瘟灵与嘧菌酯复配。防治水稻稻瘟病，发病前或发病初期，每亩用 48%稻瘟灵·嘧菌酯乳油 70～90 毫升，兑水 30～50 千克均匀喷雾，以达到药液喷到叶面湿润不滴水为宜，间隔 7～10 天施药 1 次，安全间隔期 28 天，每季最多使用 2 次。

② **稻瘟灵·戊唑醇**。由稻瘟灵与戊唑醇复配。防治水稻稻瘟病，发病前或水稻破口期，每亩用 36%稻瘟灵·戊唑醇水乳油 65～75 毫升，兑水 40～50 千克均匀喷雾，或根据当地农业生产实际兑水均匀喷雾，可连续施药 2 次，每隔 7～10 天施 1 次，安全间隔期 28 天，每季最多使用 2 次。

③ **稻灵·异稻**。由稻瘟灵与异稻瘟净复配。防治水稻稻瘟病，水稻始穗期和齐穗期各施药 1 次，每亩用 30%稻灵·异稻乳油 100～150 毫升，兑水 40～60 千克均匀喷雾，安全间隔期 28 天，每季最多使用 2 次。

④ **稻瘟·寡糖**。为稻瘟酰胺与氨基寡糖素复配的预防和治疗双重功效杀菌剂。防治水稻稻瘟病，在水稻孕穗期到抽穗期、稻瘟病发生初期，每亩用 42%稻瘟·寡糖悬浮剂 35～40 毫升，兑水 30～45 千克均匀喷雾，安全间隔期 21 天，每季最多使用 3 次。

⑤ **稻瘟灵·稻瘟酰胺**。由稻瘟酰胺和稻瘟灵复配。防治水稻稻瘟病，发病前或发病初期，每亩用 50%稻瘟灵·稻瘟酰胺乳油 64～80 毫升，兑水 40～50 千克均匀喷雾，每隔 7～10 天 1 次，连喷 2 次，安全间隔期 21 天，每季最多使用 2 次。

⑥ **硫黄·稻瘟灵**。由硫黄与稻瘟灵复配的一种低毒复合杀菌剂。防治水稻稻瘟病，防治叶瘟时，从田间出现中心病株时立即开始喷药，每隔 7～10 天喷 1 次，连喷 1～2 次；防治穗颈瘟时，在破口初期和齐穗初期各喷药 1 次。每亩用 50%硫黄·稻瘟灵可湿性粉剂 90～120 克，兑水 60～75 千克均匀喷雾，安全间隔期 28 天，每季最多使用 2 次。

注意事项

（1）稻瘟灵不可与呈碱性的农药等物质混合使用，以免降低药效。为延缓抗药性，可与其他作用机制不同的杀菌剂轮换使用。

（2）采用泼浇或撒毒土法，药效期虽长，但成本大大增加，一般不宜采用。

（3）稻瘟灵对鱼等水生生物有毒。

咪鲜胺（prochloraz）

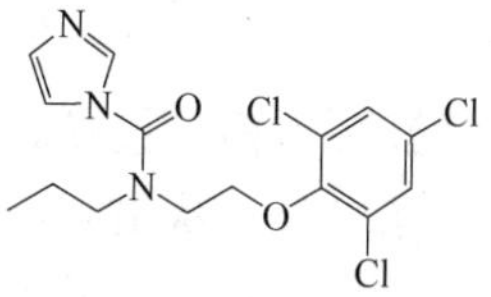

$C_{15}H_{16}Cl_3N_3O_2$，376.67

其他名称 施保克、施保功、丙灭菌、咪鲜安。

主要剂型 25%、250 克/升乳油，10%、25%、450 克/升水乳剂，10%、45%微乳剂，0.5%悬浮种衣剂，0.5%、1.5%水乳种衣剂，0.05%、45%水剂，50%可湿性粉剂，10%、250 克/升、450 克/升、50%悬浮剂，30%微囊悬浮剂，50%可溶液剂。

毒性 低毒。

作用机理 咪鲜胺通过抑制麦角甾醇的生物合成，使菌体细胞膜功能受破坏而起作用，在植物体内有一定的内吸传导作用。通过种子处理进入土壤的药剂，主要降解为易挥发的代谢产物，易被土壤颗粒吸附，不易被雨水冲刷。

应用

（1）单剂应用

① 防治水稻恶苗病

a. 种子包衣 用 1.5%咪鲜胺水乳种衣剂，按 1∶（100～120）（药种比）进行种子包衣，种子包衣要均匀，拌好后要晾干，不宜湿拌堆闷。若直接包衣不匀，可 1 份药剂加 1 份水稀释，调匀后按药种比 1∶（50～60）包衣。包衣处理过的种子播种深度以 2～5 厘米为宜。

b. 浸种 用 10%咪鲜胺水乳剂 1000～2000 倍液，浸种 48 小时，每隔 8 小时用木棒搅动 1 次，浸种在室内常温下进行，避免阳光直射。南方浸种 3 天，北方需浸种 5 天。

② 防治水稻稻瘟病 在水稻“破肚”出穗前和扬花前后，或发病初

期，每亩用 450 克/升咪鲜胺水乳剂 44.4～55.5 克，兑水 30～50 千克均匀喷雾，安全间隔期 14 天，每季最多使用 3 次。

③ 防治水稻稻曲病　水稻孕穗至抽穗期用药，每亩用 45%咪鲜胺水乳剂 30～40 毫升，兑水 30～50 千克均匀喷雾，安全间隔期 7 天，每季最多使用 3 次。

（2）复配剂应用

① **咪鲜·稻瘟灵**。由咪鲜胺与稻瘟灵复配的一种低毒复合杀菌剂。防治水稻稻瘟病，防止叶片受害时，从田间出现发病中心后立即开始喷药，每隔 7～10 天喷 1 次，连喷 1～2 次；防治穗颈瘟时，从破口初期开始喷药，每隔 7～10 天喷 1 次，连喷 2 次。每亩用 32%咪鲜·稻瘟灵水乳剂 70～110 毫升，兑水 30～45 千克均匀喷雾，安全间隔期 28 天，每季最多使用 2 次。

② **咪鲜·甲霜灵**。由咪鲜胺与甲霜灵复配的一种低毒复合杀菌剂，专用于防治种子及土壤传播的真菌性病害。防治水稻苗床的立枯病、恶苗病，播种前，水稻种子用药剂处理（拌种），而后播种。一般用 3.5%咪鲜·甲霜灵粉剂，按照药种比 1：（80～100）的比例拌种，充分拌匀后播种。

③ **咪鲜·三环唑**。由咪鲜胺与三环唑复配的一种低毒复合杀菌剂。防治水稻稻瘟病，防止叶片受害时，从田间出现发病中心后立即开始喷药，每隔 7～10 天喷 1 次，连喷 1～2 次；防治穗颈瘟时，从破口初期开始喷药，每隔 7～10 天喷 1 次，连喷 2 次。每亩用 40%咪鲜·三环唑可湿性粉剂 27～32 克，兑水 30～50 千克均匀喷雾，安全间隔期 28 天，每季最多使用 2 次。

④ **咪鲜·吡虫啉**。由咪鲜胺与吡虫啉复配的一种低毒复合种子处理剂。防治水稻恶苗病、稻蓟马，通过种子包衣进行用药，用 1.3%咪鲜·吡虫啉悬浮种衣剂按照 1：（30～40）的药种比，进行种子处理，待种子均匀包衣后晾干、播种。

⑤ **咪鲜·杀螟丹**。由咪鲜胺与杀螟丹复配的一种低毒或中毒复合种子处理剂。防治水稻干尖线虫病、水稻恶苗病，用 12%咪鲜·杀螟丹可湿性粉剂 300～500 倍液浸种。长江流域及以南地区浸种 1～2 天，黄河流域及以北地区浸种 3～5 天，浸种后捞出，用清水冲洗后催芽、播种，

不同水稻品种对杀螟丹的敏感性不同，在确定浸种时间时应先进行浸种及发芽试验。

⑥ **咪鲜·咯菌腈**。由咪鲜胺与咯菌腈复配的种子包衣剂。防治水稻恶苗病，配制好的药液应在24小时内使用，按100千克种子用5%咪鲜·咯菌腈悬浮种衣剂300～400毫升的量，先用水稀释，将药浆与种子充分搅拌，直到药液均匀分布到种子表面，晾干后即可，每季最多使用1次。

⑦ **咪鲜·乙蒜素**。由咪鲜胺与乙蒜素复配的杀菌剂。防治水稻稻瘟病，发病初期，每亩用35%咪鲜·乙蒜素可溶液剂25～30毫升，兑水30～45千克均匀喷雾，安全间隔期14天，每季最多使用3次。

⑧ **咪鲜胺·噻霉酮**。由咪鲜胺铜盐与噻霉酮复配而成的杀菌剂。防治水稻稻瘟病，在水稻破口初期，稻瘟病发病初期，每亩用36%咪鲜胺·噻霉酮悬浮剂30～50毫升，兑水30～45千克均匀喷雾，视病害发生情况间隔7～10天进行第二次施药，注意喷雾均匀周到，安全间隔期28天，每季最多使用2次。如果遇阴雨天，结露时间长，病情发展快，可以酌情缩短用药间隔期。

⑨ **咪·霜·噁霉灵**。由咪鲜胺、甲霜灵、噁霉灵三元复配。防治水稻恶苗病、立枯病，按100千克种子用3%咪·霜·噁霉灵悬浮种衣剂2330～3330毫升的量，使用前将种衣剂充分摇匀，按药：种：水=1：（30～40）：（0.5～1）的比例进行称量（将一瓶种衣剂与半瓶至一瓶水充分混匀）后包衣。既可机械包衣亦可人工包衣。包衣后的种子应阴干2～3天后进行浸种、催芽。为专用制剂，只能用于良种拌种，严禁喷雾。

⑩ **咪鲜·己唑醇**。由咪鲜胺锰盐与己唑醇复配的一种低毒复合杀菌剂。防治水稻纹枯病，在分蘖中后期至齐穗期，从病害发生初期或田间出现中心病株后立即开始喷药，每隔7～10天喷1次，连喷2次左右。每亩用20%咪鲜·己唑醇可湿性粉剂20～40克，兑水30～45千克均匀喷雾，安全间隔期21天，每季最多使用2次。

防治水稻稻瘟病，发病前或发病初期，每亩用20%咪鲜·己唑醇可湿性粉剂40～50克，兑水30～45千克均匀喷雾，安全间隔期21天，每季最多使用2次。

⑪ **咪鲜·多菌灵**。由咪鲜胺与多菌灵复配。防治水稻稻瘟病，发病初期，每亩用25%咪鲜·多菌灵可湿性粉剂60～70克，兑水30～45千

克均匀喷雾，连续用药2次，安全间隔期21天，每季最多使用2次。

防治水稻恶苗病，按100千克种子用6%咪鲜·多菌灵悬浮种衣剂2000～2500毫升的药种比例，计算好种子量和用药量，开瓶后立即进行种子包衣，机械包衣或人工包衣，包衣后的种子应阴干2～3天后进行浸种、催芽。使用前将药液摇匀。1∶1兑水稀释后进行包衣或拌种。

⑫ **咪锰·多菌灵**。由咪鲜胺锰盐与多菌灵复配的一种低毒复合杀菌剂。防治水稻恶苗病，播种前用50%咪锰·多菌灵可湿性粉剂2000～3000倍液浸种，北方浸种5～7天，每天搅动1～2次，一浸到底，不清洗，直接催芽播种。

防治水稻稻瘟病，发病初期，每亩用25%咪锰·多菌灵可湿性粉剂60～70克，兑水30～45千克均匀喷雾，连续用药2次，安全间隔期21天，每季最多使用2次。

⑬ **咪锰·嘧苷素**。由咪鲜胺锰盐与嘧啶核苷类抗菌素复配而成的广谱杀菌剂。防治水稻纹枯病、稻曲病和稻瘟病等多种作物病害，每亩用38%咪锰·嘧苷素可湿性粉剂50～60克，兑水50千克均匀喷雾，间隔7～10天用药1次，可连续施药2～3次。防治水稻纹枯病，掌握在发病初期或病情上升期用药；防治水稻稻曲病，在破口前5～7天开始用药；防治水稻稻瘟病，在叶瘟发病初期开始用药，始穗期第二次用药，齐穗期第三次用药，安全间隔期21天，每季最多使用3次。

⑭ **咪锰·三环唑**。由咪鲜胺锰盐与三环唑复配的一种低毒复合杀菌剂。防治水稻稻瘟病，防止叶片受害时，从田间出现发病中心后立即开始喷药，每隔7～10天喷1次，连喷1～2次；防治穗颈瘟时，从破口初期开始喷药，每隔7～10天喷1次，连喷2次。每亩用40%咪锰·三环唑可湿性粉剂27～32克，兑水30～50千克均匀喷雾，安全间隔期28天，每季最多使用2次。

⑮ **丙环·咪鲜胺**。由丙环唑与咪鲜胺复配而成的低毒广谱复合杀菌剂。防治水稻稻曲病、稻瘟病、纹枯病，在水稻破口期、齐穗期及齐穗后施药，一般连续施药2次，施药间隔期为7～10天，每亩用36%丙环·咪鲜胺悬浮剂40～50毫升，兑水45～60千克均匀喷雾，安全间隔期21天，每季最多使用2次。

注意事项

（1）咪鲜胺可与多种农药混用，但不宜与强酸、强碱性农药混用。建议将咪鲜胺与其他作用机制不同的杀菌剂轮换使用，以延缓抗性产生。

（2）部分地区的恶苗病菌对咪鲜胺产生了较强的抗性，在这些地区不能只用咪鲜胺处理种子防治恶苗病，应换用或加用氰烯菌酯、咯菌腈、乙蒜素、戊唑醇等药。

（3）咪鲜胺对蜜蜂、鱼类及其他水生生物及家蚕有毒。

井冈霉素（jinggangmycin）

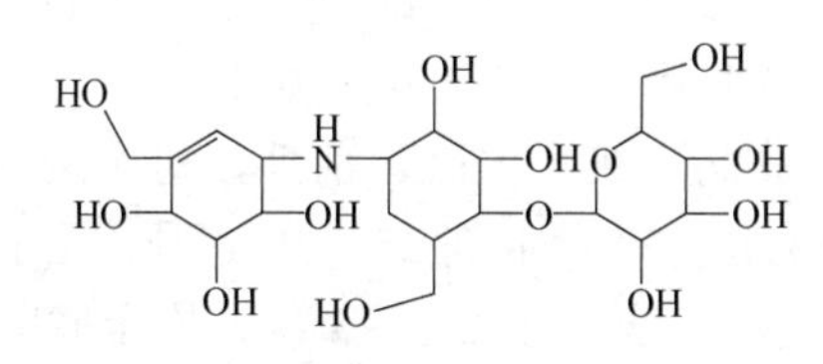

$C_{20}H_{35}NO_{13}$，497.49

其他名称 有效霉素、病毒光、百艳、贝博、春雷米尔。

主要剂型 3%、5%、30%水剂，2%、3%、17%、20%、28%可溶粉剂，0.33%粉剂。

毒性 低毒。

作用机理 井冈霉素是由吸水链霉菌井冈变种产生的水溶性抗生素——葡萄糖苷类化合物，共有6个组分。其主要活性物质为井冈霉素A，其次是井冈霉素B。是具有内吸性的农用抗菌素，具有保护、治疗作用。当水稻纹枯病菌的菌丝接触到井冈霉素后，后者很快被菌体细胞吸收并在菌体内传导，干扰和抑制菌体细胞正常生长和发育，使菌丝体顶端产生异常分支，进而使其停止生长并导致其死亡。

应用

（1）单剂应用

① 防治水稻纹枯病

a. 喷雾或泼浇　发病前或发病初期（一般在分蘖中后期）开始施药，或从害率达20%左右开始施药，每亩用2.4%井冈霉素水剂417～521毫升，或4%井冈霉素水剂125～187.5毫升，或5%井冈霉素可溶粉剂100～

150 克，或 10%井冈霉素水溶粉剂 50～75 克，或 20%井冈霉素水溶粉剂 25～37.5 克，兑水 30～50 千克喷雾，或兑水 400 千克泼浇，泼浇时要保持稻田水深 3～6 厘米，安全间隔期 14 天，每季最多使用 2 次。

b. 喷雾　每亩用 2.4%井冈霉素可溶粉剂 333～416 克，或 3%井冈霉素水剂 333.3～416.7 毫升，或 3%井冈霉素可溶粉剂 333～417 克，或 4%井冈霉素水溶粉剂 250～312.5 克，或 5%井冈霉素水剂 200～250 毫升，或 8%井冈霉素水剂 100～125 毫升，或 8%井冈霉素可溶粉剂 125～156 克，或 10%井冈霉素水剂 100～125 毫升，或 10%井冈霉素可溶粉剂 100～125 克，或 20%井冈霉素可溶粉剂 50～63 克，兑水 30～50 千克均匀喷雾，施药时，应使植株叶鞘至茎部均匀，施药时应保持稻田水深 3～6 厘米，安全间隔期 14 天，每季最多使用 2 次。

② 防治水稻稻曲病　在水稻破口前期，每亩用 13%井冈霉素水剂 35～50 毫升，或 24%井冈霉素水剂 25～30 毫升，兑水 30～50 千克均匀喷雾，每隔 7～10 天喷 1 次，连喷 2～3 次，安全间隔期 14 天，每季最多使用 3 次。

（2）复配剂应用

① **井冈·苯醚甲**。由井冈霉素与苯醚甲环唑复配的一种内吸治疗性低毒复合杀菌剂。防治水稻稻曲病、水稻纹枯病，在水稻纹枯病发病初期（稻棵分蘖盛期封行后）施药，之后隔 10 天用 1 次药，用药时兑水量要足，喷湿稻株茎基部，保持稻田有水；防治稻曲病在水稻孕穗期开始施药防治，视病情间隔 7～10 天可连续施药 2 次。一般每亩用 12%井冈·苯醚甲可湿性粉剂 30～40 克，兑水 30～45 千克均匀喷雾，安全间隔期 21 天，每季最多使用 2 次。

② **井冈·多菌灵**。由井冈霉素与多菌灵复配的一种低毒复合杀菌剂。防治水稻稻瘟病，苗床期至孕穗期，田间出现叶片稻瘟病（叶瘟）中心病株时，立即喷药，可防治稻瘟病为害叶片，兼防纹枯病，破口期至齐穗期是喷药防治穗颈瘟的关键期，需喷药 1～2 次，兼防纹枯病。每亩用 12%井冈·多菌灵可湿性粉剂 233～292 克，兑水 30 千克均匀喷雾，安全间隔期 30 天，每季最多使用 2 次。施药时应保持稻田水深 3～6 厘米。

防治水稻纹枯病，分蘖期至齐穗期是喷药防治纹枯病的关键期，每亩用 20%井冈·多菌灵可湿性粉剂 20～30 克，兑水 45～60 千克均匀喷雾，安全间隔期 30 天，每季最多使用 2 次。施药时应保持稻田水深 3～6 厘米。

③ **井冈·己唑醇**。由井冈霉素与己唑醇复配的一种低毒复合杀菌剂。防治水稻纹枯病，分蘖期至齐穗期是喷药防治的关键时期，一般需喷药 2～3 次，药液应喷洒到植株中下部，每亩用 3.5%井冈·己唑醇微乳剂 60～70 毫升，兑水 50～75 千克均匀喷雾，一般间隔 10 天施药 1 次，可连续用药 2 次，喷药时要“面面俱到”，防止漏喷，安全间隔期 21 天，每季最多使用 2 次。

④ **井冈·枯芽菌**。由井冈霉素与枯草芽孢杆菌复配的一种低毒复合杀菌剂。防治水稻稻曲病、纹枯病，水稻大破口前 5～7 天防治，每隔 7 天左右喷 1 次，连喷 2 次左右，每亩用 6%井冈霉素·240 亿个/克枯草芽孢杆菌可湿性粉剂 100～120 克，兑水 40～50 千克均匀喷雾。施药后保持田间水层 3～6 厘米。

⑤ **井冈·蜡芽菌**。由井冈霉素与蜡质芽孢杆菌复配的一种微生物源低毒复合杀菌剂。防治水稻纹枯病，水稻分蘖中后期至抽穗期是喷药关键期，需用药 2～3 次，每亩用 10%蜡质芽孢杆菌·2%井冈霉素水剂 200～250 毫升，兑水 30～60 千克均匀喷雾，安全间隔期 14 天，每季最多使用 2 次。施药时应保持田间水深 3～6 厘米。

防治水稻稻曲病，破口前 5 天左右至齐穗初期是关键期，7 天喷 1 次，连喷 2～3 次。每亩用 5%蜡质芽孢杆菌·10%井冈霉素可溶粉剂 40～60 克，兑水 50 千克均匀喷雾，安全间隔期 14 天，每季最多使用 2 次。

⑥ **井冈·硫酸铜**。由井冈霉素与硫酸铜复配的一种低毒复合杀菌剂。防治水稻纹枯病，分蘖中后期至抽穗期是药剂防治的关键期，在此期内出现中心病株时立即开始喷药，每隔 7～10 天喷 1 次，连喷 2 次左右。一般每亩用 4.5%井冈·硫酸铜水剂 87～117 毫升，兑水 30～45 千克均匀喷雾，一定要将药液喷洒到植株中下部，安全间隔期 14 天，每季最多使用 2 次。

防治水稻稻曲病，掌握在破口期前 5～7 天开始用药，每亩用 4.5%井冈·硫酸铜水剂 100～115 毫升，兑水 30～45 千克均匀喷雾，间隔 7～10 天用药 1 次，可连续施药 2～3 次，安全间隔期 14 天，每季最多使用 2 次。

⑦ **井冈·咪鲜胺**。由井冈霉素与咪鲜胺复配而成的一种低毒复合杀菌剂。防治水稻纹枯病，在分蘖中后期至抽穗期内，从出现中心病株时立即开始喷药，每亩用20%井冈·咪鲜胺可湿性粉剂40～60克，兑水30～45千克均匀喷雾，每隔7～10天喷1次，连喷2次左右，注意将药液喷洒到植株中下部，安全间隔期30天，每季最多使用2次。

⑧ **井冈·嘧苷素**。由井冈霉素与嘧啶核苷类抗菌素复配的一种低毒复合杀菌剂。防治水稻纹枯病，在水稻分蘖中期至破口期内，从田间出现中心病株时开始喷药，每亩用3%井冈·嘧苷素水剂200～250毫升，兑水30～45千克均匀喷雾，每隔7～10天喷1次，连喷2次左右，安全间隔期14天，每季最多使用2次。注意将药液喷洒到植株中下部，施药后保持田间水层3～6厘米。

防治水稻稻曲病，从破口前5天左右开始喷药，至齐穗初期，每亩用3%井冈·嘧苷素水剂400～500毫升，兑水30～45千克均匀喷雾，每隔7～10天喷1次，连喷2次左右，安全间隔期14天，每季最多使用2次。施药后保持田间水层3～6厘米。

⑨ **井冈·三环唑**。由井冈霉素与三环唑复配的一种复合杀菌剂。可防治水稻纹枯病和稻瘟病，防治水稻纹枯病，在水稻分蘖中期至破口期内，从田间出现中心病株时立即开始喷药，防治水稻稻瘟病，从出现中心病株时立即开始喷药，每隔7～10天喷1次，连喷2次左右。每亩用20%井冈·三环唑悬浮剂100～150毫升，兑水30～45千克均匀喷雾，安全间隔期20天，每季最多使用2次。施药时应保持田间水深3～6厘米。

防治水稻稻曲病，从破口前5～7天开始喷药，至齐穗初期，每隔7～10天喷1次，连喷2～3次，每亩用16%井冈·三环唑可湿性粉剂150～200克，兑水50千克均匀喷雾，安全间隔期28天，每季最多使用3次。

⑩ **井冈·三唑酮**。由井冈霉素与三唑酮复配而成的一种低毒复合杀菌剂。可防治水稻纹枯病和稻曲病，防治水稻纹枯病，在分蘖中期至齐穗初期内，田间出现发病中心后立即开始喷药，防治水稻稻曲病，从破口前5天左右开始喷药，到齐穗初期，每亩用15.5%井冈·三唑酮可湿性粉剂100～120克，兑水40千克均匀喷雾，每隔7～10天喷1次，连喷2次左右，注意将药液喷洒到植株中下部，安全间隔期21天，每季最多使用2次。

⑪ **井冈·烯唑醇**。由井冈霉素与烯唑醇复配的一种低毒复合杀菌剂。防治水稻稻曲病，从破口前 5 天左右开始喷药，到齐穗初期，每隔 7～10 天喷 1 次，连喷 2～3 次；每亩用 12%井冈·烯唑醇可湿性粉剂 45～75 克，兑水 50～70 千克均匀喷雾，安全间隔期 14 天，每季最多使用 2 次。或每亩用 20%井冈·烯唑醇可湿性粉剂 75～90 克，兑水 50～70 千克均匀喷雾，安全间隔期 21 天，每季最多使用 2 次。

防治水稻纹枯病、稻瘟病，在分蘖中期至齐穗初期内，从田间出现中心病株后立即开始喷药，每亩用 20%井冈·烯唑醇可湿性粉剂 75～90 克，兑水 50～70 千克均匀喷雾，每隔 7～10 天喷 1 次，连喷 2 次左右，注意将药液喷洒到植株中下部，安全间隔期 21 天，每季最多使用 2 次。

⑫ **井·酮·三环唑**。由井冈霉素与三唑酮、三环唑复配的一种低毒复合杀菌剂。可防治水稻纹枯病、稻瘟病、稻曲病。防治水稻纹枯病时，从田间出现发病中心后立即开始喷药，防治苗瘟、叶瘟时，从田间出现发病中心后立即开始喷药，防治穗颈瘟时，从破口初期开始喷药，每亩用 16%井·酮·三环唑可湿性粉剂 125～175 克，兑水 50 千克均匀喷雾，每隔 7 天左右喷 1 次，连喷 2 次左右，安全间隔期 28 天，每季最多使用 3 次。

防治稻曲病时，从破口前 5～7 天开始喷药，每亩用 16%井酮·三环唑可湿性粉剂 150～200 克，兑水 50 千克均匀喷雾，每隔 7～10 天喷 1 次，连喷 2～3 次，安全间隔期 28 天，每季最多使用 3 次。

⑬ **井·烯·三环唑**。由井冈霉素与烯唑醇、三环唑复配的一种低毒复合杀菌剂。防治水稻纹枯病时，从田间出现发病中心后立即开始喷药，每隔 7 天左右喷 1 次，连喷 2 次左右。防治水稻稻曲病时，从破口前 5～7 天开始喷药，每隔 7～10 天喷 1 次，连喷 2～3 次。防治苗瘟、叶瘟时，从田间出现发病中心后立即开始喷药，每隔 7 天左右喷 1 次，连喷 1～2 次；防治穗颈瘟时，从破口期开始喷药，每隔 7～10 天喷 1 次，连喷 2～3 次。每亩用 20%井·烯·三环唑可湿性粉剂 75～90 克，兑水 30～45 千克均匀喷雾，安全间隔期 21 天，每季最多使用 2 次。

⑭ **井·唑·多菌灵**。由井冈霉素与三环唑、多菌灵复配的一种广谱中毒复合杀菌剂。可防治水稻纹枯病、水稻稻瘟病。防治水稻纹枯病，从田间出现发病中心后立即开始喷药，防治苗瘟、叶瘟时，从田间出现发

病中心后立即开始喷药，防治穗颈瘟时，从破口初期开始喷药，每亩用20%井·唑·多菌灵可湿性粉剂100～125克，兑水45～50千克均匀喷雾，每隔7天左右喷1次，连喷1～2次，安全间隔期35天，每季最多使用2次。

⑮ **井冈·吡虫啉**。由井冈霉素与吡虫啉复配的一种低毒复合杀菌、杀虫剂。可防治水稻纹枯病，兼防稻飞虱，于水稻纹枯病发病初期，稻飞虱低龄若虫发生高峰期，每亩用10%井冈·吡虫啉可湿性粉剂60～70克，兑水30～45千克均匀喷雾，视病虫害发生情况隔10天左右再施药1次，安全间隔期14天，每季最多使用2次。

⑯ **井冈·噻嗪酮**。由井冈霉素与噻嗪酮复配的一种低毒复合杀菌、杀虫剂。可防治水稻纹枯病，兼防稻飞虱，于水稻纹枯病发病初期，稻飞虱低龄若虫发生高峰期，每亩用20%井冈·噻嗪酮可湿性粉剂35～42克，兑水50～60千克，对准水稻基部喷雾施药，在水稻上可连续用药2次，安全间隔期14天，每季最多使用2次。

⑰ **井冈·杀虫单**。由井冈霉素与杀虫单复配的一种中毒复合杀菌、杀虫剂。可防治水稻纹枯病，兼防稻纵卷叶螟、二化螟等。于水稻纹枯病、稻纵卷叶螟发生初期，每亩用32%井冈·杀虫单可湿性粉剂150～200克，兑水50～60千克均匀喷雾，间隔7天左右，连续喷施1～2次，安全间隔期20天，每季最多使用2次。

防治水稻二化螟，在螟卵孵化始盛期，每亩用40%井冈·杀虫单可溶粉剂120～140克，兑水50～60千克均匀喷雾，安全间隔期21天，每季最多使用2次。

⑱ **井冈·杀虫双**。由井冈霉素与杀虫双复配的一种中毒复合杀菌、杀虫剂。防治水稻的纹枯病、稻纵卷叶螟、二化螟、稻螟蛉，同时具有很好的防治效果，从病害或害虫发生初期开始喷药，每亩用22%井冈·杀虫双水剂250～300毫升，兑水50～60千克均匀喷雾，每隔7～10天喷1次，连喷2～3次，注意将药液喷洒到植株中下部，安全间隔期15天，每季最多使用2次。

⑲ **井·噻·杀虫单**。由井冈霉素与噻嗪酮、杀虫单复配的一种中毒复合杀菌、杀虫剂。防治水稻纹枯病，从田间出现纹枯病发病中心时，每亩用45%井·噻·杀虫单可湿性粉剂100～110克，兑水50～60千克均匀

喷雾，安全间隔期20天，每季最多使用2次。施药时应保持稻田水深3～6厘米。

防治水稻稻飞虱、二化螟，发生初期，每亩用45%井·噻·杀虫单可湿性粉剂90～110克，兑水30～45千克均匀喷雾，安全间隔期20天，每季最多使用2次。施药时应保持稻田水深3～6厘米。

防治水稻稻纵卷叶螟，每亩用21%井·噻·杀虫单可湿性粉剂250～300克，兑水30～45千克均匀喷雾，安全间隔期21天，每季最多使用2次。施药时应保持稻田水深3～6厘米。

⑳ **井冈霉素·乙蒜素**。由井冈霉素A与乙蒜素复配的杀菌剂。防治水稻纹枯病，发病前或发病初期施药，每亩用24%井冈霉素·乙蒜素微乳剂66.67～100毫升，兑水30～60千克均匀喷雾，每隔7～10天喷1次，可施药2次，均匀喷施在植株中下部，或根据当地农业生产实际兑水均匀喷雾。病情严重时，应选用批准登记的高剂量进行防治。水稻田施药前和施药后应保持稻田水深5～7厘米，保水3～5天，安全间隔期14天。

㉑ **井冈·蛇床素**。由井冈霉素A与蛇床子素复配。防治水稻纹枯病，发病初期（稻棵分蘖盛期封行后）施药，每亩用6%井冈·蛇床素可湿性粉剂50～60克，兑水30～45千克均匀喷雾，之后隔10天用一次药，安全间隔期14天，每季最多使用2次。用药时兑水量要足，喷湿稻株茎基部，并保持稻田有水。

㉒ **井冈·香菇糖**。由井冈霉素与香菇多糖复配。防治水稻纹枯病，发病前或发病早期开始施药，直到乳熟期前预防效果更佳。每亩用2.75%井冈·香菇糖水剂25～50毫升，兑水30～45千克均匀喷雾，视病害发生情况，可多次使用，每隔10天左右施药1次，可连续用药2～3次，安全间隔期15天，每季最多使用3次。

㉓ **井冈·低聚糖**。由井冈霉素A和低聚糖素复配加工而成的杀菌剂。防治水稻纹枯病、稻曲病，在发病前或发病初期，每亩用13%井冈·低聚糖悬浮剂40～45毫升，兑水30～45千克均匀喷雾，视病情和天气发展情况，间隔7～10天可再施药1次，安全间隔期30天，每季最多使用2次。

㉔ **井冈·羟烯腺**。由井冈霉素和植物生长调节剂羟烯腺嘌呤复配而成。防治水稻纹枯病，发生前或发生初期，每亩用16%井冈·羟烯腺可

溶粉剂 25～46.88 克，兑水 30～45 千克均匀喷雾，安全间隔期 14 天，每季最多使用 2 次。施药时应保持稻田水深 3～6 厘米。

㉕ **井冈·多黏菌**。由井冈霉素 A 与多黏类芽孢杆菌复配。防治水稻纹枯病，在发病初期或病情上升期，每亩 10%井冈霉素 A·1 亿 CFU/克多黏类芽孢杆菌可湿性粉剂 40～60 克，兑水 30～60 千克均匀喷雾，间隔 7～10 天用药 1 次，可连续施药 2 次，安全间隔期 14 天。施药后保持田间水层 3～6 厘米。

㉖ **井冈·戊唑醇**。由井冈霉素与戊唑醇复配而成。防治水稻稻曲病、纹枯病、稻瘟病，在孕穗末期或破口初期第一次喷药，隔 7～10 天喷第二次，每亩用 15%井冈·戊唑醇可湿性粉剂 72～88 毫升，兑水 30～60 千克均匀喷雾，安全间隔期 20 天，每季最多使用 2 次。

㉗ **井冈·嘧菌酯**。由井冈霉素 A 与嘧菌酯复配。可防治水稻纹枯病、稻瘟病、稻曲病。防治水稻纹枯病，于水稻破口期和齐穗期各施药一次，防治稻叶瘟病时在初见病斑时用药，防治穗颈瘟和稻瘟在水稻破口期用药，每亩用 33.6%井冈·嘧菌酯悬浮剂 12～16 毫升，兑水 45～50 千克均匀喷雾，安全间隔期 28 天，每季最多使用 2 次。施药后保持稻田水深 3～6 厘米。

防治水稻稻曲病，在水稻破口期前 5～7 天开始使用，每亩用 28%井冈·嘧菌酯悬浮剂 20～30 毫升，兑水 45～50 千克均匀喷雾，安全间隔期 28 天，每季最多使用 3 次。施药后保持田间水层 3～6 厘米。

㉘ **井冈·噻呋**。由井冈霉素 A 与噻呋酰胺复配的广谱、复合杀菌剂。防治水稻纹枯病，发病初期，每亩用 24%井冈·噻呋可湿性粉剂 20～25 克，兑水 30～45 千克均匀喷雾，安全间隔期 14 天，每季最多使用 2 次。施药时田间要有水药层 3～5 厘米，药后并保水 3～5 天。

防治水稻稻曲病，在水稻破口期前 5～7 天开始用药，每亩用 16%井冈·噻呋悬浮剂 30～40 毫升，兑水 50 千克均匀喷雾，安全间隔期 21 天，每季最多使用 1 次。施药后保持田间水层 3～6 厘米。

㉙ **井冈·丙环唑**。由井冈霉素与丙环唑复配。防治水稻纹枯病和稻曲病。防治水稻纹枯病，在纹枯病发病前至齐穗期用药，每亩用 24%井冈·丙环唑可湿性粉剂 30～45 克，兑水 30～50 千克均匀喷雾，安全间隔期 28 天，每季最多使用 3 次。或每亩用 10%井冈·丙环唑微乳剂 20～40

毫升，兑水 30～50 千克均匀喷雾，每隔 7～10 天喷 1 次，发病盛期使用本登记核准剂量的高限用药量，安全间隔期 40 天，每季最多使用 2 次。

防治水稻稻曲病，在水稻破口前 1 周用药，每亩用 10%井冈·丙环唑微乳剂 20～40 毫升，兑水 30～50 千克均匀喷雾，每隔 7～10 天喷 1 次，发病盛期使用本登记核准剂量的高限用药量，安全间隔期 40 天，每季最多使用 2 次。

防治水稻稻瘟病，在发病初期，在水稻破口期和齐穗期各喷施一次，每亩用 24%井冈·丙环唑可湿性粉剂 30～45 克，兑水 30～50 千克均匀喷雾，安全间隔期 28 天，每季最多使用 3 次。

㉚ **井冈·氟环唑**。由井冈霉素和氟环唑复配而成。防治水稻纹枯病、稻曲病，发病初期，每亩用 14%井冈·氟环唑悬浮剂 20～40 毫升，兑水 30～45 千克均匀喷雾，安全间隔期 21 天，每季最多使用 2 次。

㉛ **井冈·腐植酸**。由井冈霉素 A 与腐植酸复配。防治水稻纹枯病，病害率达 20%左右即开始第一次用药，每亩用 5%井冈·腐植酸水剂 200～250 毫升，兑水 30～45 千克喷雾，安全间隔期 14 天，每季最多使用 3 次。施药后保持田间水层 3～6 厘米。

注意事项

（1）井冈霉素不要与碱性农药等物质混用或接连使用，水稻施药后，保持田间水层 3～6 厘米。

（2）井冈霉素对鱼类有毒。

春雷霉素（kasugamycin）

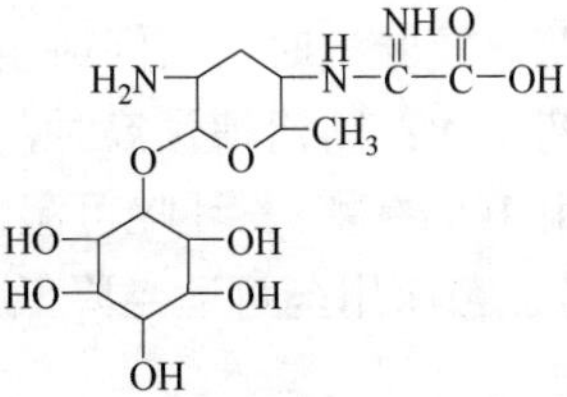

$C_{14}H_{25}N_3O_9$，379.36

其他名称　春日霉素、加瑞农、旺野、雷爽。

- **主要剂型** 2%液剂，2%可溶液剂，2%水剂，2%、10%可湿性粉剂。
- **毒性** 低毒。
- **作用机理** 春雷霉素有效成分是小金色链霉菌的代谢产物，属内吸性抗生素，兼有治疗和预防作用。杀菌机理是通过干扰病菌体内氨基酸代谢的酯酶系统，从而影响蛋白质的合成，抑制菌丝伸长和造成细胞颗粒化，最终导致病原体死亡或受到抑制，但对孢子萌发无影响。
- **应用**

（1）单剂应用 防治水稻稻瘟病，对苗瘟和叶瘟，在始见病斑时施药，对穗颈瘟，在水稻破口期和齐穗期各施药 1 次，每亩用 2%春雷霉素水剂 80～100 毫升，或 2%春雷霉素可湿性粉剂 80～100 克，或 4%春雷霉素水剂 63～70 毫升，或 4%春雷霉素可湿性粉剂 50～62.5 克，或 4%春雷霉素可溶液剂 40～50 毫升，或 6%春雷霉素可湿性粉剂 40～50 克，或 6%春雷霉素水剂 33～40 毫升，或 6%春雷霉素可溶液剂 30～50 毫升，或 10%春雷霉素可湿性粉剂 23～27 克，或 20%春雷霉素水分散粒剂 13～16 克，兑水 30～45 千克均匀喷雾，安全间隔期 21 天，每季最多使用 3 次。

（2）复配剂应用

① **春雷·稻瘟灵**。由春雷霉素与稻瘟灵混合的一种低毒复合杀菌剂。防治水稻稻瘟病，防治叶瘟时，田间出现发病中心，或出现急性型病斑时立即喷药 1 次；防治穗颈瘟时，在破口初期和齐穗初期各喷药 1 次。一般每亩用 32%春雷·稻瘟灵可湿性粉剂 50～80 克，兑水 30～45 千克均匀喷雾，安全间隔期 28 天，每季最多使用 2 次。

② **春雷·三环唑**。由春雷霉素与三环唑复配的一种低毒复合杀菌剂。防治水稻稻瘟病，防治苗瘟及叶瘟时，田间或苗床出现发病中心，或出现急性型病斑时立即喷药 1 次；防治穗颈瘟时，在破口初期和齐穗初期各喷药 1 次。一般每亩用 10%春雷·三环唑可湿性粉剂 120～130 克，兑水 30～45 千克均匀喷雾，苗床用药可适当降低用药量，安全间隔期 21 天，每季最多使用 2 次。

③ **春雷·井冈**。由春雷霉素与井冈霉素复配而成。防治水稻稻瘟病，每亩用 7%春雷·井冈水剂 90～100 毫升，兑水 30～45 千克均匀喷雾，视病情发展连续施药 2 次，安全间隔期 21 天，每季最多使用 2 次。

④ **春雷·寡糖素**。由春雷霉素与氨基寡糖素复配。防治水稻稻瘟病，防治叶瘟，发病初期喷雾，喷后7天视病情发展情况酌情再喷1次；防治穗颈瘟，在水稻破口期和齐穗期各喷1次，每亩用10%春雷·寡糖素可溶液剂26～34毫升，兑水45～60千克均匀喷雾，施药间隔5～7天1次，安全间隔期21天，每季最多使用3次。

⑤ **春雷·硫黄**。由春雷霉素与硫黄复配而成。防治水稻稻瘟病，发病初期，特别是急性病斑出现的时候，每亩用50.5%春雷·硫黄可湿性粉剂140～160克，兑水30～45千克均匀喷雾，每次用药量要足，喷洒均匀。秧苗4～5叶期和移栽前各喷药1次，防治大田叶瘟着重保护分蘖盛期和分蘖末期，一般间隔6～7天喷药一次，连续喷2～3次。安全间隔期21天，每季最多使用3次。

⑥ **春雷霉素·噻呋酰胺**。由春雷霉素与噻呋酰胺复配。防治水稻纹枯病，发病前或发生初期，每亩用10%春雷霉素·噻呋酰胺悬浮剂40～50毫升，兑水30～60千克均匀喷雾，间隔7天再喷1次，可连喷2次，安全间隔期28天，每季最多使用2次。

⑦ **春雷·戊唑醇**。春雷霉素与戊唑醇的复配药剂。防治水稻纹枯病，发病前或发病初期进行施药，每亩用20%春雷·戊唑醇可湿性粉剂30～40克，兑水30～50千克均匀喷雾，安全间隔期21天，每季最多使用2次。

⑧ **春雷霉素·稻瘟酰胺**。春雷霉素与稻瘟酰胺的复配药剂。防治水稻稻瘟病，在水稻破口前3～5天或初见病斑时第一次施药，间隔7～10天，齐穗期再施药1次，每亩用16%春雷霉素·稻瘟酰胺悬浮剂60～100毫升，兑水30～60千克均匀喷雾，或根据当地农业生产实际兑水均匀喷雾，安全间隔期21天，每季最多使用2次。

⑨ **春雷·己唑醇**。由春雷霉素与己唑醇复配。防治水稻纹枯病，发病初期或尚未发病时开始施药，每亩用15%春雷·己唑醇悬浮剂40～50毫升，兑水30～45千克均匀喷雾，安全间隔期21天，每季最多使用2次。

⑩ **春雷霉素·嘧菌酯**。由春雷霉素与嘧菌酯复配。防治水稻稻瘟病，发病前或发病初期，每亩用35%春雷霉素·嘧菌酯水分散粒剂27～53克，兑水30～45千克均匀喷雾，间隔7～10天补喷1次，安全间隔期28天，每季最多使用2次。

⑪ **春雷·溴菌腈**。由春雷霉素与溴菌腈复配而成的杀菌剂。防治水稻稻瘟病，防治水稻穗颈瘟在水稻破口前开始施药，防治水稻叶瘟病在病害发生初期施药，每亩用32%春雷·溴菌腈可湿性粉剂12～15克，兑水30～45千克均匀喷雾，连续施药2次，间隔7～10天，安全间隔期21天，每季最多使用2次。

⑫ **春雷·噻唑锌**。由春雷霉素和噻唑锌复配的杀菌剂。防治水稻稻瘟病，防治水稻叶瘟，于病害发生前或发生初期使用，喷后10天左右视病情发展情况酌情再喷1次，防治穗颈瘟在水稻破口期和齐穗期各喷1次，每亩用40%春雷·噻唑锌悬浮剂40～50毫升，兑水45～60千克均匀喷雾，安全间隔期21天，每季最多使用3次。

⑬ **春雷·氯尿**。由春雷霉素与氯溴异氰尿酸复配而成的杀菌剂。防治水稻稻瘟病，发病初期施药，每亩用22%春雷·氯尿可湿性粉剂70～90克，兑水30～45千克均匀喷雾，每季最多施药3次，间隔7～10天，全株叶片均匀喷雾，喷液时以药液均匀喷湿叶片正反面、药液欲滴未滴为度，安全间隔期21天。

注意事项

（1）春雷霉素可以与多种农药混用，可与多菌灵、代森锰锌、百菌清等药剂混用，但应先小面积试验，再大面积推广应用。不能与强碱性农药及含铜制剂混用。

（2）药液应现配现用，一次用完，以防霉菌污染变质失效。不宜长期单一使用春雷霉素。连续使用春雷霉素时可能产生抗药性，为防止此现象发生，最好和其他作用机制不同的杀菌剂交替使用。

（3）远离水产养殖区、河塘等水体施药。虾套养稻田禁用。

戊唑醇（tebuconazole）

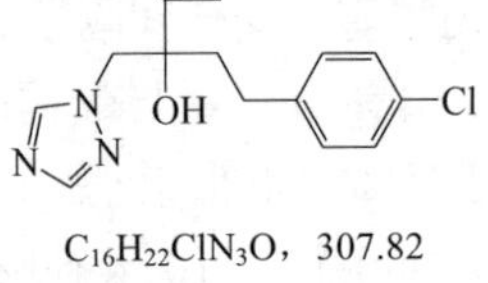

$C_{16}H_{22}ClN_3O$，307.82

其他名称 好力克、爱诺铁克、爱普、千雄关、强盛、盛秀。

◉ **主要剂型** 3%、43%、430 克/升、45%、50%悬浮剂，1.5%、250 克/升、430 克/升水乳剂，25%、250 克/升乳油，12.5%、80%可湿性粉剂，30%、80%、85%水分散粒剂，0.2%、80 克/升悬浮种衣剂，0.2%、6%种子处理悬浮剂，6%、12.5%微乳剂，2%干拌种剂，2%湿拌种剂，2%种子处理可分散粉剂，5%悬浮拌种剂，1%糊剂，6%胶悬剂等。

◉ **毒性** 低毒。

◉ **作用机理** 戊唑醇为甾醇脱甲基化抑制剂，药剂通过抑制病菌的细胞膜重要组成成分麦角甾醇的生物合成，破坏细胞膜的结构与功能，从而导致菌体生长停滞甚至死亡。

◉ **应用**

（1）单剂应用 戊唑醇主要通过喷雾防治植物病害，有时也可用于种子包衣或拌种。喷雾防治病害时，单一连续多次使用易诱发病菌产生抗药性，应与不同类型药剂交替使用。

① 防治水稻稻曲病。在水稻破口前 5～7 天第一次用药，7～10 天后再次施药，每亩用 85%戊唑醇水分散粒剂 5.1～7.6 克，兑水 40～50 千克均匀喷雾，安全间隔期 15 天，每季最多使用 2 次。或每亩用 70%戊唑醇水分散粒剂 6～9 克，或 80%戊唑醇可湿性粉剂 6～10 克，兑水 50 千克均匀喷雾，安全间隔期 21 天，每季最多使用 2 次。或每亩用 6%戊唑醇微乳剂 75～100 毫升，或 80%戊唑醇水分散粒剂 6～10 克，兑水 30～50 千克均匀喷雾，安全间隔期 21 天，每季最多使用 3 次。或每亩用 3%戊唑醇超低容量液剂 100～200 毫升，使用超低容量喷雾设备进行超低容量喷雾，安全间隔期 28 天，每季最多使用 2 次，施药间隔期 7 天。或每亩用 430 克/升戊唑醇悬浮剂 10～15 毫升，兑水 30～50 千克均匀喷雾，安全间隔期 29 天，每季最多使用 2 次。

② 防治水稻纹枯病。视病害发生情况，在分蘖末期到孕穗末期第一次用药，7～10 天后第二次用药，每亩用 85%戊唑醇水分散粒剂 5.1～7.6 克，兑水 40～50 千克均匀喷雾，安全间隔期 15 天，每季最多使用 2 次。或每亩用 25%戊唑醇可湿性粉剂 16～24 克，兑水 30～50 千克均匀喷雾，安全间隔期 21 天，每季最多使用 2 次。或每亩用 430 克/升戊唑醇悬浮剂 10～15 毫升，兑水 30～50 千克均匀喷雾，安全间隔期 21 天，每季最

多使用 3 次。

③ 防治水稻恶苗病。用 0.25%戊唑醇悬浮种衣剂 2000～5000 毫升，或 6%戊唑醇悬浮种衣剂 80～100 毫升，加清水 3 千克，包衣 100 千克稻种。将药液和水搅拌均匀后倒在种子上进行种子包衣，直至每粒种子都均匀着药后，阴干。可机械包衣，也可人工包衣。或用 6%戊唑醇微乳剂浸种，浸种时，用清水将药液稀释至 2000～3000 倍，倒入水稻种子，搅拌均匀，保证药液面高于种子层面 15 厘米，浸种 24 小时后，直接催芽播种，每季最多使用 1 次。

④ 防治水稻立枯病。用 0.25%戊唑醇悬浮种衣剂 2000～5000 毫升进行种子包衣，将戊唑醇种衣剂 1 瓶（500 毫升）加清水 0.3～0.4 千克，拌 25 千克种子。取一块长 2 米、宽 1.5 米的厚塑料布，一次性加入 50 千克稻种，并用 2 瓶药剂加清水 0.6～0.8 千克（不可多加）混匀后倒在种子上；二人配合来回翻动布翻动稻种，直至每粒种子都均匀着药后，直接灌袋阴干 3 天后再浸种；浸种时，浸种水加至没过稻芽 2～3 厘米即可（不可多加）。浸好的种子捞出，不要冲洗，直接催芽 36～48 小时后播。

（2）复配剂应用

① **戊唑·多菌灵**。由戊唑醇与多菌灵复配的广谱低毒复合杀菌剂。防治水稻稻曲病，水稻孕穗末期（破口前 5～7 天）、始穗期、齐穗后扬花前喷药，每亩用 30%戊唑·多菌灵悬浮剂 60～70 毫升，兑水 30～45 千克均匀喷雾，安全间隔期 14 天，每季最多使用 2 次。

防治水稻纹枯病，拔节期、孕穗期是喷药关键期，各需喷药 1～2 次。每亩用 30%戊唑·多菌灵悬浮剂 50～70 毫升，兑水 30～45 千克均匀喷雾，安全间隔期 30 天，每季最多使用 2 次。

② **戊唑·咪鲜胺**。由戊唑醇与咪鲜胺复配的广谱低毒复合杀菌剂。防治水稻稻曲病，在水稻孕穗末期开展预防，即在水稻破口抽穗前 7～10 天施药，每亩用 30%戊唑·咪鲜胺悬浮剂 44～60 毫升，兑水 30～45 千克均匀喷雾，施药间隔期 7～10 天，每季最多使用 3 次，安全间隔期 14 天。

防治水稻稻瘟病，防治苗瘟、叶瘟时，在田间出现发病中心后立即喷药，防治穗颈瘟，从破口前 5 天左右开始喷药，至齐穗初期。每亩用

30%戊唑·咪鲜胺悬浮剂 34～50 毫升，兑水 30～45 千克均匀喷雾，施药间隔期 7～10 天，安全间隔期 14 天，每季最多使用 3 次。

防治水稻纹枯病，在水稻分蘖末期至孕穗抽穗期，每亩用 30%戊唑·咪鲜胺悬浮剂 44～60 毫升，兑水 30～45 千克，施药间隔期 7～10 天，安全间隔期 14 天，每季最多使用 3 次。

③ **戊唑·嘧菌酯**。由戊唑醇与嘧菌酯复配的内吸性杀菌剂。防治水稻纹枯病，水稻分蘖末期、拔节至孕穗期，于病害发生前或初见零星病斑时，每亩用 70%戊唑·嘧菌酯水分散粒剂 14～18 克，兑水 45～60 千克均匀喷雾，安全间隔期 14 天，每季最多使用 2 次。注意喷匀、喷透，药液要喷施到稻株中下部，施药时可田间保持 3～5 厘米水层，施药后保水 3～5 天。

防治水稻稻曲病，视病害发生情况，在分蘖末期到孕穗末期施药，间隔 7～10 天第二次施药。水稻稻曲病的第一次用药关键期为水稻破口前 5～7 天。每亩用 36%戊唑·嘧菌酯悬浮剂 20～25 毫升，兑水 45～60 千克均匀喷雾，安全间隔期 15 天，每季最多使用 2 次。

防治水稻稻瘟病，视病害发生情况，在水稻孕穗末期到抽穗期始第一次施药，间隔 7～10 天第二次施药。每亩用 75%戊唑·嘧菌酯水分散粒剂 15～20 克，兑水 45～60 千克均匀喷雾，药液要喷施到稻株中下部，安全间隔期 20 天，每季最多使用 3 次。

④ **戊唑·吡虫啉**。由戊唑醇与吡虫啉复配，既可防治水稻蓟马，又可防治水稻恶苗病。水稻包衣方法：将水稻种子浸种催芽至露白到芽长为水稻种子 1/4 长时捞出沥干水分。按 100 千克种子用 32%戊唑·吡虫啉种子处理悬浮剂 600～900 毫升的剂量，按每千克干种子加 20～30 毫升稀释后的药液，与种子充分搅拌，直到药液均匀分布到种子表面，于通风阴凉处晾干后播种。配制好的药液应在 24 小时内使用。

⑤ **戊唑醇·乙蒜素**。由戊唑醇与乙蒜素复配。防治水稻恶苗病，用 32%戊唑醇·乙蒜素微乳剂 500～1000 倍液浸种，浸种前务必将药液搅拌均匀。于水稻种子催芽前，用调配好的药液浸种，在长江流域及以南地区浸种 2～3 天，在黄河流域及以北地区浸种 3～5 天，浸种后的种子经过清洗后催芽或播种，每季最多使用 1 次，收获期安全。

⑥ **戊唑·菌核净**。由戊唑醇与菌核净复配。对水稻纹枯病、稻曲病

具有较好的防治效果，每亩用70%戊唑·菌核净水分散粒剂17.5～20克，兑水30～45千克均匀喷雾，防治纹枯病于分蘖末期第一次施药，孕穗末期第二次施药，视病情发展情况，齐穗期第三次施药，防治稻曲病于破口前5～7天第一次施药，7～10天第二次施药，安全间隔期21天，每季最多使用2次。

⑦ **戊唑·噻森铜**。由戊唑醇与噻森铜复配。防治水稻纹枯病，发病前或发病初期，每亩用30%戊唑·噻森铜悬浮剂20～50克，兑水30～45千克均匀喷雾，安全间隔期35天，每季最多使用3次。

⑧ **戊唑·噻霉酮**。由戊唑醇与噻霉酮复配。防治水稻稻曲病，发病前或初期，每亩用27%戊唑·噻霉酮水乳剂25～30毫升，兑水30～45千克均匀喷雾，安全间隔期30天，每季最多使用2次。

⑨ **戊唑·噻唑锌**。由戊唑醇与噻唑锌复配的杀菌剂。防治水稻纹枯病，每亩用40%戊唑·噻唑锌悬浮剂60～70毫升，兑水30～45千克均匀喷雾，安全间隔期28天，每季最多使用3次。

⑩ **烯肟·戊唑醇**。由戊唑醇与烯肟菌胺复配而成的内吸性杀菌剂。可防治水稻纹枯病、稻曲病、稻瘟病。防治水稻纹枯病，视病害发生情况，在分蘖末期至孕穗期第一次施药，间隔7～10天后第二次施药；防治水稻稻曲病，在分蘖初期、孕穗中期和齐穗期喷药，防治苗瘟、叶瘟时，在田间出现发病中心后立即开始喷药，每隔7～10天喷1次，连喷1～2次；防治穗颈瘟时，在破口初期和齐穗初期各喷药1次。每亩用20%烯肟·戊唑醇悬浮剂33～50毫升，兑水30～45千克均匀喷雾，安全间隔期21天，每季最多使用3次。

注意事项

（1）在病害发生初期使用，每隔10～15天施药1次。使用43%戊唑醇悬浮剂时应避开作物的花期及幼果期等敏感期，以免造成药害。

（2）拌种处理过的种子播种深度以2～5厘米为宜。

（3）戊唑醇对鱼类等水生生物有毒。

噁霉灵（hymexazol）

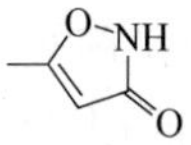

$C_4H_5NO_2$，99.09

◉ **其他名称** 土菌消、土菌克、土传康、沃根赛。

◉ **主要剂型** 1%、8%水剂，15%、99%可湿性粉剂，30%悬浮种衣剂，70%种子处理干粉剂，70%可溶粉剂，0.1%、1%颗粒剂，70%可溶粉剂，80%水分散粒剂，20%乳油。

◉ **毒性** 低毒。

◉ **作用机理** 噁霉灵作为一种内吸性杀菌剂和土壤消毒剂，具有独特的作用机理。噁霉灵能被植物的根吸收及在根系内移动，在植株内代谢产生两种糖苷，对作物有提高生理活性的作用，能促进植株生长、根分蘖、根毛增加和根活性提高。噁霉灵进入土壤后被土壤吸收并与土壤中的铁、铝等无机金属盐离子结合，有效抑制孢子的萌发和病原真菌菌丝体的正常生长或直接杀灭病菌，药效可达两周。因对土壤中病原菌以外的细菌、放线菌的影响很小，所以对土壤中微生物的生态不产生影响，在土壤中能分解成毒性很低的化合物，对环境安全。

◉ **应用**

（1）单剂应用

① 防治水稻苗床立枯病。苗床或育秧箱，每次每平方米苗床用8%噁霉灵水剂6～12毫升，或15%噁霉灵水剂6～12毫升，或30%噁霉灵水剂3～6毫升，或80%噁霉灵水分散粒剂1.2～1.4克，兑水3千克，喷透为止，然后再播种。秧苗1～2叶期如发病，或在移栽前以相同药量再喷1次。或用70%噁霉灵可溶粉剂100～200倍液苗床喷雾1次。或用15%噁霉灵可湿性粉剂1000～1600倍液浸种，东北地区在室内常温浸种5～7天，南方可根据当地浸种时间而定，浸完后的种子用清水清洗后进行催芽处理。或每100千克种子用70%噁霉灵种子处理干粉剂100～200克进行种子包衣，包衣前，先根据包衣机械性能和不同作物种子设定实际操作药种比，按确定的操作药种比计算兑水量，将制剂兑水调制成均

匀的悬浮乳液，按确定的操作药种比采用机械包衣或手工包衣，包衣后的种子应及时使用，包衣种播种后应有良好覆土。

② 防治水稻恶苗病。用 15%噁霉灵可湿性粉剂 1000～1600 倍液浸种；或用 70%噁霉灵种子处理干粉剂按药种比 1∶（500～1000）种子包衣，包衣种播种后应覆土良好。或用 15%噁霉灵可湿性粉剂 1000～1600 倍液浸种，东北地区在室内常温浸种 5～7 天，南方可根据当地浸种时间而定，浸完后的种子用清水清洗后进行催芽处理。或按 100 千克种子用 70%噁霉灵种子处理干粉剂 100～200 克进行种子包衣，包衣前，先根据包衣机械性能和不同作物种子设定实际操作药种比，按确定的操作药种比计算兑水量，将制剂兑水调制成均匀的悬浮乳液，按确定的操作药种比采用机械包衣或手工包衣，包衣后的种子应及时使用，包衣种播种后应覆土良好。

（2）复配剂应用

① **噁霉·稻瘟灵**。由噁霉灵与稻瘟灵复配的一种广谱低毒复合杀菌剂。防治水稻立枯病，用 21%噁霉·稻瘟灵乳油 1000～1500 倍液苗床喷雾，或播种前，每平方米苗床用 20%噁霉·稻瘟灵乳油 2～3 毫升，兑水 3 千克喷洒苗床。秧苗若开始发病，则用同样药量再喷淋苗床 1 次。

② **噁霉·福美双**。由噁霉灵与福美双复配的一种广谱低毒复合杀菌剂。防治水稻苗床的立枯病、猝倒病，播种前，首先按照每平方米用 36%噁霉·福美双可湿性粉剂 1～1.5 克，兑水 3 千克喷淋苗床，而后播种育苗。出苗后，若遇阴湿低温条件或苗床开始发病时，立即使用相同药量喷淋苗床，以控制病害发生为害。

③ **噁霉·四霉素**。由噁霉灵与四霉素两种内吸性杀菌剂复配而成。防治水稻立枯病，发病前或发病初期，每亩用 2.65%噁霉·四霉素水剂 84～100 毫升，兑水 30～45 千克均匀喷雾，安全间隔期 21 天，每季最多使用 3 次。

④ **噁霉灵·精甲霜·氰烯酯**。由噁霉灵与精甲霜灵、氰烯菌酯三元复配种子处理杀菌剂，用于水稻种子处理，可有效防治水稻恶苗病、水稻立枯病、水稻烂秧病。新品种上大面积应用时，必须先进行小范围的安全性试验。种子包衣施用方法：按每 100 千克种子用 10%噁霉灵·精甲霜·氰烯酯种子处理悬浮剂 175～500 毫升，药剂加水 1～2 升稀释后，与种子充分搅拌，直到药液均匀分布到种子表面，阴干后即可。水稻包衣

后的种子阴干后可浸种催芽。

● **注意事项**

（1）噁霉灵可与多种杀虫剂、杀菌剂、除草剂混合使用。不可与呈碱性的农药等物质混用。

（2）噁霉灵与福美双混配，用于种子消毒和土壤处理效果更佳。

（3）用于拌种时，宜干拌，并严格掌握药剂用量，拌后随即晾干，不可闷种，防止出现药害。湿拌和闷种易出现药害，可引起小苗生长点生长停滞，叶片皱缩，似病毒病状，出现药害时可叶面喷施细胞分裂素+甲壳素；用生根剂灌根，促进根系发育，让小苗尽快恢复。

嘧菌酯（azoxystrobin）

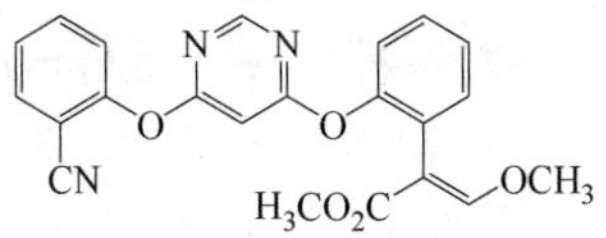

$C_{22}H_{17}N_3O_5$，403.39

● **其他名称**　阿米西达、安灭达、腈嘧菌酯、绘绿。

● **主要剂型**　25%、250 克/升、50%悬浮剂，25%乳油，20%、80%水分散粒剂，20%、40%可湿性粉剂，10%微囊悬浮剂，5%超低容量液剂，10%、15%悬浮种衣剂，0.1%颗粒剂。

● **毒性**　低毒。

● **作用机理**　嘧菌酯是以源于蘑菇的天然抗菌素为模板，通过人工仿生合成的一种全新的β-甲氧基丙烯酸酯类杀菌剂，具有保护、治疗和铲除三重功效，但治疗效果属于中等。嘧菌酯具有新的作用机制，药剂进入病菌细胞内，与线粒体上细胞色素 b 的 Q_0 位点相结合，阻断细胞色素 b 和细胞色素 c_1 之间的电子传递，从而抑制线粒体的呼吸作用，破坏病菌的能量合成。由于缺乏能量供应，病菌孢子萌发、菌丝生长和孢子的形成都受到抑制。

● **应用**

（1）单剂应用

① 防治水稻纹枯病。水稻分蘖末期、拔节至孕穗期，每亩用 5%嘧

菌酯超低容量液剂 100～200 毫升，兑水 45～60 千克均匀喷雾，安全间隔期 14 天，每季最多使用 2 次。或每亩用 20%嘧菌酯水分散粒剂 40～80 克，或 250 克/升嘧菌酯悬浮剂 40～56 毫升，或 80%嘧菌酯水分散粒剂 15～20 克，兑水 30～50 千克均匀喷雾，安全间隔期 20 天，每季最多使用 2 次。或每亩用 70%嘧菌酯水分散粒剂 5～9 克，或 50%嘧菌酯悬浮剂 65～70 毫升，兑水 30～45 千克均匀喷雾，安全间隔期 21 天，每季最多使用 2 次。或每亩用 25%嘧菌酯水分散粒剂 50～80 克，或 30%嘧菌酯悬浮剂 40～50 毫升，兑水 45～60 千克均匀喷雾，安全间隔期 28 天，每季最多使用 2 次。或每亩用 10%嘧菌酯微囊悬浮剂 65～80 毫升，兑水 45～60 升均匀喷雾，安全间隔期 30 天，每季最多使用 2 次。药液要喷施到稻株中下部。

② 防治水稻稻瘟病。防治水稻叶瘟病，在叶瘟发病前或发病初期施第 1 次药，7～10 天视病害发生程度决定是否再施药 1 次；防治穗颈瘟以预防为主，一般在水稻破口期施药 1 次，水稻齐穗期再施药 1 次。每亩用 40%嘧菌酯可湿性粉剂 15～20 克，兑水 50 千克均匀喷雾，安全间隔期 14 天，每季最多使用 2 次。或每亩用 50%嘧菌酯水分散粒剂 40～53 克，兑水 30～50 千克均匀喷雾，安全间隔期 14 天，每季最多使用 3 次。或每亩用 50%嘧菌酯悬浮剂 21～27 毫升，兑水 30～50 千克均匀喷雾，安全间隔期 21 天，每季最多使用 2 次。或每亩用 250 克/升嘧菌酯悬浮剂 40～48 毫升，兑水 30～50 千克均匀喷雾，安全间隔期 28 天，每季最多使用 3 次。或每亩用 10%嘧菌酯微囊悬浮剂 65～80 毫升，兑水 45～60 千克均匀喷雾，安全间隔期 30 天，每季最多使用 2 次。

③ 防治水稻稻曲病。在水稻破口前 5～7 天，每亩用 40%嘧菌酯可湿性粉剂 15～20 克，兑水 50 千克均匀喷雾，安全间隔期 14 天，每季最多使用 2 次。或每亩用 10%嘧菌酯微囊悬浮剂 65～80 毫升，兑水 45～60 千克均匀喷雾，安全间隔期 30 天，每季最多使用 2 次。

（2）复配剂应用

① **嘧菌·戊唑醇**。由嘧菌酯与戊唑醇复配。防治水稻稻曲病，在水稻破口前 7～10 天第 1 次用药，每亩用 40%嘧菌·戊唑醇悬浮剂 20～30 毫升，兑水 30～60 千克均匀喷雾，视天气和病害发展情况，间隔 10～15 天再施药 1 次，安全间隔期 28 天，每季最多使用 2 次。

防治水稻纹枯病，在发病初期第 1 次用药，每亩用 40%嘧菌·戊唑醇悬浮剂 15～25 毫升，兑水 45～60 千克均匀喷雾，间隔 7～10 天再施药 1 次，安全间隔期 35 天，每季最多使用 3 次。

② **嘧菌·噻霉酮**。由嘧菌酯与噻霉酮复配。防治水稻稻瘟病，发病初期，每亩用 23%嘧菌·噻霉酮悬浮剂 45～58 毫升，兑水 30～50 千克均匀喷雾，安全间隔期 28 天，每季最多使用 2 次。

③ **嘧菌·多菌灵**。由嘧菌酯与多菌灵复配成的杀菌剂。防治水稻纹枯病，发病初期，每亩用 30%嘧菌·多菌灵悬浮剂 80～160 毫升，兑水 30～50 千克均匀喷雾，施药间隔 7～10 天，连续喷施 2～3 次为宜，全株叶片均匀喷雾，注意喷雾均匀、周到，以确保药效，安全间隔期 30 天，每季最多使用 2 次。

④ **嘧酯·噻唑锌**。由嘧菌酯与噻唑锌复配的杀菌剂。防治水稻纹枯病，发病前或发病初期，每亩用 50%嘧酯·噻唑锌悬浮剂 40～50 毫升，兑水 30～50 千克均匀喷雾，视病情发展每隔 7～10 天喷 1 次，可连喷 2～3 次。安全间隔期 21 天，每季最多使用 3 次。

注意事项

（1）一定要在发病前或发病初期使用。不推荐与其他药剂混合使用。最好与其他药剂轮换使用。

（2）嘧菌酯对藻类、鱼类等水生生物有毒。鱼或虾、蟹套养稻田禁用，鸟类保护区、赤眼蜂天敌等放飞区禁用。

（3）避免与乳油类农药和有机硅类助剂混用，以免发生药害。

肟菌酯（trifloxystrobin）

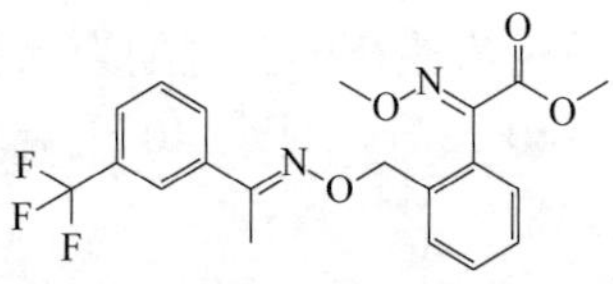

$C_{20}H_{19}F_3N_2O_4$

其他名称　肟草酯、三氟敏。

主要剂型　25%、30%、40%、50%、60%悬浮剂，50%、60%水分

散粒剂。

- **毒性**　低毒。
- **作用机理**　肟菌酯是由天然抗生素strobilurin A合成的类似物，具有保护和治疗作用。它能被植株蜡质层吸附，是一种呼吸链抑制剂，通过阻断细胞色素b与c_1之间的电子传递而阻止细胞三磷酸腺苷（ATP）酶合成，从而抑制线粒体呼吸而发挥抑菌作用。
- **应用**

（1）单剂应用

① 防治水稻稻曲病。在破口前5～7天，每亩用60%肟菌酯水分散粒剂9～12克，兑水30～50千克均匀喷雾，每隔7～10天喷1次，连喷2～3次，安全间隔期28天，每季最多使用2次。

② 防治水稻稻瘟病。发病前或发病初期，每亩用60%肟菌酯水分散粒剂9～12克，兑水30～50千克均匀喷雾，每隔7～10天喷1次，连喷2～3次，安全间隔期28天，每季最多使用2次。

③ 防治水稻纹枯病。发病初期，每亩用60%肟菌酯水分散粒剂9～12克，兑水30～50千克均匀喷雾，每隔7～10天喷1次，连喷2～3次，安全间隔期28天，每季最多使用2次。或每亩用30%肟菌酯悬浮剂25～37.5毫升，兑水30～60千克均匀喷雾，每隔7～10天喷1次，安全间隔期21天，每季最多使用3次。

（2）复配剂应用

① **肟菌·戊唑醇**。由肟菌酯与戊唑醇复配而成。防治水稻稻曲病，第一次施药的关键期为水稻破口前5～7天，每亩用75%肟菌·戊唑醇水分散粒剂13～15克，兑水30～45千克均匀喷雾，安全间隔期21天，每季最多使用1次。

防治水稻稻瘟病，第一次施药的关键期为水稻破口期，每亩用30%肟菌·戊唑醇悬浮剂30～40毫升，兑水40千克均匀喷雾，安全间隔期28天，每季最多使用2次。

防治水稻纹枯病，发病初期，每亩用45%肟菌·戊唑醇悬浮剂20～25毫升，兑水30～45千克均匀喷雾，安全间隔期21天，每季最多使用3次。

② **肟菌·异噻胺**。由肟菌酯与异噻菌胺复配而成。对水稻恶苗病、苗瘟和叶瘟有较高的防效和较长的持效期。按每千克种子用24.1%肟

菌·异噻胺种子处理悬浮剂 15～25 毫升拌种，既可用于专业化机械种子处理，也可用于手工种子处理。专业化机械种子处理：选用适宜的机械，根据其要求调整浆状药液与种子的比例，按推荐制剂用药量加适量清水，混合均匀，进行种子处理。处理后的种子按行业要求储藏待用。手工种子处理：根据种子量确定制剂用量，加适量清水混合均匀调成浆状药液，按每千克种子需浆状药液量 15～30 毫升，倒在种子上充分搅拌，直到种子均匀着药后，摊开于通风阴凉处晾干待播。

③ **肟菌·己唑醇**。由肟菌酯与己唑醇复配而成。防治水稻纹枯病，于发病初期第 1 次施药，间隔 7～10 天第 2 次施药，每亩用 45%肟菌·己唑醇水分散粒剂 15～18 克，兑水 30～45 千克喷雾，安全间隔期 30 天，每季最多使用 2 次。

④ **肟菌·丙环唑**。由丙环唑和肟菌酯复配而成的杀菌剂。防治水稻稻瘟病，水稻破口期或稻瘟病发病初期，每亩用 30%肟菌·丙环唑悬浮剂 30～40 毫升，兑水 30～45 千克均匀喷雾，间隔 7～10 天，连续施药 2 次，安全间隔期 20 天，每季最多使用 2 次。

注意事项

（1）肟菌酯对鱼有毒，对藻类有毒，鱼或虾、蟹套养稻田禁用。

（2）肟菌酯对蜜蜂有毒，盛花期慎用。对天敌赤眼蜂有毒。

氟环唑（epoxiconazole）

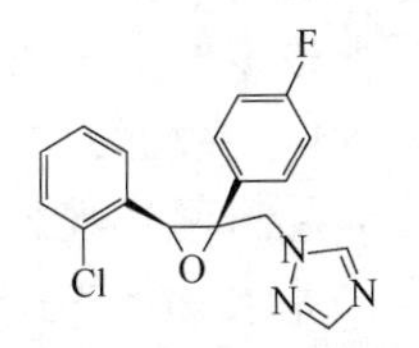

$C_{17}H_{13}ClFN_3O$，329.76

其他名称　欧搏、福满门、环氧菌唑。

主要剂型　50%、70%水分散粒剂，12.5%、20%、25%、50%悬浮剂，75 克/升乳油。

毒性　低毒。

作用机理　氟环唑主要是通过对 C14 脱甲基化酶的抑制作用，抑制病菌麦角甾醇的合成，破坏细胞膜的结构与功能，导致菌体生长停滞甚至死亡。氟环唑还可提高作物的几丁质酶活性，导致真菌吸器收缩，抑制病菌侵入，这是氟环唑与其他三唑类产品相比较为独特的性质。

应用

（1）单剂应用

① 防治水稻稻曲病。发病前或水稻破口期前进行常规喷雾，可用药2次，间隔7～10天1次，每亩用12.5%氟环唑悬浮剂48～60毫升，或40%氟环唑悬浮剂12～16毫升，兑水40～50千克均匀喷雾，安全间隔期20天，每季最多使用2次。或每亩用50%氟环唑悬浮剂12～15毫升，兑水45～60千克均匀喷雾，安全间隔期20天，每季最多使用3次。或每亩用125克/升氟环唑悬浮剂40～50毫升，或20%氟环唑悬浮剂25～30毫升，或25%氟环唑悬浮剂20～30毫升，兑水40～50千克均匀喷雾，安全间隔期21天，每季最多使用2次。或每亩用70%氟环唑水分散粒剂8～12克，兑水30～50千克均匀喷雾，安全间隔期28天，每季最多使用2次。或每亩用30%氟环唑悬浮剂20～25毫升，兑水40～50千克均匀喷雾，安全间隔期28天，每季最多使用3次。

② 防治水稻稻瘟病。发病初期，每亩用70%氟环唑水分散粒剂8～12克，兑水30～50千克均匀喷雾，安全间隔期28天，每季最多使用2次。

③ 防治水稻纹枯病。发病初期，每亩用40%氟环唑悬浮剂12～15毫升，兑水45～60千克均匀喷雾，安全间隔期20天，每季最多使用2次。或每亩用50%氟环唑悬浮剂11.2～15毫升，兑水45～60千克均匀喷雾，安全间隔期20天，每季最多使用3次。或每亩用12.5%氟环唑悬浮剂40～50毫升，兑水40～50千克均匀喷雾，安全间隔期21天，每季最多使用2次。或每亩用125克/升氟环唑悬浮剂45～50毫升，或70%氟环唑水分散粒剂8～12克，兑水40～50千克均匀喷雾，安全间隔期28天，每季最多使用2次。或每亩用30%氟环唑悬浮剂20～25毫升，兑水40～50千克均匀喷雾，安全间隔期30天，每季最多使用2次。

（2）复配剂应用

① **氟环·嘧菌酯**。由氟环唑与嘧菌酯复配。防治水稻稻瘟病，发病前或发生初期，每亩用70%氟环·嘧菌酯水分散粒剂20～24克，兑水30～45千克均匀喷雾，每隔7～14天喷1次，连喷2次，安全间隔期28天，

每季最多使用 2 次。

防治水稻纹枯病，发病前或发生初期，每亩用 35%氟环·嘧菌酯悬浮剂 20～36 毫升，兑水 30～45 千克均匀喷雾，安全间隔期 21 天，每季最多使用 2 次。

防治水稻稻曲病，在水稻破口抽穗前 3～7 天喷雾防治，齐穗后可再施药 1 次，每亩用 35%氟环·嘧菌酯悬浮剂 20～25 毫升，兑水 30～45 千克均匀喷雾，安全间隔期 21 天，每季最多使用 2 次。

② **氟环·肟菌酯**。由氟环唑与肟菌酯复配而成。防治水稻稻瘟病、纹枯病，每亩用 75%氟环·肟菌酯水分散粒剂 9～12 克，兑水 30～45 千克均匀喷雾。防治水稻稻瘟病，于水稻破口期和齐穗期（或病害发生前或发病初期开始，间隔 7～14 天）茎叶喷雾施药。防治水稻纹枯病，在水稻分蘖中后期、破口期、齐穗期，于发病前或发病初期茎叶喷雾，安全间隔期 28 天，每季最多使用 2 次。

③ **氟环·多菌灵**。由氟环唑与多菌灵复配而成。防治水稻纹枯病，发生初期，每亩用 40%氟环·多菌灵悬浮剂 20～30 毫升，兑水 50～75 千克均匀喷雾，间隔 7～10 天，连续施用 2 次，安全间隔期 21 天，每季最多使用 2 次。

④ **氟环·咪鲜胺**。由氟环唑与咪鲜胺复配而成。防治水稻纹枯病，在水稻分蘖盛期至末期第 1 次施药，间隔 7 天进行第 2 次施药，每亩用 30%氟环·咪鲜胺悬浮剂 40～50 毫升，兑水 30～45 千克整株均匀喷雾，安全间隔期 28 天，每季最多使用 2 次。

防治水稻稻瘟病，在水稻作物破口初期施药，每亩用 40%氟环·咪鲜胺悬浮剂 40～45 毫升，兑水 30～45 千克均匀喷雾，每隔 7～10 天喷 1 次，连喷 2 次，安全间隔期 28 天，每季最多使用 2 次。

防治水稻稻曲病，在水稻孕穗期至始穗期第 1 次施药，间隔 7 天第 2 次施药，每亩用 40%氟环·咪鲜胺悬浮剂 40～45 毫升，兑水 30～45 千克均匀喷雾，安全间隔期 20 天，每季最多使用 2 次。

⑤ **氟环·稻瘟灵**。由氟环唑与稻瘟灵复配而成。防治水稻稻曲病、稻瘟病、纹枯病，于破口期开始喷雾施药，间隔 7 天左右再施药 1 次，每亩用 40%氟环·稻瘟灵悬浮剂 40～80 毫升，兑水 30～45 千克均匀喷雾，安全间隔期 28 天，每季最多使用 3 次。

⑥ **氟唑·嘧苷素**。由氟环唑与嘧啶核苷类抗菌素复配。防治水稻纹枯病和稻曲病，每亩用36%氟唑·嘧苷素悬浮剂18～20毫升，兑水30～45千克均匀喷雾。防治水稻纹枯病，建议于水稻分蘖末期，纹枯病发病前或发病初期首次施药，间隔10～15天喷1次，共喷2次。全株均匀喷雾。防治水稻稻曲病，建议在水稻孕穗末期，稻曲病发病前或发病初期首次施药，间隔7～10天喷1次，共喷2～3次。全株均匀喷雾，重点喷施植株中上部，安全间隔期21天，每季最多使用3次。

⑦ **氟唑菌酰胺·氟环唑**。由氟唑菌酰胺与氟环唑复配而成。防治水稻纹枯病，每亩用12%氟唑菌酰胺·氟环唑乳油40～60毫升，兑水30～50千克均匀喷雾，在水稻分蘖末期和孕穗后期各用药1次，安全间隔期21天，每季最多使用3次。

注意事项

（1）氟环唑不可与呈碱性的农药等物质混合使用。

（2）氟环唑对鱼类等水生生物有毒，远离水产养殖区施药。对蜜蜂有毒。

枯草芽孢杆菌（*Bacillus subtilis*）

其他名称　华夏宝、格兰、天赞好、力宝、重茬2号、依天得。

主要剂型　10亿活芽孢/克、100亿芽孢/克、1000亿活芽孢/克、2000亿芽孢/克、2000亿CFU/克可湿性粉剂，1万活芽孢/毫升、80亿CFU/毫升悬浮种衣剂，50亿活菌/克、1亿孢子/毫升水剂，200亿活菌/克菌粉，200亿芽孢/毫升可分散油悬浮剂。

毒性　低毒。

作用机理　枯草芽孢杆菌是从自然界土壤样品中筛选到的BS-208菌株生产的杀菌剂，是疏水性很强的生物菌，广泛分布在土壤及腐败的有机质中，易在枯草浸汁中繁殖，故名枯草芽孢杆菌。属细菌微生物杀菌剂，具有强力杀菌作用，对多种病原菌有抑制作用。枯草芽孢杆菌喷洒在作物叶片上后，其活芽孢利用叶面上的营养和水分在叶片上繁殖，迅速占领整个叶片表面，同时分泌具有杀菌作用的活性物质，达到有效排斥、抑制和杀灭病菌的作用。

应用

（1）单剂应用

① 防治水稻纹枯病。一般在水稻封行后至抽穗前期或盛发初期，每亩用 10 亿芽孢/克枯草芽孢杆菌可湿性粉剂 100～125 克，兑水 50 千克均匀喷雾。或每亩用 10 亿个/克枯草芽孢杆菌可湿性粉剂 50～60 克，兑水 30～60 千克均匀喷雾，连续施药 2 次，间隔 7～10 天。或每亩用 100 亿芽孢/克枯草芽孢杆菌可湿性粉剂 75～100 克，兑水 30～50 千克均匀喷雾。或每亩用 1000 亿个/克枯草芽孢杆菌可湿性粉剂 75～100 克，兑水 30～50 千克均匀喷雾。或每亩用 1 亿 CFU/克枯草芽孢杆菌可湿性粉剂 80～100 克，兑水 50 千克均匀喷雾。施药时注意使药液均匀喷至作物各部位，间隔 7 天再喷药 1 次，可连续喷药 2～3 次。

② 防治水稻稻曲病。在水稻破口前 5～7 天和破口后 5～7 天各使用 1 次。每亩用 10 亿芽孢/克枯草芽孢杆菌可湿性粉剂 100～125 克，兑水 50 千克均匀喷雾，防治 2 次效果最佳。或每亩用 10 亿个/克枯草芽孢杆菌可湿性粉剂 75～100 克，兑水 50 千克均匀喷雾。

③ 防治水稻稻瘟病。一般在水稻封行后至抽穗前期或盛发初期，每亩用 10 亿个/克枯草芽孢杆菌可湿性粉剂 50～60 克，兑水 30～60 千克均匀喷雾，连续施药 2 次，间隔 7～10 天。或每亩用 1000 亿个孢子/克枯草芽孢杆菌可湿性粉剂 50～60 克，兑水 30～50 千克均匀喷雾，施药时注意使药液均匀喷施于作物各部位，间隔 7 天再喷药 1 次，可连续喷药 2～3 次。或每亩用 1000 亿芽孢/克可湿性粉剂 30～40 克，兑水 40～45 千克均匀喷雾。或每亩用 200 亿芽孢/克枯草芽孢杆菌可湿性粉剂 80～100 克，兑水 40～60 千克均匀喷雾。或每亩用 200 亿芽孢/毫升枯草芽孢杆菌可分散油悬浮剂 50～60 毫升，兑水 40～60 千克均匀喷雾。或每亩用 2000 亿 CFU/克枯草芽孢杆菌可湿性粉剂 5～6 克，兑水 40～50 千克均匀喷雾。

④ 防治水稻白叶枯病。在病害发生前或发生初期，每亩用 100 亿芽孢/克枯草芽孢杆菌可湿性粉剂 50～60 克，兑水 30～50 千克均匀喷雾。

⑤ 防治水稻苗期立枯病。病害发生前或初期苗床喷雾，每平方米苗床用 100 亿芽孢/克枯草芽孢杆菌可湿性粉剂 2～4 克兑水 1 千克喷雾。

（2）复配剂应用　可与井冈霉素复配，有井冈·枯芽菌水剂、井冈·枯芽菌可湿性粉剂。参见井冈霉素。

● 注意事项

（1）使用前，将枯草芽孢杆菌充分摇匀，请勿在强阳光下喷雾，晴天傍晚或阴天全天用药效果最佳。

（2）不能与广谱的种子处理剂克菌丹及含铜制剂混合使用，可推荐作为广谱种衣剂，拓宽对种子病害的防治范围。

（3）不同菌种、不同剂型的生物菌剂效果差异很大，要注意根据病害种类，选择合适的产品。

（4）创造有利于枯草芽孢杆菌繁殖的空间。可以与杀菌剂（指真菌）混用，如噁霉灵、啶酰菌胺等，先杀灭一部分病原菌，为枯草芽孢杆菌繁殖清理出一个较好的生存空间，确保孢子能够迅速存活并繁殖。

（5）枯芽芽孢杆菌为细菌，不能与防治细菌性病害的药剂混用，包括：一是含有重金属离子的杀菌剂，如各类铜制剂，含锰、锌离子的药剂等。二是抗生素类，如中生菌素、宁南霉素、春雷霉素等。三是氯溴异氰尿酸、三氯异氰尿酸、乙蒜素等强氧化性杀菌剂。四是叶枯唑、噻唑锌等唑类杀菌剂。

（6）补充养分促进增殖。枯草芽孢杆菌制剂使用时，可以与白糖、氨基酸叶面肥、海藻肥等混用，给枯草芽孢杆菌繁殖提供营养，以利于其生长繁殖更快。

（7）使用消毒剂、杀虫剂 4～5 天后，再使用枯草芽孢杆菌。宜在晴朗天气早、晚露水未干时喷施，夜间喷施效果尤佳，阴雨天可全天喷施，风力大于 3 级时不宜喷施。

（8）对蜜蜂、鱼类等水生生物和家蚕有毒。

稻瘟酰胺（fenoxanil）

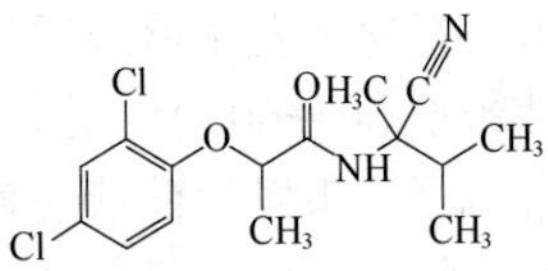

$C_{15}H_{18}Cl_2N_2O_2$

● **其他名称** 氰菌胺。

- **主要剂型** 20%、30%、40%悬浮剂，20%可湿性粉剂。
- **毒性** 低毒。
- **作用机理** 通过抑制病菌黑色素生物合成，降低病菌的侵染能力。
- **应用**

（1）单剂应用 防治水稻稻瘟病、水稻叶瘟病时，可在稻叶初见病斑时施药，防治穗颈瘟和穗瘟时可在水稻破口前3～5天和齐穗期各施药1次。每亩用20%稻瘟酰胺悬浮剂60～100毫升，或20%稻瘟酰胺可湿性粉剂80～100克，或25%稻瘟酰胺悬浮剂60～80毫升，或30%稻瘟酰胺悬浮剂35～50毫升，或40%稻瘟酰胺悬浮剂30～50毫升，兑水30～50千克均匀喷雾，安全间隔期21天，每季最多使用3次。

（2）复配剂应用

① **稻瘟·三环唑**。由稻瘟酰胺与三环唑复配而成的杀菌剂。防治水稻稻瘟病，发病初期，每亩用40%稻瘟·三环唑悬浮剂65～70毫升，兑水30～45千克均匀喷雾，安全间隔期21天，每季最多使用2次。

② **稻瘟·己唑醇**。由稻瘟酰胺与己唑醇复配而成的杀菌剂。防治水稻纹枯病，发病前或发病初期，每亩用30%稻瘟·己唑醇悬浮剂30～35毫升，兑水30～45千克均匀喷雾，可连续用药2次，每次间隔7天左右，安全间隔期30天，每季最多使用2次。

防治水稻稻瘟病。防治叶瘟，在发病初期施第1次药，视病情发展情况间隔7～10天施第2次药，将药液均匀喷雾于水稻植株上。防治穗颈瘟，在孕穗后期到破口期和齐穗期各喷1次。每亩用25%稻瘟·己唑醇悬浮剂60～80毫升，兑水30～45千克均匀喷雾，安全间隔期28天，每季最多使用2次。

③ **稻瘟·丙环唑**。为稻瘟酰胺与丙环唑复配而成的杀菌剂。防治水稻稻瘟病，发病初期，每亩用30%稻瘟·丙环唑悬浮剂40～60毫升，兑水30～45千克均匀喷雾，施药间隔期7天左右，安全间隔期28天，每季最多使用2次。

④ **稻瘟·咪鲜胺**。由稻瘟酰胺与咪鲜胺复配的杀菌剂。防治水稻稻瘟病，防治叶瘟在发病初期施第1次药，视病情发展情况间隔7～10天施第2次药，将药液均匀喷雾于水稻植株上。防治穗颈瘟，在孕穗后期到破口期和齐穗期各喷1次。每亩用25%稻瘟·咪鲜胺悬浮剂60～80毫

升，兑水 30～45 千克均匀喷雾，安全间隔期 30 天，每季最多使用 2 次。

⑤ **稻瘟·寡糖**。为稻瘟酰胺与氨基寡糖素复配的具预防和治疗双重功效的杀菌剂。防治水稻稻瘟病，在水稻孕穗期到抽穗期，于稻瘟病发生初期，每亩用 42%稻瘟·寡糖悬浮剂 35～40 毫升，兑水 30～45 千克均匀喷雾，可连喷 1～3 次，安全间隔期 21 天，每季最多使用 3 次。

⑥ **稻瘟酰胺·嘧菌酯**。由嘧菌酯与稻瘟酰胺复配。防治水稻稻瘟病，病害发生初期，每亩用 40%稻瘟酰胺·嘧菌酯悬浮剂 25～50 毫升，兑水 30～45 千克均匀喷雾，安全间隔期 21 天，每季最多使用 1 次。

⑦ **稻瘟·戊唑醇**。由稻瘟酰胺与戊唑醇复配。防治水稻稻瘟病，发病初期，每亩用 30%稻瘟·戊唑醇悬浮剂 30～50 毫升，兑水 30～45 千克均匀喷雾，每隔 7～10 天喷 1 次，可连喷 2 次，安全间隔期 28 天，每季最多使用 3 次。

防治水稻纹枯病，发病初期，每亩用 30%稻瘟·戊唑醇悬浮剂 40～45 毫升，兑水 30～45 千克均匀喷雾，每隔 7～10 天喷 1 次，可连喷 2 次，安全间隔期 35 天，每季最多使用 2 次。

注意事项

（1）稻瘟酰胺对鱼等水生生物有毒，鱼或虾、蟹套养稻田禁用。

（2）稻瘟酰胺对蜜蜂低毒，但具中等风险性，施药期间应避免对周围蜂群的不利影响，开花作物花期禁用。蚕室及桑园附近禁用。

咯菌腈（fludioxonil）

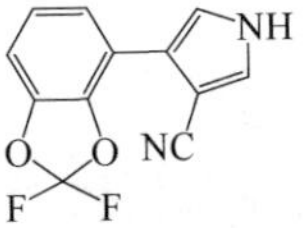

NH

NC

O O

F F

$C_{12}H_6F_2N_2O_2$，248.19

其他名称 适乐时、卉友、氟咯菌腈。

主要剂型 0.5%、2.5%、10%、25 克/升悬浮种衣剂，20%、30%、40%悬浮剂，10%水分散粒剂，50%可湿性粉剂。

毒性 低毒。

作用机理 咯菌腈属非内吸性杀菌剂，主要是通过抑制菌体葡萄糖磷酰化有关的转移，并抑制真菌菌丝体的生长，导致病菌死亡。此外处于孢子萌发和芽管生长阶段的孢子对咯菌腈最为敏感，在此阶段咯菌腈阻断蛋白激酶对甘油合成中调节酶磷酸化反应的催化作用，从而在病菌侵入植物组织前抑制孢子萌发和芽管、菌丝的生长。因其作用机制独特，故与现有杀菌剂无交互抗性。

应用

（1）单剂应用　防治水稻恶苗病，按每 100 千克种子，用 0.5%咯菌腈悬浮种衣剂 2～2.8 升，或 25 克/升咯菌腈悬浮种衣剂 400～668 毫升，或 25 克/升咯菌腈种子处理悬浮剂 400～600 毫升，加 1.25～2 千克水，混合均匀调成浆状药液，将药浆与种子充分搅拌，直至药液均匀分布到种子表面，阴干后即可。

（2）复配剂应用

① **咯菌腈·咪鲜胺·噻虫嗪**。由咯菌腈与咪鲜胺、噻虫嗪复配而成。可防治水稻蓟马、恶苗病。将水稻催芽至露白后进行种子包衣。按 100 千克种子用 35%咯菌腈·咪鲜胺·噻虫嗪种子处理悬浮剂 225～285 毫升的量，加入 1.25～2 千克水稀释并搅拌均匀成药浆，将种子倒入，充分搅拌均匀，晾干后即可播种。配制好的药液应在 24 小时内使用。

② **咯菌·噻虫胺**。由咯菌腈与噻虫胺两元复配的种衣剂，可防治水稻恶苗病、蓟马。在水稻播种前，按每 100 千克种子用 33%咯菌·噻虫胺悬浮种衣剂 300～350 毫升的量，与 1.25～2 千克水稀释成拌种液，与种子充分拌匀晾干后播种，每季最多使用 1 次。建议在播种后及时覆土，立即清理裸露在土壤表面的染毒种子。配制好的药液应在 24 小时内使用。包衣后的种子应及时催芽播种。

③ **咯菌·精甲霜**。由咯菌腈与精甲霜灵复配而成的种子处理杀菌剂。防治水稻恶苗病、烂秧病，按 100 千克种子用 35 克/升咯菌·精甲霜种子处理悬浮剂 200～400 毫升，药液用水稀释至 1～2 千克，将药浆与种子充分搅拌，直到药液均匀分布到种子表面，晾干后即可，每季最多使用 1 次。

注意事项

（1）咯菌腈不宜与碱性农药等物质混合使用。

（2）咯菌腈对水生生物有毒。鸟类保护区附近禁用。播后必须盖土，严禁畜禽进入。

（3）在作物新品种上大面积应用时，必须先进行小范围的安全性试验。

苯醚甲环唑（difenoconazole）

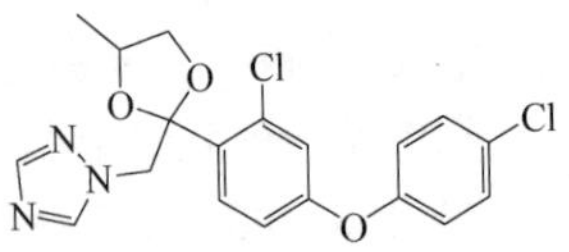

$C_{19}H_{17}Cl_2N_3O_3$，406.26

其他名称 思科、世高、恶醚唑、敌委丹、贝迪。

主要剂型 10%、37%、60%水分散粒剂，10%、30%微乳剂，5%、25%水乳剂，3%、30 克/升悬浮种衣剂，25%、30%乳油，3%、10%、40%悬浮剂，10%、30%可湿性粉剂。

毒性 低毒。制剂对鱼毒性中等，对鸟类毒性低，对蜜蜂、蚯蚓无害。

作用机理 苯醚甲环唑对植物病原菌的孢子形成具有强烈抑制作用，并能抑制分生孢子成熟，从而控制病情进一步发展。苯醚甲环唑是甾醇脱甲基化抑制剂，可破坏和阻止病菌的细胞膜重要组成成分麦角甾醇的生物合成，破坏细胞膜的结构与功能，导致菌体生长停滞甚至死亡。

应用

（1）单剂应用 防治水稻纹枯病，发病初期，每亩用 40%苯醚甲环唑悬浮剂 15～20 毫升，兑水 30～45 千克均匀喷雾，安全间隔期 21 天，每季最多使用 3 次。或每亩用 5%苯醚甲环唑超低容量液剂 100～200 克，或 25%苯醚甲环唑乳油 15～30 毫升，或 250 克/升苯醚甲环唑乳油 20～30 毫升，兑水 30～45 千克均匀喷雾，安全间隔期 30 天，每季最多使用 2 次。或播种前，每 100 千克种子用 30 克/升苯醚甲环唑悬浮种衣剂 300～400 毫升，将药剂加适量水稀释后，与种子充分拌匀，阴干后播种，配制好的药液应在 24 小时内使用。

（2）复配剂应用

① **苯甲·丙环唑**。由苯醚甲环唑与丙环唑复配而成的广谱内吸治疗性低毒复合杀菌剂。预防水稻纹枯病，于穗前 5～7 天用药，间隔 10～14 天后（即齐穗期）施第 2 次；防治水稻纹枯病应在发病初期（发病株率 10%～15%）第 1 次喷药，隔 7～10 天再喷施 1 次，共施药 2 次。每亩用 50%苯甲·丙环唑水乳剂 9～12 毫升，兑水 30～45 千克均匀喷雾，安全间隔期 14 天，每季最多使用 3 次。

防治水稻稻瘟病。防治稻叶瘟时，在病害发生初期立即开始喷药；防治穗颈瘟时，在破口期至齐穗初期喷药。每亩用 300 克/升苯甲·丙环唑乳油 20～25 毫升，兑水 30～45 千克均匀喷雾，安全间隔期 25 天，每季最多使用 3 次。

防治水稻稻曲病，在破口前 5～7 天至齐穗初期喷药，每隔 10 天左右喷 1 次，连喷 2 次。每亩用 300 克/升苯甲·丙环唑乳油 15～20 毫升，兑水 30～45 千克均匀喷雾，安全间隔期 40 天，北方每季作物最多使用 1 次，南方 2 次。

② **苯甲·嘧菌酯**。由苯醚甲环唑与嘧菌酯复配而成。防治水稻稻瘟病，病害发生前或刚见零星病斑时开始用药，每亩用 32.5%苯甲·嘧菌酯悬浮剂 30～40 毫升，兑水 30～45 千克均匀喷雾，安全间隔期 15 天，每季最多使用 2 次。

防治水稻纹枯病，发生初期，每亩用 35%苯甲·嘧菌酯悬浮剂 20～34 毫升，兑水 30～45 千克均匀喷雾，安全间隔期 21 天，每季最多使用 2 次。

③ **苯甲·咪鲜胺**。由苯醚甲环唑与咪鲜胺复配而成。防治水稻恶苗病，按 100 千克种子用 30%苯甲·咪鲜胺悬浮种衣剂 30～50 毫升，用水稀释至 1～2 升，将药浆与种子充分搅拌，直到药液均匀分布到种子表面，晾干后即可。配制好的药液应在 24 小时内使用。在作物新品种上大面积应用时，必须先进行小范围的安全性试验。

防治水稻稻曲病、稻瘟病、纹枯病，于水稻破口前 5～7 天及破口期施药预防。每亩用 75%苯甲·咪鲜胺可湿性粉剂 40～50 克，兑水 40～50 千克喷雾，安全间隔期 28 天，每季最多使用 2 次。

④ **苯甲·醚菌酯**。由苯醚甲环唑与醚菌酯复配而成。防治水稻纹枯

病，发病前或发病初期，每亩用 40%苯甲·醚菌酯可湿性粉剂 94～140 克，兑水 30～45 千克均匀喷雾，每隔 5～7 天施药 1 次，安全间隔期 21 天，每季最多使用 2 次。

⑤ **苯甲·多菌灵**。由多菌灵与苯醚甲环唑复配的杀菌剂。防治水稻纹枯病，发病初期，每亩用 20%苯甲·多菌灵悬浮剂 80～100 毫升，兑水 30～45 千克均匀喷雾，安全间隔期 30 天，每季最多使用 2 次。

⑥ **苯甲·己唑醇**。由苯醚甲环唑和己唑醇复配的杀菌剂。防治水稻纹枯病，发病初期，每亩用 30%苯甲·己唑醇悬浮剂 20～24 毫升，兑水 30～45 千克均匀喷雾，安全间隔期 35 天，每季最多使用 3 次。

⑦ **苯甲·吡虫啉**。由苯醚甲环唑与吡虫啉复配的新型杀虫杀菌拌种剂。用于包衣的种子应为经过精选的优质种子，建议使用前摇匀。种子包衣，用 26%苯甲·吡虫啉悬浮种衣剂（1∶125，药种比）。将药剂按照要求兑水配好后，均匀地洒在种子上进行拌种。拌种后不能闷种、不能晒种。

⑧ **苯醚·咯·噻虫**。由苯醚甲环唑与咯菌腈、噻虫嗪三元复配的杀虫杀菌种衣剂。防治水稻恶苗病、蓟马，于播种前种子包衣处理。每 100 千克种子用 22%苯醚·咯·噻虫种子处理悬浮剂 425～500 毫升，用适量清水稀释后与种子混合，充分搅拌均匀，自然晾干后播种。

注意事项

（1）苯醚甲环唑对刚刚侵染的病菌防治效果特别好。因此，在降雨后及时喷施苯醚甲环唑，能够铲除初发菌源，最大限度地发挥苯醚甲环唑的杀菌特点。这对生长后期病害的发展将起到很好的控制作用。

（2）苯醚甲环唑不能与含铜药剂混用，如果确需混用，则苯醚甲环唑使用量要增加 10%。可以和大多数杀虫剂、杀菌剂等混合施用，但必须在施用前做混配试验，以免出现负面反应或发生药害。

（3）为防止病菌对苯醚甲环唑产生抗药性，建议每个生长季节喷施苯醚甲环唑的次数不应超过 4 次。应与其他农药交替使用。

（4）苯醚甲环唑对水生生物有危害，剩余药液及洗涤废水不能污染鱼塘、水池及水源。

三唑酮（triadimefon）

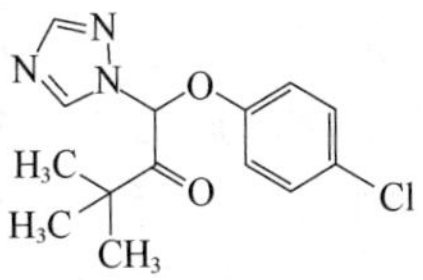

$C_{14}H_{16}ClN_3O_2$，293.75

- **其他名称**　百理通、粉锈宁、百菌酮、爱丰、百里通。
- **主要剂型**　5%、8%可湿性粉剂，10%、25%乳油，8%、44%悬浮剂，20%糊剂，0.5%、1%、10%粉剂，15%烟雾剂。
- **毒性**　低毒。
- **作用机理**　三唑酮主要是抑制病菌体内麦角甾醇的生物合成，从而抑制或干扰菌体附着胞及吸器的发育、菌丝的生长和孢子的形成。
- **应用**

（1）单剂应用

① 防治水稻叶尖枯病。发病初期（水稻破口期）、抽穗末期各施药1次。每亩用8%三唑酮可湿性粉剂100～120克，兑水60千克均匀喷施，安全间隔期21天，每季最多使用3次。

② 防治水稻纹枯病。每亩用8%三唑酮悬浮剂60～80毫升，兑水30～45千克均匀喷雾，可在水稻孕穗期和齐穗期各喷药1次，安全间隔期21天，每季最多使用3次。

（2）复配剂应用

① **唑酮·福美双**。由三唑酮与福美双复配的一种广谱低毒或中毒复合杀菌剂。防治水稻恶苗病，通过药剂浸种进行预防。用45%唑酮·福美双可湿性粉剂300～600倍液，浸水稻种子，东北地区室内常温下浸种5～7天，南方随当地浸种时间而定，每天搅动1～2次，直接催芽播种。安全间隔期21天，每季最多使用1次。

② **唑酮·三环唑**。由三唑酮与三环唑复配的一种低毒复合杀菌剂。防治水稻稻瘟病，防治苗瘟及叶瘟时，从田间出现发病中心后立即开始喷药，每隔7～10天喷1次，连喷2～3次。每亩用20%唑酮·三环唑可

湿性粉剂 100～150 克，兑水 30～45 千克均匀喷雾，安全间隔期 21 天，每季最多使用 2 次。

③ **唑酮·乙蒜素**。由三唑酮与乙蒜素复配的一种广谱中毒复合杀菌剂。防治水稻稻瘟病，防治苗瘟及叶瘟时，从田间出现发病中心后立即开始喷药，每隔 7～10 天喷 1 次，连喷 2 次左右；防治穗颈瘟时，从破口初期开始喷药，每隔 7～10 天喷 1 次，连喷 2～3 次。每亩用 16%唑酮·乙蒜素可湿性粉剂 45～60 克，兑水 30～45 千克均匀喷雾，安全间隔期 21 天，每季最多使用 2 次。

注意事项

（1）建议三唑酮与作用机制不同的杀菌剂轮换使用，以延缓抗性产生。

（2）三唑酮对蜜蜂、家蚕有毒。对鱼类等水生生物有毒，远离水产养殖区施药。

福美双（thiram）

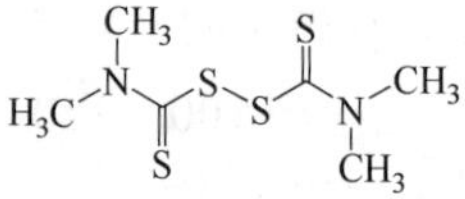

$(CH_3)_2N-C(=S)-S-S-C(=S)-N(CH_3)_2$

$C_6H_{12}N_2S_4$，240.44

其他名称　秋兰姆、赛欧散、阿锐生、安喜、博洋。

主要剂型　50%、70%、80%可湿性粉剂，80%水分散粒剂，400 克/升悬浮剂。

毒性　中毒。

作用机理　福美双通过抑制病菌的一些酶的活性和干扰三羧酸代谢循环而导致病菌死亡。

应用

（1）单剂应用　防治水稻稻瘟病，每 100 千克种子用 50%福美双可湿性粉剂 500 克拌种。

防治水稻胡麻叶斑病，每 100 千克种子用 50%福美双可湿性粉剂 500 克拌种。

（2）复混剂应用

① **福·甲·咪鲜胺**。由福美双与甲霜灵、咪鲜胺复配的一种低毒复合种子处理杀菌剂。主要用于水稻种子包衣，对水稻苗期的立枯病、恶苗病具有良好的效果，一般每 10 千克水稻种子用 16%福·甲·咪鲜胺种子处理悬浮剂 170～250 克，均匀包衣后晾干、播种。

② **福·霜·敌磺钠**。由福美双与甲霜灵、敌磺钠复配的一种广谱低毒复合杀菌剂。防治水稻苗床的立枯病、猝倒病，播种后出苗前，按照每平方米苗床使用 40%福·霜·敌磺钠可湿性粉剂 0.4～0.5 克的药量，兑水 0.5～1 千克对苗床喷雾，当苗床出现病株后立即再喷雾 1 次。

③ **萎锈·福美双**。由萎锈灵与福美双复配的一种广谱内吸性低毒复合种子处理专用杀菌剂。防治水稻恶苗病、立枯病，用 400 克/升萎锈·福美双悬浮剂 1∶(250～333)(药种比)拌种。或每千克种子用 75%萎锈·福美双可湿性粉剂 1～1.5 克，兑水 1 升进行浸种。

- **注意事项**

（1）福美双不能与铜、汞及碱性农药混用或前后接连使用。

（2）拌过药的种子有残毒，不能再食用。

异稻瘟净（iprobenfos）

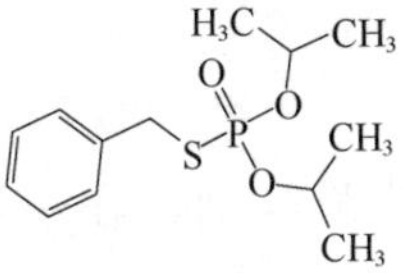

$C_{13}H_{21}O_3PS$，288.34

- **其他名称**　申宁、丙基喜乐松、瘟定、颖秀。
- **主要剂型**　40%、50%乳油，50%水乳剂，17%颗粒剂，20%粉剂。
- **毒性**　低毒。
- **作用机理**　异稻瘟净主要是干扰细胞膜透性，阻止某些亲脂几丁质前体通过细胞质膜，使几丁质的合成受阻碍，细胞壁不能生长，从而抑制菌体的正常发育，最终导致病菌死亡。

● **应用**

（1）单剂应用　防治水稻稻瘟病，节瘟和穗颈瘟在水稻破口期、齐穗期各喷施 1 次。苗瘟和叶瘟，在发病初期用药，每亩用 40%异稻瘟净乳油 150～200 毫升，或 50%异稻瘟净乳油 120～160 毫升，兑水 30～50 千克均匀喷雾，安全间隔期 21 天，每季最多使用 3 次。或每亩用 50%异稻瘟净水乳剂 120～160 毫升，兑水 30～50 千克均匀喷雾，安全间隔期 28 天，每季最多使用 3 次。

（2）复配剂应用

① **异稻·稻瘟灵**。由异稻瘟净与稻瘟灵复配的一种低毒或中毒复合杀菌剂。防治水稻稻瘟病，防治苗瘟及叶瘟时，当田间出现发病中心后立即开始喷药，每隔 7～10 天喷 1 次，连喷 1～2 次；防治穗颈瘟时，在破口初期或齐穗初期各喷药 1 次。每亩用 30%异稻·稻瘟灵乳油 150～250 毫升，兑水 40～60 千克均匀喷雾，安全间隔期 28 天，每季最多使用 2 次。

② **异稻·三环唑**。由异稻瘟净与三环唑复配的一种低毒或中毒复合杀菌剂。防治水稻稻瘟病，防治苗瘟及叶瘟时，当田间出现发病中心后立即开始喷药，每隔 7～10 天喷 1 次，连喷 1～2 次；防治穗颈瘟时，在破口初期和齐穗初期各喷药 1 次。每亩用 30%异稻·三环唑可湿性粉剂 100～120 克，兑水 30～45 千克均匀喷雾，安全间隔期 21 天，每季最多使用 2 次。

● **注意事项**

（1）异稻瘟净也是棉花脱叶剂，在邻近棉田使用时应防止雾滴飘移。

（2）禁止与石硫合剂、波尔多液等碱性农药，以及五氯酚钠、敌稗混用，施药前后 10 小时内不能施敌稗。

（3）在使用浓度过高、喷药不均的情况下，水稻幼苗会产生褐色药害斑，对籼稻有时也会产生褐色药害斑。特别需要注意的是其对大豆、豌豆等有药害。

吡唑醚菌酯（pyraclostrobin）

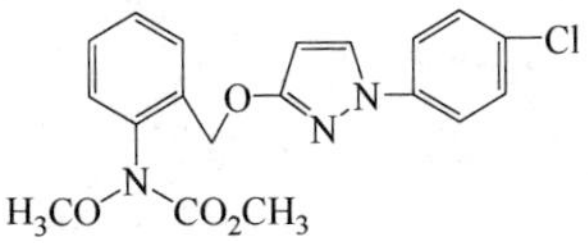

$C_{19}H_{18}ClN_3O_4$，387.82

● **其他名称**　凯润、唑菌胺酯、吡亚菌平、百克敏、稻清。

● **主要剂型**　20%、25%、30%乳油，10%、15%微乳剂，20%、25%水分散粒剂，9%、15%悬浮剂，20%、25%可湿性粉剂，9%、20%微囊悬浮剂，18%悬浮种衣剂。

● **毒性**　低毒。

● **作用机理**　吡唑醚菌酯属线粒体呼吸抑制剂，主要通过抑制病原菌细胞线粒体呼吸作用中的细胞色素 b 和 c_1 间电子传递，使线粒体不能正常提供细胞代谢所需能量（ATP），从而达到杀菌效果。此外，吡唑醚菌酯还是一种激素型杀菌剂，能够诱导作物尤其是谷物的生理变化作用，如能增强硝酸盐（硝化）还原酶的活性，提高对氮的吸收，降低乙烯的生物合成，延缓作物衰老，当作物受到病毒袭击时，它还能加速抵抗蛋白的形成，促进作物生长。

● **应用**

（1）单剂应用

① 防治水稻穗颈瘟。防治穗颈瘟时，水稻破口初期用药 1 次，依据病害情况，水稻齐穗期可再用药 1 次，但用药最迟不能晚于盛花期。防治水稻叶瘟时，低剂量最早可于分蘖末期且稻田覆盖率达 60%以上时使用，若稻田覆盖率大于 75%，可使用高剂量。如需在分蘖末期之前用药或使用高剂量，则必须确保稻田无水或稻田中的水深达 1 厘米以下。每亩用 9%吡唑醚菌酯微囊悬浮剂 56～73 毫升，兑水 30～45 千克均匀喷雾，安全间隔期 28 天，每季最多使用 2 次。

② 防治水稻纹枯病。发病前或初期，每亩用 9%吡唑醚菌酯微囊悬浮剂 58～66 毫升，兑水 30～45 千克均匀喷雾，安全间隔期 28 天，每

季最多使用 2 次。

（2）复配剂应用

① **吡唑醚菌酯·噻虫嗪**。由吡唑醚菌酯与噻虫嗪复配的杀虫杀菌种衣剂。防治水稻蓟马和水稻恶苗病，按 100 千克种子用 10%吡唑醚菌酯·噻虫嗪种子处理悬浮剂 900～1100 毫升，在水稻播种前按用种量，量取药剂，将药浆与种子充分搅拌，直到药液均匀分布到种子表面，晾干后即可。勿超量用药，以避免产生药害，每季最多使用 1 次。

② **吡唑酯·咯菌腈·精甲霜**。由吡唑醚菌酯、咯菌腈、精甲霜灵复配而成，用于种子包衣可有效防治水稻立枯病和烂秧病。按 100 千克种子用 2%吡唑酯·咯菌腈·精甲霜种子处理悬浮剂 1665～2500 毫升，1：1 兑水，药与种子以 1：（40～60）的比例充分搅拌，直到药液均匀分布到种子表面，晾干后即可。本品使用方便，可供种子公司作种子包衣剂，亦可供农户直接拌种包衣，干籽后可直播，也可用清水浸种，浸种时间视温度而定，南方 2～3 天，北方 5～7 天。在作物新品种上大面积应用时，必须先进行小范围的安全性试验。每季最多使用 1 次。

注意事项

（1）由于吡唑醚菌酯作用机理比较特殊，它主要是抑制病原菌呼吸作用过程中产生的能量，所以病菌死得很慢，药效也会慢一些，因此吡唑醚菌酯最好在发病前或发病初期使用。在病害已经大发生时，建议搭配其他药剂一块用，否则可能会因治不住病而导致病害蔓延，损失加剧。

（2）吡唑醚菌酯有非常好的渗透性，所以不宜与乳油类、碱性药剂和有机硅混用，更易出现药害。

（3）吡唑醚菌酯有促进作物生长的作用，一般不需要加叶面肥。吡唑醚菌酯可以和磷酸二氢钾、芸苔素内酯、复硝酚钠及其他一些植物生长调节剂混用，混配时的浓度一定要根据作物的生长周期确定，前期使用一定要低浓度剂量，中后期可以适当增加。吡唑醚菌酯还可以和三唑类杀菌剂及其他杀菌剂混配使用，这样可以提高防病的效果，还可以延缓抗性的产生。

（4）吡唑醚菌酯对蜜蜂、鱼类等水生生物、家蚕有毒，赤眼蜂等天敌放飞区禁用。禁止在养殖鱼、虾、蟹的稻田使用。

敌磺钠（fenaminosulf）

$$H_3C(CH_3)N-C_6H_4-N=N-SO_2-O^- \; Na^+$$

$C_8H_{10}N_3NaO_3S$，251.24

- **其他名称** 敌克松（Dexon）、地克松、地爽。
- **主要剂型** 1%、1.5%、45%、50%湿粉，50%、70%可溶粉剂，1%可湿性粉剂，55%膏剂。
- **毒性** 中等毒，对蜜蜂和鱼类低毒。
- **作用机理** 敌磺钠通过作用于病菌复合体Ⅰ，阻断了辅酶Ⅰ（NAD）和黄酶Ⅰ（FMN）之间的电子传递。
- **应用**

（1）单剂应用　防治水稻秧田立枯病，每平方米苗床用50%敌磺钠湿粉2～3克，兑水0.5～1千克喷雾苗床。旱育秧苗床施药：于水稻播种前床土喷洒消毒和秧苗1叶1心期喷洒施药。大棚秧苗施药：于播前、秧苗1叶1心期、秧苗2叶1心期喷洒。水稻苗床、苗期喷洒2～3次，安全间隔期140天。或每亩用50%敌磺钠可溶粉剂1750～2000克，兑水30～60千克喷雾，安全间隔期140天，每季最多使用2次。或每亩用70%敌磺钠可溶粉剂1250克，兑水30～60千克喷雾，每隔7～10天喷1次，连喷2～3次，除喷施外还可以用药液泼浇，将药液搅均匀后泼浇在土壤中，进行土壤消毒或泼浇在植株根茎周围进行杀菌。或播种前用1.5%敌磺钠湿粉2千克加过筛旱田土20千克，混拌均匀撒施在15～20平方米的苗床上，用耙子挠匀，拌混于2厘米深土，然后浇透水播种。

旱育苗：用1%敌磺钠可湿性粉剂2千克加过筛旱田细土20千克，充分混拌后，均匀撒施在平整好的13平方米苗床表面，用耙子挠入3～5厘米深土壤层内，混拌均匀，整平床面，浇水，播种，覆土。

盘育苗：1%敌磺钠可湿性粉剂2千克加过筛旱田细土20千克，拌匀后再加入160千克育苗床土充分拌匀，装入80个育秧盘中，摊平盘面，浇透水，播种，覆土。

隔离层育苗：1%敌磺钠可湿性粉剂 2 千克加过筛旱田细土 160 千克充分拌匀后，平铺在 13 平方米的隔离层上，厚度 2～3 厘米，整平床面，浇透水，播种，覆土。

抛秧盘育苗：参考盘育苗方法使用（根据秧盘孔大小决定用土量）。

（2）复配剂应用　**敌磺·福美双**。由敌磺钠与福美双复配的一种中毒复合杀菌剂。防治水稻苗期立枯病，水稻育秧期，遇持续阴湿天气时或苗床发病初期，立即用药，每亩用 48%敌磺·福美双可湿性粉剂 300～400 倍液喷淋，每隔 7～10 天 1 次，连用 2 次。

此外，还有福·霜·敌磺钠，参见福美双。

注意事项

（1）敌磺钠制剂使用时溶解较慢，可先加少量水搅拌均匀后，再加水稀释溶解，最好现配现用。

（2）敌磺钠施用时要注意均匀施用，防止药肥不均影响生长，施用后整平耙细，以防隔离物与床底面接触不好，保持播种时土壤有适当水分，以防止土壤通透性不好，影响发芽或出苗不齐。

（3）禁止将敌磺钠可湿性粉剂不经拌土直接覆盖种子。

精甲霜灵（metalaxyl-M）

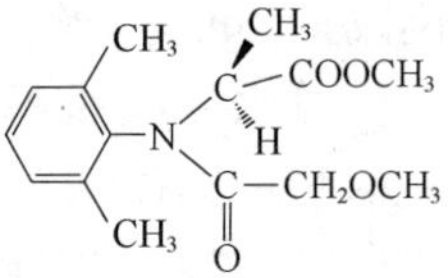

$C_{15}H_{21}NO_4$，279.3

其他名称　高效甲霜灵。

主要剂型　10%种子处理悬浮剂，10%、350 克/升种子处理乳剂，20%、35%悬浮种衣剂，90%、91%、92%、94%、96%原药。

毒性　低毒。

作用机理　精甲霜灵可作为种子处理，内吸进入植物体内，施药后 30 分钟即可在植物体内上下双向传导，可以透入卵菌的细胞膜，抑制菌丝体内蛋白质的合成，使其营养缺乏，不能正常生长而死亡。

应用

（1）单剂应用　防治水稻烂秧病。精甲霜灵是优秀的水稻种子处理剂成分，单独使用可以有效防治水稻烂秧病。腐霉菌是引起水稻烂秧病的重要病原，可引起水稻烂种、烂芽和死苗，发病初期零星发生，之后迅速向四周蔓延，严重时出现整片秧苗死亡。水稻烂秧病全国各地均有发生，精甲霜灵可有效防治腐霉菌引起的水稻烂秧病，也是目前唯一登记的防治水稻烂秧病的种子处理剂有效成分，因此，其在水稻种子处理市场上具有不可替代的重要地位。

① 拌种。按照每 100 千克种子用 350 克/升精甲霜灵种子处理乳剂 15～25 毫升，用水稀释至 1～2 升，将药浆与种子充分搅拌，直到药液均匀分布到种子表面，晾干后即可。每季最多使用 1 次。

② 浸种。将 350 克/升精甲霜灵种子处理乳剂用水稀释，按照 4000～6000 倍液浸种，浸种 24 小时后催芽。

（2）复配剂应用

① **精甲·咯菌腈**。由精甲霜灵与咯菌腈复配而成。防治水稻恶苗病、烂秧病，每 100 千克种子用 35 克/升精甲·咯菌腈种子处理悬浮剂 400～500 毫升，用水稀释至 1～2 升，将药浆与种子按比例充分搅拌，直到药液均匀分布到种子表面，晾干后播种。机械包衣，选用适宜的包衣机械，根据包衣机械要求调整浆状药液与种子的比例，按推荐制剂用药量加适量清水，混合均匀，进行包衣。包衣后的种子按行业要求储藏待用。手工包衣，根据种子量确定制剂用量，把每千克种子所需药剂量，用水稀释均匀为 15～30 毫升药浆，倒在水稻种子上并充分搅拌，直到水稻种子均匀着药后，摊开于通风阴凉处晾干待播。配制好的药液应在 24 小时内使用。

防治水稻立枯病，种前种子包衣处理，按照每 100 千克种子用 63 克/升精甲·咯菌腈种子处理悬浮剂 300～400 毫升，将药剂加少量水稀释，每 100 千克种子药液量以 2 千克为宜，使药剂均匀附着在种子表面，晾干后即可播种，配好的药液应在 24 小时内使用。

② **精甲·噁霉灵**。由精甲霜灵与噁霉灵复配的一种低毒复合杀菌剂。防治水稻苗床的立枯病、烂秧病，播种后或苗床初现病苗时开始用药，一般按照每平方米用 3%精甲·噁霉灵水剂 12～16 毫升，兑水 1～2 千克

均匀喷淋。水稻育苗播种前喷淋床面，用于床土消毒，或在秧苗 1 叶 1 心期喷淋。每季最多使用 1 次。

③ **精甲·咯·嘧菌**。由精甲霜灵与咯菌腈、嘧菌酯复配的种子包衣剂。防治水稻恶苗病、烂秧病、立枯病，采用种子包衣法：按 100 千克种子用 4%精甲·咯·嘧菌种子处理悬浮剂 1000～1250 毫升，将药用水稀释至 1～2 升，将药浆与种子按比例充分搅拌，直到药液均匀分布到种子表面，晾干后即可。可供种子公司作种子包衣剂，亦可供农户直接拌种。配制好的药液应在 24 小时内使用。播种后应立即覆土。

④ **精甲·戊唑醇**。由精甲霜灵与戊唑醇复配，可有效防治水稻立枯病和水稻烂秧病。可采用机械或人工拌种两种方法。使用时，用 0.8%精甲·戊唑醇种子处理乳剂，按药种比 1∶25～1∶75，兑水搅拌均匀后，对种子进行拌种。种子拌种后，一定要阴干 2～3 天，等药膜充分固化好后再浸种。拌种后的种子不要在阳光下晾晒，以免影响药效。浸种时，水面要超过种子 2～3 厘米，浸种时不搅拌，不换水，浸好的种子捞出不要清洗，可直接播种或催芽后播种。

⑤ **精甲·戊·嘧菌**。由精甲霜灵与戊唑醇、嘧菌酯三元复配的杀菌剂，能有效防治水稻恶苗病、烂秧病。种子包衣方法：以包 100 千克种子为例，将 10%精甲·戊·嘧菌种子处理悬浮剂 200～300 毫升，用水稀释至 1～2 升，将药浆与种子充分搅拌，直到药液均匀分布到种子表面，晾干后即可。本品可供农户直接包衣，亦可供种子公司作种子包衣剂。配制好的药液应在 24 小时内使用。本品在上述作物新品种上大面积应用时，必须先进行小范围的安全性试验。

注意事项

（1）长期单一使用精甲霜灵易使病菌产生抗药性，应与其他杀菌剂轮换使用或混合使用，生产上常与代森锰锌、福美双等保护性药剂混配使用。

（2）用精甲霜灵处理过的种子必须放置在有明显标签的容器内，勿与食物、饮料放在一起，不得饲喂禽畜，不得用来加工饲料或食品。

（3）播种后必须覆土，严禁畜禽进入。鸟类保护区禁用。对蜜蜂、鱼类等水生生物、家蚕有毒。

氯溴异氰尿酸（chloroisobromine cyanuric acid）

$C_3HO_3N_3ClBr$，242.4

- **其他名称** 消菌灵、菌毒清。
- **主要剂型** 50%可溶粉剂，50%可湿性粉剂，90%原药。
- **毒性** 低毒。
- **作用机理** 氯溴异氰尿酸是一种内吸性杀菌剂，氯溴异氰尿酸喷施在作物表面能慢慢地释放氯离子和溴离子，形成次氯酸（HClO）和次溴酸（HBrO），通过使菌体蛋白质变性，改变膜通透性，干扰酶系统生理生化及影响 DNA 合成等过程，使病原菌迅速死亡。氯溴异氰尿酸杀菌谱广，对多种细菌、藻类、真菌等有极强的杀菌活性。用于防治水稻白叶枯病等。
- **应用**

（1）单剂应用

① 防治水稻白叶枯病。发病初期，每亩用 50%氯溴异氰尿酸可溶粉剂 40～60 克，兑水 30～50 千克均匀喷雾，每隔 7 天左右喷 1 次，连喷 2～3 次，安全间隔期 14 天，每季最多使用 3 次。

② 防治水稻细菌性条斑病。发病前或发病初期，每亩用 50%氯溴异氰尿酸可溶粉剂 50～60 克，兑水 40～50 千克均匀喷雾，每隔 7～10 天喷 1 次，连喷 2 次，以药液欲滴未滴为度，安全间隔期 10 天，每季最多使用 3 次。或每亩用 50%氯溴异氰尿酸可湿性粉剂 50～60 克，兑水 40～50 千克均匀喷雾，安全间隔期 21 天，每季最多使用 3 次。施药时田间保持 5～7 厘米的水层，施药后保水 5 天。

③ 防治水稻稻瘟病、纹枯病。发病前或病害始发期开始施药，发病盛期加大用药量，每亩用 50%氯溴异氰尿酸可湿性粉剂 50～60 克，兑水 30～50 千克均匀喷雾，安全间隔期 7 天，每季最多使用 3 次。

④ 防治水稻条纹叶枯病。发病前或发病初期开始施药，发病盛期加

大用药量，每亩用 50%氯溴异氰尿酸可溶粉剂 55～69 克，兑水 30～50 千克均匀喷雾，安全间隔期 7 天，每季最多使用 3 次。

（2）复配剂应用　在水稻生产上主要有春雷·氯尿。参见春雷霉素。

注意事项

（1）氯溴异氰尿酸是强氧化剂，与易燃物接触可能引发火灾。

（2）氯溴异氰尿酸不宜与有机磷类及碱性农药等物质混用。在某些情况下，氯溴异氰尿酸最好单独使用，不建议混合喷施。比如，不能与一些碱性杀菌剂、无机铜类等混合使用，也不能与一些叶面肥混合使用，否则会降低药效或者肥效。

（3）建议与其他不同作用机制的杀菌剂轮换使用。

（4）防治细菌性、病毒性病害，最好间隔 1 周连续使用 2 次。

（5）对真菌性病害持效期较短，防治真菌性病害时不建议单独使用，可搭配其他成分一起使用，既可保证持效期，又能提升见效速度及可靠性。

（6）因它的药效速效性强、持效期短，所以在药效期过后，要尽快补喷其他杀菌剂。

（7）只有在不确定某种病害的情况下，可直接用氯溴异氰尿酸。如果能准确判断出某一种病害，最好还是选用针对性的药剂进行防治，以免错过最佳防治时机。

（8）开花植物花期、蚕室、桑园及鸟放养区附近禁用。鱼或虾蟹套养稻田禁用。

辛菌胺醋酸盐

$$\left.\begin{array}{l}C_8H_{17}NHCH_2CH_2\\C_8H_{17}NHCH_2CH_2\end{array}\right\rangle NCH_2COOH \cdot HCl$$

其他名称　菌毒清、环中菌毒清。

主要剂型　1.2%、1.26%、1.8%、1.9%、5%、8%、20%水剂，3%可湿性粉剂。

毒性　低毒。

作用机理　辛菌胺醋酸盐为氨基酸类高分子聚合物内吸性杀菌剂，在水溶液中电离的亲水基部分吸附带负电的病菌，凝固其蛋白质使病菌酶系统变性，加上聚合物形成的薄膜堵塞了这部分微生物的离子通道，使其立即窒息死亡，从而达到较好的杀菌效果。具有良好的水溶性、内吸性和较强的渗透作用，可用于防治水稻细菌性条斑病、白叶枯病、稻瘟病、黑条矮缩病等。

应用

① 防治水稻细菌性条斑病　发病前或发病初期，每亩用 1.2%辛菌胺醋酸盐水剂 463～694 毫升，或 3%辛菌胺醋酸盐可湿性粉剂 213～267 克，兑水 30～45 千克均匀喷雾，视病害发生情况，每隔 7 天施药 1 次，安全间隔期 14 天，每季最多使用 3 次。

② 防治水稻白叶枯病　发病前或发病初期，每亩用 1.2%辛菌胺醋酸盐水剂 463～694 毫升，兑水 30～50 千克均匀喷雾，每隔 7～10 天喷 1 次，安全间隔期 14 天，每季最多使用 3 次。

③ 防治水稻稻瘟病　发病前或发病初期，每亩用 1.8%辛菌胺醋酸盐水剂 80～100 毫升，兑水 30～45 千克均匀喷雾，每隔 7 天喷 1 次，连用 2 次效果最佳，安全间隔期 7 天，每季最多使用 3 次。

④ 防治水稻黑条矮缩病　发病前或发病初期，每亩用 1.8%辛菌胺醋酸盐水剂 80～100 毫升，兑水 30～45 千克均匀喷雾，每隔 7 天喷 1 次，连用 2 次，安全间隔期 7 天，每季最多使用 3 次。

注意事项

（1）辛菌胺醋酸盐与碱性农药混用时，应现混现用，以免降低药效。

（2）气温低，辛菌胺醋酸盐药剂出现结晶沉淀时，应用温水将药液温至 30℃左右，将其中结晶全部溶化后再稀释使用。

（3）辛菌胺醋酸盐对蜜蜂、鱼类等水生生物、家蚕有毒。

三氯异氰尿酸（trichloroisocyanuric acid）

$C_3Cl_3N_3O_3$，232.4

其他名称　强氯精、通抑、细条安、病菌博士、东宝劈菌、菌毒清、赛手、细速、祥林、病菌清、止毒。

- **主要剂型** 80%、85%可溶粉剂，36%、40%、42%可湿性粉剂。
- **毒性** 低毒。
- **作用机理** 三氯异氰尿酸喷施在作物表面能慢慢地释放次氯酸，使菌体蛋白质变性，改变膜通透性，干扰酶系统生理生化反应及影响DNA合成等过程，从而致使病原菌迅速死亡。
- **应用**

① 防治水稻白叶枯病 在水稻苗期病害发生时，用36%三氯异氰尿酸可湿性粉剂1000倍液均匀喷雾，安全间隔期7天，每季最多使用3次。

② 防治水稻稻瘟病 水稻分蘖期病害发生时，用36%三氯异氰尿酸可湿性粉剂1000倍液均匀喷雾，安全间隔期7天，每季最多使用3次。

③ 防治水稻纹枯病 水稻穗期病害发生时，用36%三氯异氰尿酸可湿性粉剂1000倍液均匀喷雾，安全间隔期7天，每季最多使用3次。

④ 防治水稻细菌性条斑病 水稻结实期病害发生时，用36%三氯异氰尿酸可湿性粉剂1000倍液，均匀喷雾，安全间隔期7天，每季最多使用3次。或浸种消毒：洗净种子直接用40%三氯异氰尿酸可湿性粉剂10克，兑水5千克（500倍液）浸种，早稻24小时，晚稻12小时，直接催芽，每10克可处理稻种5千克。包装种子消毒直接用40%三氯异氰尿酸可湿性粉剂5克或10克装入种子袋中。

- **注意事项**

（1）为延缓抗性，三氯异氰尿酸可与其他作用机制不同的杀菌剂轮换使用。

（2）三氯异氰尿酸易与铵、氨、胺（如代森铵、硫酸铵、氨水等）发生化学反应，禁止与以上化学品混用。

（3）三氯异氰尿酸对鱼类等水生生物有毒。

噻霉酮（benziothiazolinone）

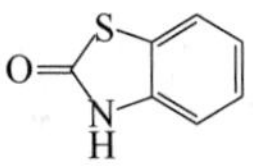

C_7H_5NOS，151.2

其他名称 菌立灭。

主要剂型 1.5%水乳剂，1.6%涂抹剂，3%微乳剂，3%、12%水分散粒剂，5%悬浮剂，3%可湿性粉剂，95%、98%原药。

毒性 低毒。

作用机理 噻霉酮是一种广谱性内吸性杀菌剂，有预防和治疗作用。其作用机理是通过破坏病菌细胞核结构，干扰病菌细胞的新陈代谢，使其生理紊乱，最终导致死亡。噻霉酮既可以抑制病原孢子的萌发及产生，也可以控制菌丝体的生长，对病原真菌生活史的各发育阶段均有影响。用于防治黄瓜细菌性角斑病、水稻细菌性条斑病、烟草野火病、柑橘树溃疡病。

应用

（1）单剂应用 防治水稻细菌性条斑病，发病初期，每亩用3%噻霉酮微乳剂60～100毫升，或5%噻霉酮悬浮剂35～50毫升，兑水30～45千克均匀喷雾，每隔7～15天喷1次，安全间隔期14天，每季最多使用3次。

（2）复配剂应用 在水稻生产上的复配剂有寡糖·噻霉酮、嘧菌·噻霉酮、咪鲜胺·噻霉酮、戊唑·噻霉酮等，分别参见氨基寡糖素、嘧菌酯、咪鲜胺和戊唑醇。

注意事项

（1）建议与其他作用机制不同的杀菌剂轮换使用。

（2）噻霉酮对蜜蜂、家蚕、蚯蚓低毒，对鱼类、鸟类、藻类中等毒，对溞类高毒，对天敌赤眼蜂低风险。

（3）噻霉酮对斑马鱼中毒，鱼或虾蟹套养稻田禁用。

噻菌铜（thiodiazole copper）

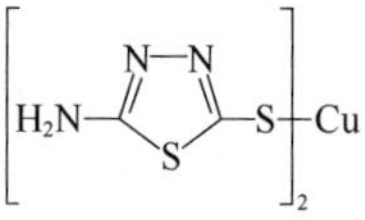

$$\left[H_2N-\underset{S}{\overset{N-N}{\langle\quad\rangle}}-S\right]_2Cu$$

$C_4H_4N_6S_4Cu$，327.9

- **其他名称** 龙克菌。
- **主要剂型** 20%悬浮剂，95%原药。
- **毒性** 低毒。对鱼、鸟、蜜蜂安全，对环境无污染。
- **作用机理** 噻菌铜属于噻唑类杀细菌制剂。噻菌铜是由噻二唑基团和铜离子基团构成，具有双重杀菌机理。噻二唑对植物具有内吸和治疗作用，对细菌性病原菌具有特效；铜离子具有预防和保护作用，对细菌性病害也具有一定的效果。两个基团共同作用，对细菌性病害的防治效果更好，杀菌谱更广，持效时间更长，杀菌机理更独特。
- **应用**

① 防治水稻白叶枯病。发病初期，每亩用20%噻菌铜悬浮剂100～130毫升，兑水30～45千克均匀喷雾，安全间隔期15天，每季最多使用3次。

② 防治水稻细菌性条斑病。发病初期，每亩用20%噻菌铜悬浮剂125～160毫升，兑水30～45千克均匀喷雾，安全间隔期15天，每季最多使用3次。

- **注意事项**

（1）噻菌铜不能与碱性药物混用。

（2）噻菌铜宜在发病初期用药，采用喷雾或弥雾法。

（3）噻菌铜使用之前，先摇匀；如有沉淀，摇匀后不影响药效。

（4）噻菌铜使用时，先用少量水将悬浮剂搅拌成浓液，然后兑水稀释。

嘧啶核苷类抗菌素

- **其他名称** 抗霉菌素120、120农用抗菌素、农抗120、嘧啶核苷类抗生素。

主要剂型　2%、4%、6%水剂，8%、10%可湿性粉剂。

毒性　低毒。

作用机理　阻碍病原菌的蛋白质合成，导致病菌死亡。

应用

（1）单剂应用

① 防治水稻炭疽病。发病前期或病斑初见期，每亩用 2%嘧啶核苷类抗菌素水剂 500～600 毫升，或 4%嘧啶核苷类抗菌素水剂 250～300 毫升，兑水 30～50 千克均匀喷雾。

② 防治水稻纹枯病。发病前期或病斑初见期，每亩用 2%嘧啶核苷类抗菌素水剂 500～600 毫升，或 4%嘧啶核苷类抗菌素水剂 250～300 毫升，兑水 30～50 千克均匀喷雾，安全间隔期 7 天，每季最多使用 2 次。

③ 防治水稻稻曲病。发病前期或病斑初见期，每亩用 4%嘧啶核苷类抗菌素水剂 250～300 毫升，兑水 30～50 千克均匀喷雾。

（2）复配剂应用　在水稻生产上的复配剂主要有噻呋·嘧苷素、咪锰·嘧苷素、井冈·嘧苷素、氟唑·嘧苷素。分别参见噻呋酰胺、咪鲜胺、井冈霉素、氟环唑。

注意事项

（1）嘧啶核苷类抗菌素为核苷类抗生素类杀菌剂，建议与其他作用机制不同的杀菌剂轮换使用。

（2）远离水产养殖区施药，禁止在河塘等水域内清洗施药器具。

宁南霉素（ningnanmycin）

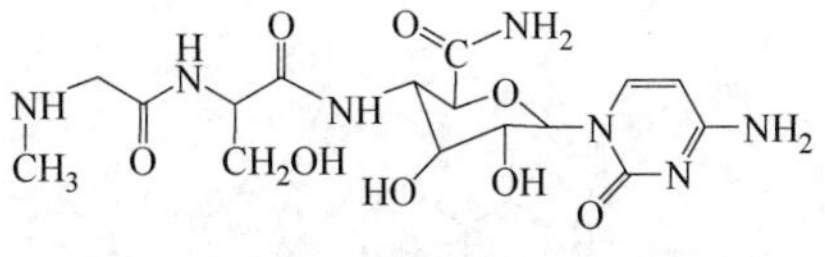

$C_{16}H_{25}N_7O_8$，443.4

其他名称　菌克毒克、翠美、翠通。

主要剂型　40%母药，1.4%、2%、4%、8%水剂，8%、10%可溶液剂。

作用机理　抑制病毒核酸的复制和外壳蛋白的合成。

应用

① 防治水稻条纹叶枯病。病害初期或发病前，每亩用2%宁南霉素水剂200～333毫升，或4%宁南霉素水剂133～167毫升，或8%宁南霉素可溶液剂67～83毫升，兑水40～60千克喷雾，隔10天喷1次，共喷2次，安全间隔期 10天，每季最多使用2次。

② 防治水稻黑条矮缩病。病害初期或发病前，每亩用8%宁南霉素水剂45～60毫升，兑水30～50千克喷雾，隔7～10天喷1次，共喷2～3次，安全间隔期10天，每季最多使用3次。或水稻黑条矮缩病发病前或移栽缓苗后，用8%宁南霉素可溶液剂60～70毫升，兑水40～60千克均匀喷雾，可用药2次，间隔7天左右1次，安全间隔期21天，每季最多使用2次。

③ 防治水稻立枯病和青枯病。将8%宁南霉素水剂800倍液均匀喷洒在苗床上，消毒床土。

注意事项

（1）宁南霉素应在作物将要发病或发病初期开始喷药，喷药时必须均匀喷布，不漏喷。

（2）宁南霉素不能与碱性物质混用，如有蚜虫发生则可与杀虫剂混用。与其他作用机制不同的杀菌剂轮换使用，以延缓抗性产生。

（3）宁南霉素药液及其废液不得污染各类水域、土壤等环境。

多抗霉素（polyoxin）

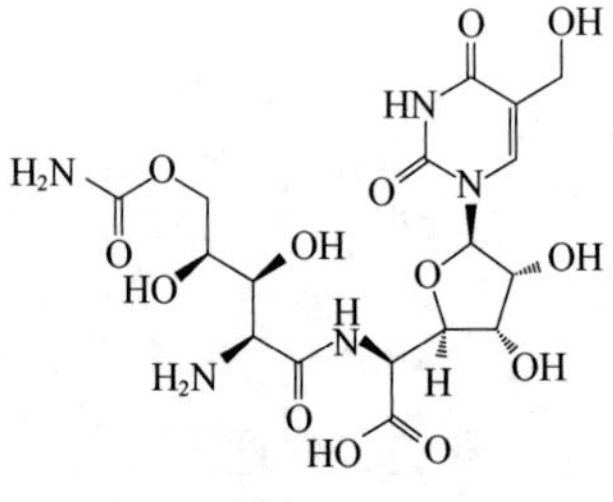

$C_{17}H_{25}N_5O_{13}$，507.41

其他名称 多氧霉素、多效霉素、多氧清、保亮。

主要剂型 0.3%、1.5%水剂，1.5%、3%可湿性粉剂，10%可溶粒剂。

◉ **毒性** 低毒。

◉ **作用机理** 多抗霉素干扰真菌细胞壁几丁质的生物合成，在芽管和菌丝体接触药剂后，使其局部膨胀，破裂，溢出细胞内含物，从而不能正常发育，最终导致死亡，还有抑制病菌产孢和病斑扩大作用。

◉ **应用**

① 防治水稻苗期立枯病。每平方米苗床用 0.3%多抗霉素水剂 5～10 毫升，兑水 0.5～1 千克均匀喷雾。

② 防治水稻纹枯病。发病前或发病初期，每亩用 3%多抗霉素水剂 120～200 毫升，或 1.5%多抗霉素水剂 100～125 毫升，兑水 30～45 千克均匀喷雾，每隔 7～14 天喷 1 次，可连喷 2 次，安全间隔期 21 天，每季最多使用 2 次。

③ 防治水稻稻瘟病。在破口期开始施药，每亩用 5%多抗霉素水剂 75～93 毫升，兑水 30～45 千克均匀喷雾，安全间隔期 14 天，每季最多使用 2 次。

◉ **注意事项**

（1）多抗霉素不能与酸性或碱性农药等混用。

（2）远离水产养殖区、河塘等水体施药。鱼或虾、蟹套养稻田禁用。

（3）建议与作用机制不同的杀菌剂轮换使用，以延缓抗性产生。

申嗪霉素（phenazine-1-carboxylic acid）

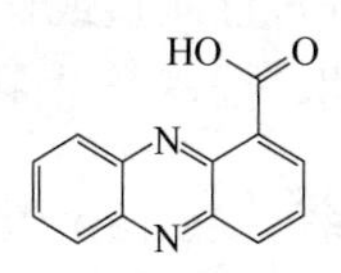

$C_{13}H_8N_2O_2$，224.2

◉ **其他名称** 绿群、广清、好收成、农乐霉素。

◉ **主要剂型** 1%悬浮剂。

◉ **毒性** 中等毒。

◉ **作用机理** 申嗪霉素是由荧光假单胞菌 M18 经生物培养分泌的一种抗菌素，同时具有抑制植物病原菌和促进植物生长双重功能的杀菌剂。其对真菌病害的作用机理，主要是利用其氧化还原能力，在真菌细胞内积累活性氧，抑制线粒体中呼吸传递链的氧化磷酸化作用，从而抑制菌丝的正常生长，引起植物病原真菌菌丝体的断裂、肿胀、变形和裂解。

应用

（1）单剂应用

① 防治水稻纹枯病。发病初期，每亩用1%申嗪霉素悬浮剂50～70毫升，兑水30～45千克均匀喷雾，视病害发生情况每隔7～10天喷1次，连喷2～3次，安全间隔期14天，每季最多使用2次。

② 防治水稻稻曲病。于破口前5～7天施药1次，破口期再施药1次，每亩用1%申嗪霉素悬浮剂60～90毫升，兑水30～45千克均匀喷雾，安全间隔期14天，每季最多使用2次。

③ 防治水稻稻瘟病。发病初期，每亩用1%申嗪霉素悬浮剂60～90毫升，兑水30～45千克均匀喷雾，视病害发生情况每隔7～10天喷1次，连喷2～3次，安全间隔期14天，每季最多使用2次。

（2）复配剂应用　**申嗪·噻呋**。由申嗪霉素与噻呋酰胺复配。防治水稻纹枯病，发病初期，每亩用30%申嗪·噻呋悬浮剂8～10毫升，兑水30～45千克均匀喷雾，安全间隔期14天，每季最多使用1次。

注意事项

（1）申嗪霉素不能与碱性农药混用。

（2）申嗪霉素是抗生素杀菌剂，建议与其他作用机制不同的杀菌剂轮换使用。

（3）申嗪霉素对鱼有中等毒性。鱼或虾、蟹套养稻田禁用。

（4）禁止在开花植物花期、蚕室及桑园附近使用申嗪霉素。

四霉素（tetramycin）

其他名称　梧宁霉素、11371抗生素等。

主要剂型　0.15%、0.3%水剂，15%母药。

毒性　低毒。

作用机理　四霉素为不吸水链霉菌梧州亚种的发酵代谢产物，其作用机理是通过抑制菌丝体的生长，诱导作物抗性并促进作物生长而达到防治目的。对水稻稻瘟病、水稻细菌性条斑病、水稻立枯病、苹果树腐烂病有防治效果。

● **应用**

（1）单剂应用

① 防治水稻稻瘟病。发病前或发病初期，每亩用0.15%四霉素水剂48～60毫升，兑水30～45千克均匀喷雾，安全间隔期14天，每季最多使用3次。

② 防治水稻立枯病。发病前或发病初期，每亩用0.3%四霉素水剂500～750倍液，兑水30～45千克均匀喷雾。

③ 防治水稻细菌性条斑病。发病前或发病初期，每亩用0.3%四霉素水剂50～65毫升，兑水30～45千克均匀喷雾，安全间隔期14天，每季最多使用3次。

（2）复配剂应用　在水稻生产上的主要复配剂有噁霉·四霉素、己唑·四霉素。参见噁霉灵、己唑醇。

● **注意事项**

（1）药液及其废液不得污染水域，禁止在河塘等水体清洗器具。远离水产养殖区、河塘等水体施药。鱼或虾、蟹套养稻田禁用。

（2）四霉素不能与碱性农药混用。

（3）四霉素不宜在阳光直射下喷施，喷施后4小时内遇雨需补施。

乙蒜素（ethylicin）

$$CH_3CH_2-\overset{\overset{O}{\|}}{\underset{\underset{O}{\|}}{S}}-S-CH_2CH_3$$

$C_4H_{10}O_2S_2$，154.2

● **其他名称**　抗菌剂402、鼎苗、断菌、伏尔、福盛、菌爽、菌无菌、皮特、群科。

● **主要剂型**　30%、80%乳油，15%可湿性粉剂，95%原药。

● **毒性**　中等毒。

● **作用机理**　乙蒜素是大蒜素的同系物，通过渗透溶解病原体细胞膜，干扰蛋白质的合成，从而达到杀菌的目的。

● **应用**

（1）单剂应用

① 防治水稻稻瘟病。发病前或发病初期，每亩用 15%乙蒜素可湿性粉剂 145～160 克，或 20%乙蒜素乳油 75～93.75 毫升，或 80%乙蒜素乳油 20～25 毫升，兑水 30～60 千克均匀喷雾，喷雾时将作物叶片均匀喷透，每季最多使用 3 次，施药间隔期为 7～10 天。

② 防治水稻烂秧病。稻种先晒种，用清水预浸 12 小时，再用 80%乙蒜素乳油 6000～10000 倍液浸种 24 小时，进行催芽，晒干后进行播种。浸种前请将药液搅拌均匀。

（2）复配剂应用　在水稻生产上应用的复配剂有井冈霉素·乙蒜素、唑酮·乙蒜素、咪鲜·乙蒜素、戊唑醇·乙蒜素、杀螟·乙蒜素。

注意事项

（1）乙蒜素不能与碱性农药等物质混用。

（2）农药包装废弃物不得随意丢弃或自行处置，及时交回农药包装废弃物回收站。禁止在河塘等水体中清洗施药器具。

（3）经乙蒜素处理过的种子应立即播种，不能食用或作饲料，且不得与草木灰等碱性物质一起播种，以免影响药效。

（4）乙蒜素渗透性太强，浓度过高容易发生药害。因此，一定不要超量使用乙蒜素，苗期慎用乙蒜素，严格按照使用说明用药。

（5）乙蒜素对水生生物、鸟类和赤眼蜂有毒。鱼或虾蟹套养稻田禁用。

香菇多糖（fungous proteoglycan）

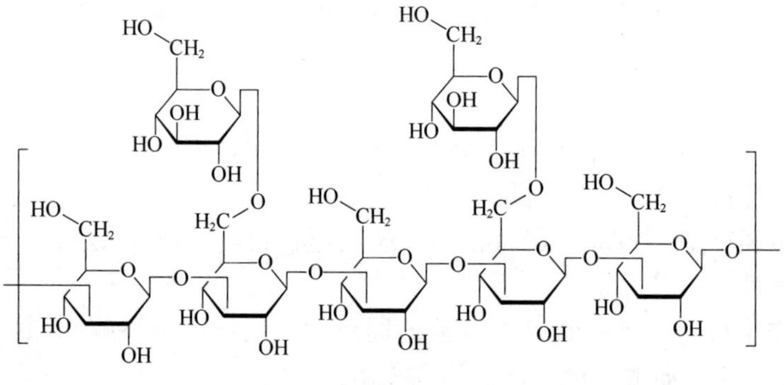

$C_{42}H_{70}O_{35}$

其他名称　菇类蛋白多糖、菌毒宁、抗毒丰、抗毒剂一号、扫毒、条枯毙。

● **主要剂型** 0.5%、1%、2%水剂，2%可溶液剂，10%原药，2%、10%母药。

● **毒性** 低毒。

● **作用机理** 香菇多糖为生物制剂，为预防型抗病毒剂。对病毒起抑制作用的主要组分系食用菌菌体代谢所产生的蛋白多糖，可增强植株抗性，激活植物体内防御系统，产生预防病毒病的木质素和多种PR蛋白，具有抵御病毒病的侵入、提高作物产量和产品品质等功效。

● **应用**

（1）防治水稻条纹叶枯病 发病前或发病初期，每亩用0.5%香菇多糖水剂160～240毫升，或1%香菇多糖水剂100～120毫升，或2%香菇多糖水剂50～60毫升，或2%香菇多糖可溶液剂65～80毫升，兑水30～50千克均匀喷雾，喷透整株，视病情可每隔5～7天喷1次，连喷2～3次，安全间隔期10天，每季最多使用3次。

（2）防治水稻黑条矮缩病 发病前或发病初期，每亩用2%香菇多糖水剂100～120毫升，兑水30～45千克均匀喷雾。病重的田块应适当加大用药量和增加用药次数，每隔7～10天喷1次，安全间隔期10天，每季最多使用3次。

● **注意事项**

（1）香菇多糖有轻微沉淀，施药时摇匀即可。

（2）避免与酸性、碱性或其他物质混用，配制时必须用清水，现配现用，配好的药剂不可贮存。

（3）病毒病不能彻底根除，只能控制，减轻其症状表现及危害，喷药时在药液中加入一定比例的营养成分（如糖类、叶面肥等），可提高香菇多糖对病毒病的控制效果。

低聚糖素

● **主要剂型** 0.4%、2%、6%水剂，4%可溶粉剂，6%可溶液剂。

● **毒性** 低毒。

● **作用机理** 低聚糖素为植物源农药，属植物诱抗剂，抑制病毒的主要组分系食用菌菌体代谢所产生的蛋白多糖，可提高水稻对纹枯病的抵抗能力。

应用

（1）单剂应用

① 防治水稻纹枯病。发病初期，每亩用 0.4%低聚糖素水剂 120～250 毫升，或 2%低聚糖素水剂 30～60 毫升，或 6%低聚糖素水剂 8～16 毫升，兑水 50 千克均匀喷雾。喷湿叶背、叶面，视病害发生情况，每隔 7～10 天喷 1 次，每季最多使用 2 次。对植物病害有预防作用，无治疗作用。

② 防治水稻稻瘟病。水稻分蘖期、始穗期、齐穗期或发病前开始施药，每亩用 6%低聚糖素水剂 62～83 毫升，兑水 50 千克均匀喷雾，视病情和天气发展情况，每隔 7～10 天喷 1 次，可连喷 2～3 次，注意喷雾要均匀。

（2）复配剂应用

① **低聚·吡蚜酮**。由低聚糖素与吡蚜酮复配。可防治水稻稻飞虱和黑条矮缩病。于水稻稻飞虱低龄若虫盛发期，水稻黑条矮缩病发病初期，每亩用 22%低聚·吡蚜酮悬浮剂 20～30 毫升，兑水 30～45 千克均匀喷雾，安全间隔期 14 天，每季最多使用 2 次。

② **井冈·低聚糖**。参见井冈霉素。

注意事项

（1）低聚糖素不能与碱性物质混用，以免降低药效。

（2）建议与其他作用机制不同的杀菌剂轮换使用，以延缓抗性产生。

氨基寡糖素（oligosaccharins）

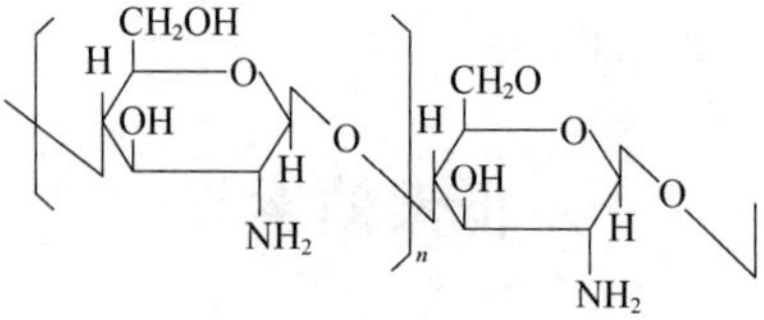

$(C_6H_{11}O_4N)_n (n \geqslant 2)$

其他名称　壳寡糖、百净。

主要剂型 0.2%、0.5%、1%水剂，1%、5%可溶液剂，2%可湿性粉剂，0.15%颗粒剂，7.5%、85%母液。

毒性 低毒。

作用机理 氨基寡糖素为生物化学农药，是利用微生物发酵技术从富含甲壳素的蟹、虾等产品的废弃物中分离得到的，是一种具有抗病作用的杀菌剂，杀菌谱很广，对多种真菌、细菌、病毒引起的病害均有效。可诱导植物体产生抗病因子，激发植物体内基因表达，产生具有抗菌作用的几丁质酶、防卫素等，同时可抑制病菌的基因表达，使菌丝的生理生化发生变异，生长受到抑制。

应用

（1）单剂应用 防治水稻稻瘟病。防治叶瘟病，于穗期发病前，每亩用1%氨基寡糖素水剂440～500毫升，或2%氨基寡糖素水剂190～250毫升，或3%氨基寡糖素水剂150～180毫升，或5%氨基寡糖素可溶液剂90～100毫升，或5%氨基寡糖素水剂75～100毫升，兑水30～50千克均匀喷雾，视病害发生情况，每隔7～10天喷1次，连喷2～3次。

（2）复配剂应用

① **寡糖·噻霉酮**。由氨基寡糖素与噻霉酮复配。预防和治疗水稻稻瘟病，发病前或发病初期，每亩用5%寡糖·噻霉酮悬浮剂46～55毫升，兑水30～45千克均匀喷雾，安全间隔期14天，每季最多使用3次。

② **寡糖·吗呱**。由氨基寡糖素与盐酸吗啉胍复配。防治水稻黑条矮缩病，于发病前、发病初期，每亩用31%寡糖·吗呱可溶粉剂25～50克，兑水30～45千克均匀喷雾，每隔5～10天喷1次，视病情连续用药2～3次，安全间隔期14天，每季最多使用3次。

③ **寡糖·链蛋白**。由氨基寡糖素与极细链格孢激活蛋白复配。防治水稻病毒病，发病前或发病初期，每亩用6%寡糖·链蛋白可湿性粉剂75～100克，兑水30～45千克均匀喷雾，每隔7天左右喷1次，连喷2～3次。

此外，还有春雷·寡糖素、噻呋·寡糖、稻瘟·寡糖等复配剂，参见春雷霉素、噻呋酰胺、稻瘟灵。

注意事项

（1）氨基寡糖素为植物诱抗剂，应在发病前期使用，对植物病害有预防作用。防治水稻稻瘟病一定要早防、早治。

（2）氨基寡糖素不可过量使用，否则会在短期内造成作物生长缓慢。

（3）氨基寡糖素不可在中午高温强光时使用，建议在晴天上午 10 点前后或下午 4 点左右时使用，如果用药后 4 个小时内下雨，建议在雨后晴天时把药液减半重新补喷 1 次。

（4）氨基寡糖素最好搭配其他叶面肥、杀虫剂、杀菌剂一起使用，可以互相增效、提高用药效果、扩大防治范围，但不可与碱性肥、药混合使用。

（5）氨基寡糖素不可长期单一使用，作物生长期内最多使用 3 次，建议与其他药物进行交替使用，否则再好的药物一旦产生药物抗性，也会大幅降低用药效果。

（6）氨基寡糖素预防病害时，建议在作物苗期就开始使用，治疗作物病害时，建议在发病初期尽早用药。

（7）杜绝将氨基寡糖素和悬浮剂一起混配使用，否则容易发生絮状沉淀、堵塞喷头的现象。

蛇床子素（osthole）

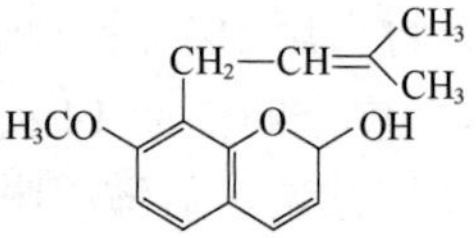

$C_{15}H_{16}O_3$，244.29

主要剂型 0.5%、1%水乳剂，1%微乳剂，0.4%、1%可溶液剂，0.4%乳油，1%粉剂，10%母药。

毒性 低毒。

作用机理 蛇床子素是从中药材蛇床子种子内提取的兼具杀菌及杀虫活性的物质，抑菌作用机理为影响真菌细胞壁的生长导致菌丝大量断裂，同时抑制病菌菌丝的生长；杀虫作用机理为作用于害虫神经系统，导致昆虫肌肉非功能性收缩，最终衰竭而死。

应用

（1）单剂应用

① 防治水稻纹枯病。发病前或发病初期，每亩用 0.4%蛇床子素可

溶液剂 365～415 毫升，兑水 30～50 千克均匀喷雾。晴天傍晚施药或阴天全天用药效果更佳，遇雨需重施。每季最多使用 1 次。

② 防治水稻立枯病。发病前或发病初期，每亩用 1%蛇床子素水乳剂 150～200 毫升，兑水 30～50 千克，苗床喷雾施药 1～2 次。晴天傍晚或阴天全天用药效果更佳。

③ 防治水稻稻曲病。于水稻破口抽穗前 3～7 天，每亩用 1%蛇床子素水乳剂 150～175 毫升，兑水 30～50 千克均匀喷雾，7 天后再喷 1 次。晴天傍晚或阴天全天用药效果最佳。

（2）复配剂应用　主要是井冈·蛇床素，参见井冈霉素。

注意事项

（1）蛇床子素不可与呈强酸、强碱性的农药等物质混合使用。

（2）建议与其他作用机制不同的杀菌剂/杀虫剂轮换使用，以延缓抗性产生。

（3）蛇床子素对蜜蜂和家蚕有毒；鱼或虾、蟹套养稻田禁用。

第四章

水稻常用植物生长调节剂

赤霉酸（gibberellic acid）

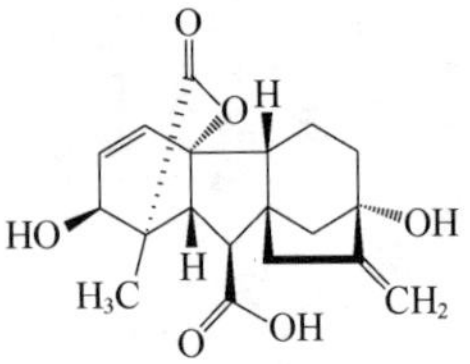

$C_{19}H_{22}O_6$，346.37

其他名称 赤霉素、九二零、920、奇宝、盎生、赤霉素 A_3、GA_3。

主要剂型 2%水剂，3%、4%乳油，10%、20%、40%、75%、80%可溶粒剂，2%、10%、20%、40%可溶粉剂，10%、15%、20%可溶片剂，4%、6%可溶液剂，75%、85%结晶粉，75%粉剂，2.7%膏剂，90%、91%、95%原药。

毒性 低毒。

作用机理 可促进DNA和RNA的合成，提高DNA模板活性，增强DNA、RNA聚合酶的活性，增加染色体酸性蛋白质的含量，诱导α-淀粉酶、脂肪合成酶、朊酶等酶的合成，增加或活化β-淀粉酶、转化酶、异柠檬酸分解酶、苯丙氨酸脱氨酶的活性，抑制过氧化酶、吲哚乙酸氧化酶活性，增加自由生长素含量，延缓叶绿体分解，提高细胞膜透性，促进细胞生长和伸长，加快同化物和贮藏物的流动。

应用

（1）单剂应用　主要用于制种田调节生长、增产。

3%赤霉酸乳油。第一次施药：每亩用3%赤霉酸乳油133～167毫升。第二次施药：每亩用3%赤霉酸乳油267～333毫升。第三次施药：每亩用3%赤霉酸乳油133～167毫升。在制种水稻母本抽穗10%～30%时喷雾施药第一次，之后第二天喷施第二次，第三天喷施第三次，每次每亩兑水30～50千克。

4%赤霉酸乳油。于水稻母本抽穗20%～30%第一次施药，每亩用4%赤霉酸乳油90～135毫升，水稻母本抽穗50%～60%第二次施药，每亩用4%赤霉酸乳油210～315毫升，共施药2次，推荐兑水量45千克，或根据当地农业生产实际兑水均匀喷雾。

4%赤霉酸可溶液剂。于水稻母本抽穗20%～30%时施药第一次，每亩用4%赤霉酸可溶液剂90～150毫升，间隔1～2天母本抽穗50%～60%时施药第二次，每亩用4%赤霉酸可溶液剂210～350毫升，视抽穗情况，共施药2～3次。推荐兑水量45千克。

10%赤霉酸可溶片剂、15%赤霉酸可溶片剂。每亩用10%赤霉酸可溶片剂417～625倍液，或15%赤霉酸可溶片剂600～1875倍液，喷雾2次，水稻母本抽穗20%～30%喷第一次药，隔1～2天母本抽穗50%～60%喷第二次药。每季水稻最多喷施2次。水稻制种应掌握制种技术，使父、母本花期相遇，适期喷药后才有显著效果，否则效果不佳影响产量。

20%赤霉酸可溶粉剂。每亩用20%赤霉酸可溶粉剂20～30克，为每季制种水稻总的使用剂量，通常分2～3次于水稻破口期开始喷施，但由于水稻品种等因素影响，各地实际使用技术存在较大差异，使用前请先小规模试验，确定安全后再大面积使用，或联系当地技术人员指导。

40%赤霉酸可溶粒剂。每亩用40%赤霉酸可溶粒剂25～37.5克喷雾，制种田可在母本抽穗10%～15%时施第一次药，施药量占总用药量的25%；母本抽穗70%～80%施第二次药，施药量占总用药量的75%。推荐兑水量45千克。

75%赤霉酸可溶粒剂、80%赤霉酸可溶粒剂。在水稻扬花后、灌浆期，用 75%赤霉酸可溶粒剂 20000～40000 倍液，或 80%赤霉酸可溶粒剂 20000～40000 倍液，各喷雾 1 次。

75%赤霉酸粉剂、75%赤霉酸结晶粉。水稻在扬花后、灌浆期，用 75%赤霉酸粉剂 25000～37500 倍液，或 75%结晶粉 25000～37500 倍液，喷穗 1 次。

85%赤霉酸结晶粉。在扬花后、灌浆期，用 85%赤霉酸结晶粉 28333～42500 倍液喷穗 1 次。

（2）复配剂应用

① **赤霉·诱抗素**。由 *S*-诱抗素和赤霉酸科学复配而成的植物生长调节剂，能有效调节水稻生长，于水稻破口 20%～30%时，用 3%赤霉·诱抗素可溶粒剂 2000～3000 倍液，均匀喷雾 1 次。

② **赤·吲乙·芸苔**。由芸苔素内酯与赤霉酸、吲哚乙酸混配。用于调节水稻生长，每亩用 0.136%赤·吲乙·芸苔可湿性粉剂 3～6 克，兑水 30～45 千克均匀喷雾。水稻分蘖初期第一次叶面喷施，破口期第二次叶面喷雾。

注意事项

（1）赤霉酸在偏酸性和中性溶液中较稳定，遇碱易分解，使用时，应避免与碱性农药、农肥混合使用。

（2）赤霉酸在我国杂交水稻制种中使用较多。应用中应注意两点：一是要加入表面活性剂，如 Tween-80 等有助于药效发挥；二是应选用优质的赤霉酸产品，严防使用劣质或含量不足的产品。结晶体、粉剂要先用酒精（或 60 度白酒）溶解，再加足水量。可溶粉剂和乳油可直接加水使用。水稻制种应掌握制种技术，使父、母本花期相遇，适期喷药后才有显著效果，否则效果不佳，影响产量。

多效唑（paclobutrazol）

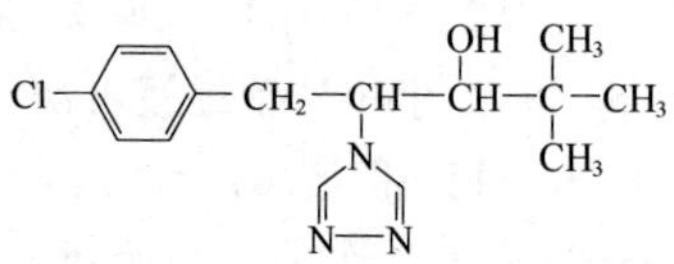

$C_{15}H_{20}ClN_3O$，293.79

其他名称　氯丁唑、矮乐丰、百丰、倍多、PP_{333}。

主要剂型 22.3%、25%、250 克/升悬浮剂，10%、15%可湿性粉剂，5%乳油，95%、96%原药。

毒性 低毒。

作用机理 多效唑属三唑类植物生长调节剂，是植物生长延缓剂，易为植物的根、茎、叶和种子吸收，通过木质部传导，是内源赤霉酸合成的抑制剂，在农业上一般用其控制作物生长，主要是通过抑制赤霉酸的合成，减缓植物细胞的分裂和伸长，从而抑制新梢和茎秆的伸长或植株旺长，缩短节间，促进侧芽（分蘖）萌发，增加花芽数量，提高坐果率，增加叶片内叶绿素含量、可溶性蛋白和核酸含量，降低赤霉酸和吲哚乙酸的含量，提高光合速率，降低气孔导度和蒸腾速率，使植株矮壮、根系发达，提高植株抗逆性能，如抗倒、抗旱、抗寒及抗病等抗逆性，增加果实钙含量，减少储存病害。可用于水稻育秧田，控制秧苗徒长。

应用

（1）单剂应用

① 水稻育苗田，控制秧苗徒长 在水稻秧田播种后 5～7 天（秧苗 1 叶 1 心期），放干田水，第二天用 15%多效唑可湿性粉剂 500～750 倍液均匀喷雾，注意掌握用量，若喷施过度，可增施氮肥解救。每季最多使用 1 次。

② 水稻调节生长，增产 在水稻移栽后 7～10 天内，用 5%多效唑乳油 400～500 倍液喷雾。多效唑在土壤中残留时间较长，水稻收获后必须翻耕，以防对后茬作物有抑制作用。

③ 控制水稻生长 在水稻分蘖末期及破口期，用 25%多效唑悬浮剂 1700～2000 倍液喷雾。本品在土壤中的残效期长，应按推荐药量和用药次数施用。施药后的田块应翻耕，以免对下茬作物产生影响。切忌施药后大水漫灌和过量使用氮肥。每季最多使用 1 次。

（2）复配剂应用 **多唑·甲哌鎓**。由甲哌鎓与多效唑复配。有增效作用，能显著延缓植株生长，调节水稻生长。在水稻分蘖末期至拔节前喷雾施药 1 次，每亩用 10%多唑·甲哌鎓可湿性粉剂 50～100 克，兑水 30～45 千克均匀喷雾，以充分喷湿叶面而不滴水为度。安全间隔期 64 天，每季最多使用 1 次。

注意事项

（1）多效唑在稻田应用最易出现残留药害，危害后茬作物。同一地块不能一年多次或连年使用；用过药的秧田，翻耕暴晒后，方可插秧或种其他作物，可与生长延缓剂或生根剂混作，以减少多效唑的用量。

（2）不同品种的水稻因其内源赤霉酸、吲哚乙酸水平不同，生长势也不相同，生长势较强的品种可多用药，生长势较弱的品种则少用。另外，温度高时可多施药，反之则少施。

（3）一般情况下，使用多效唑不易产生药害，若用量过高，秧苗抑制过度，可增施氮肥或赤霉酸促长。

（4）多效唑可使生长期推迟，注意上下茬播期应提前 2～3 天。

（5）每季水稻只能使用 1 次。

烯效唑（uniconazole）

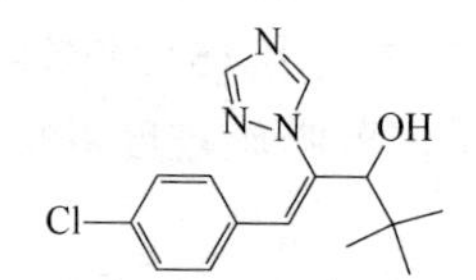

$C_{15}H_{18}ClN_3O$，291.78

其他名称　特效唑、高效唑、优康唑、必壮、国光爱壮、浸收、稳健、优康、S-3307。

主要剂型　5%可湿性粉剂，5%、10%、15%悬浮剂，30%乳油，20.8%微乳剂，90%、95%原药。

毒性　微毒。

作用机理　烯效唑属三唑类广谱高效植物生长延缓剂，兼有杀菌、除草作用，是赤霉酸生物合成的拮抗剂。对草本或木本单子叶或双子叶植物均有强烈的抑制生长作用。主要抑制节间细胞伸长。烯效唑可经由植物的根、茎、叶、种子吸收，被植物的根吸收，可在体内进行传导，茎叶喷雾时，可向上内吸传导，但没有向下传导的作用。作用机理与多效唑相同，具有控制营养生长、抑制细胞伸长、缩短节间、矮化植株、促进侧芽生长和花芽形成、增加抗逆性的作用。其活性是多效唑的6～10倍，使用浓度一般比多效唑低80%～90%，在土壤中的残留量仅为多效唑的1/10，因此对后茬作物影响小。可广泛用于水稻浸种培育壮秧。

应用

（1）单剂应用

① 调节水稻生长　在水稻拌种前，用5%烯效唑可湿性粉剂333～1000倍液，药种比为（1.2～1.5）：1，浸种24～36小时，其间搅拌1～2次，稍加洗涤后催芽，待齐芽后播种。

② 调节水稻生长，矮壮植株　水稻分蘖后期（约拔节前一周），用5%烯效唑悬浮剂30～45毫升，或10%烯效唑悬浮剂15～20毫升，兑水30～45千克均匀喷雾施药1次，遇特殊气候、贫瘠地块等造成作物长势较差时不宜用药。

（2）复配剂应用　**调环酸钙·烯效唑**。由调环酸钙与烯效唑复配的植物生长调节剂，在水稻拔节前7～10天，每亩用15%调环酸钙·烯效唑悬浮剂10～12毫升，兑水30～45千克喷雾施药1次。或于水稻分蘖盛期至拔节前期，每亩用30%调环酸钙·烯效唑水分散粒剂10～15克，兑水30千克喷雾施药1次。严禁过晚使用。在水稻分蘖末期（开始拔节时）以及拔节期、孕穗期严禁使用。不同水稻品种对本品的敏感程度不一样，使用时可根据水稻品种调整用药量。同时由于各地水稻品种、气候、水肥管理以及栽培模式不同，未使用过的品种和区域应先小面积试用找到最合适的用药浓度，确保用药安全，不能未经试验验证就盲目大面积使用。喷施不匀、重喷、过量用药以及用药时间过晚等都有可能出现生长抑制过度、矮化过度、植株高低不平甚至延迟抽穗、穗小减产等不良现象。每季最多使用1次。

注意事项

（1）注意烯效唑用量根据不同植物或同一植物的不同品种有所不同。

（2）对于破碎或长芽的劣质稻种不宜用烯效唑浸种，浸种后应进行催芽，以利于出苗。

（3）严格掌握使用量和使用时期，作种子处理时，要平整好土地，浅播浅覆土，墒情要好。

（4）用药量过高，作物受抑制过度，可增施氮肥或用赤霉酸补救。

（5）不同品种的水稻因其内源赤霉酸、吲哚乙酸水平不同，生长势也不同。生长势较强的品种用高量，生长势弱的品种用药量要低。烯效唑浸种会降低发芽势，随剂量增加更明显，浸种种子发芽推迟8～12小时。温度高时，用药量稍高，温度低时反之。

（6）烯效唑宜单独使用，不与其他农药混用。

（7）烯效唑为植物生长调节剂，应严格控制用量和施药时期，避免形成药害。

S-诱抗素（trans-abscisic acid）

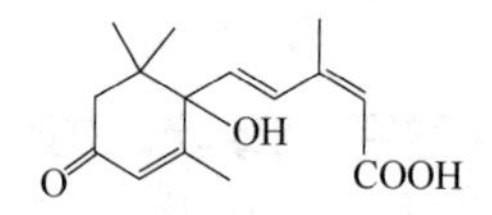

$C_{15}H_{20}O_4$，264.32

其他名称　脱落酸、壮芽灵、诱抗素、催熟丹、天然脱落酸、福生诱抗素。

主要剂型　0.006%、5%水剂，0.1%、10%可溶液剂，0.1%可溶粉剂，5%可溶粒剂。

毒性　微毒。

作用机理　诱抗素是植物的“抗逆诱导因子”，在逆境胁迫时，*S*-诱抗素在细胞间传递逆境信息，诱导植物机体产生各种应对的抵抗能力。在土壤干旱胁迫下，*S*-诱抗素启动叶片细胞质膜上的信号传导，诱导叶面气孔不均匀关闭，减少植物体内水分蒸腾散失，提高植物抗干旱能力。在寒冷胁迫下，*S*-诱抗素启动细胞抗冷基因，诱导植物产生抗寒蛋白质。一般而言，抗寒性强的植物品种，其内源*S*-诱抗素含量高于抗寒性弱的品种。在病虫害胁迫下，*S*-诱抗素诱导植物叶片细胞 *Pin* 基因活化，产生蛋白酶抑制物阻碍病原物或虫害进一步侵害，避免受害或减轻植物的受害程度。在土壤盐渍胁迫下，*S*-诱抗素诱导植物增强细胞膜渗透调节能力，降低每千克物质中 NA^+含量，提高磷酸烯醇式丙酮酸（PEP）羧化酶活性，增强植株的耐盐能力。在药害、肥害的胁迫下，调节植物内源激素的平衡，停止进一步吸收，有效解除药害、肥害的不良影响。在正常生长条件下，*S*-诱抗素诱导植物增强光合作用，促进吸收营养物质，促进物质的转运和积累，提高产量，改善品质。

应用

（1）单剂应用

① 浸种调节水稻生长　用 0.03%*S*-诱抗素水剂 750～1000 倍液，于常温下浸种，水量以能淹没所浸种子为宜，浸种 24～36 小时，清水冲洗后根据当地播种习惯催芽、播种。或用 0.006%*S*-诱抗素水剂 5 毫升兑水 1 千克稀释后浸种 24～48 小时，清水冲洗后播种。

② 喷雾调节水稻生长　1 叶 1 心期到 2 叶 1 心期，用 0.1%*S*-诱抗素可溶液剂 750～1000 倍液，或 0.1%*S*-诱抗素可溶粉剂 750～1000 倍液，叶面喷雾。

（2）复配剂应用　**吲丁·诱抗素**。吲哚丁酸和 *S*-诱抗素都属于生物化学农药，在水稻育秧田期使用，能促进水稻生根，提高水稻分蘖率。水稻育秧田插秧前 7 天，用 1%吲丁·诱抗素可湿性粉剂 500～1000 倍液，对秧苗喷施或淋苗 1 次，注意均匀。

注意事项

（1）忌与碱性农药混用，忌用碱性水（pH＞7.0）稀释诱抗素，稀释液中加入少量的食醋，效果会更好。

（2）诱抗素为强光解化合物，应注意避光保存。在配制溶液时，也需注意避光操作。

（3）在田间用药时，为避免强光对药效的影响，施药尽量选择在阴天或晴天傍晚喷施。

（4）诱抗素施药 1 次，可持效 7～15 天，在施药过程中，若施药后 12 小时内下雨，需补喷 1 次。

（5）植株弱小时兑水量应取上限。

芸苔素内酯（brassinolide）

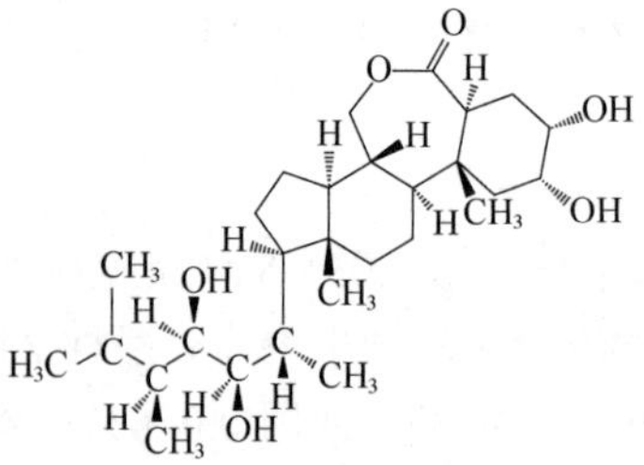

$C_{28}H_{48}O_6$，480.7

其他名称　油菜素内酯、油菜素甾醇、BR、农乐利。

主要剂型　0.0016%、0.003%、0.004%、0.0075%、0.01%、0.04%、0.1%水剂，0.01%、0.15%乳油，0.0002%、0.1%、0.2%可溶粉剂。

毒性　低毒。

作用机理　芸苔素内酯为甾醇类植物激素，可增加叶绿素含量，增强光合作用，通过协调植物体内其他内源激素水平，刺激多种酶系活力，促进作物生长，增强对外界不利影响的抵抗能力，在低浓度下可明显促进植物的营养体生长、受精等。

应用

（1）单剂应用

① 芸苔素内酯。具有使植物细胞分裂和延长的双重作用，促进根系发达，增强光合作用，提高作物叶绿素含量，促进作物对肥料的有效吸收，辅助作物劣势部分良好生长。用于水稻调节生产、增产。水稻齐穗期和灌浆期，分别用 0.01%芸苔素内酯乳油 2222～3333 倍液叶面喷雾 1～2 次。或用 0.15%芸苔素内酯乳油 3333～5000 倍液，于水稻苗期至抽穗初期喷雾 4～5 次，每次间隔 7～10 天。或用 0.01%芸苔素内酯可溶液剂 2000～3000 倍液，于水稻孕穗期、齐穗期各喷施 1 次。

② 丙酰芸苔素内酯。用于水稻，具有促进细胞分裂和生长、有利于花粉受精、提高叶绿素含量、增强作物抗逆能力等作用。水稻 2 叶 1 心期、分蘖期和孕穗至破口期，分别用 0.003%丙酰芸苔素内酯水剂 2000～

3000 倍液各施药 1 次。

③ 28-表高芸苔素内酯。具有使植物细胞分裂和延长的双重作用，促进根系发达，增强光合作用。可调节水稻生长，分蘖期、拔节期、抽穗期，用 0.0016%28-表高芸苔素内酯水剂 800～1600 倍液茎叶喷雾。或用 0.004%28-表高芸苔素内酯水剂 2000～4000 倍液，浸种或苗期及生殖生长期茎叶喷雾。

④ 24-表芸苔素内酯。是一种甾醇类高活性植物生长调节剂，具有使植物细胞分裂和延长的双重作用，可经由植物的茎叶、果实和根部吸收，然后传导到起作用的部位发挥生理作用。使用本品能促进植物根系发达，壮苗健苗；提高叶绿素含量，增强光合作用；提高作物对养分的吸收利用率，从而促进作物生长，提高作物产量。使用本品还能增强作物对低温、干旱等逆境的抵抗能力，扶苗解害。调节水稻生长，于水稻孕穗期、齐穗期，用 0.01%24-表芸苔素内酯可溶液剂 2000～4000 倍液各喷雾施药 1 次，共施药 2 次。

（2）复配剂应用

① **14-羟芸·赤霉酸**。由 14-羟基芸苔素甾醇与赤霉酸复配而成的植物生长调节剂，适用于水稻制种。水稻抽穗始期和抽穗盛期，用 40%14-羟芸·赤霉酸可溶粒剂 30～40 克，兑水 30～45 千克各施药 1 次。

② **14-羟芸·噻苯隆**。由 14-羟基芸苔素甾醇和噻苯隆复配而成的一种植物生长调节剂。具有极强的细胞分裂活性，能延缓植物衰老，增强其抗逆性，促进植物的光合作用；还能提高作物产量，改善产品品质。调节水稻生长，于水稻分蘖初期和孕穗抽穗期，每亩用 0.16%14-羟芸·噻苯隆水溶液剂 20～35 毫升，兑水 30～45 千克各均匀喷雾 1 次。根据当地农业生产实际兑水均匀喷雾，以达到药液喷到叶面湿润又刚好不滴水为宜。每季最多使用 2 次。

③ **14-羟芸·*S*-诱抗素**。为 14-羟基芸苔素甾醇与 *S*-诱抗素复配而成的植物生长调节剂，具有促进植物细胞分裂和延长的双重作用，能够延缓作物衰老，增强抗逆性，促进光合作用，有助于提高作物的产量和品质。可用于水稻调节生长、增产。于水稻孕穗期、齐穗期各喷雾施药 1 次，每次用 0.3%14-羟芸·*S*-诱抗素可溶液剂 3000～4000 倍液均匀喷雾，根据作物品种、生育期和当地农业生产实际调整兑水量，以药液能够全

面湿润又刚好不滴水为宜。施药时间以清晨或傍晚为宜，施药后 6 小时内遇雨要补喷。

④ **24-表芸·赤霉酸**。由赤霉酸和芸苔素内酯复配而成，含有植物内源激素和黄酮类、 氨基酸等多种植物活性物质。能够打破休眠，促进生根和发芽，活化细胞，调节生长。用于调节水稻生长，每亩用 0.18%24-表芸·赤霉酸可溶粉剂 4～8 克，兑水 30～45 千克均匀喷雾，于水稻分蘖初期第一次叶面喷施，破口期第二次叶面喷雾。每季最多使用 2 次。或于水稻抽穗期，每亩用 0.4%24-表芸·赤霉酸水剂 800～1200 倍液喷施 1 次，施药时应周到、均匀，勿重喷或漏喷。

⑤ **24-表芸苔素内酯·*S*-诱抗素**。由 24-表芸苔素内酯和 *S*-诱抗素复配而成的植物生长调节剂，具有使植物细胞分裂和延长的双重作用，能平衡植物生长，增强光合作用，提高作物叶绿素含量，促进作物对肥料的有效吸收，辅助作物劣势部分良好生长，有效增强植物抗逆能力。对水稻增产和改善品质有良好效果。在水稻分蘖期、破口期各施药 1 次，每次用 0.25%24-表芸苔素内酯·*S*-诱抗素可溶液剂 1500～2000 倍液均匀喷雾，勿重喷或漏喷。使用时间以早、晚较凉爽时为宜，喷药 4 小时内遇雨需重喷。每季最多使用 2 次，安全间隔期为收获期。

⑥ **28-表高芸·赤·吲乙**。由 28-表高芸苔素内酯与赤霉酸、吲哚乙酸复配而成。能够打破种子休眠、促进种子生根和发芽、活化细胞、增加作物产量和改善品质。用于调节水稻生长，播种前将水稻种子浸入 0.136%28-表高芸·赤·吲乙种子处理可分散粒剂 500～1000 倍液中，晾晒至药膜固化后再播种。配制好的药液应在 24 小时内使用。

⑦ **28-表芸·烯效唑**。由 28-表高芸苔素内酯与烯效唑复配的新型植物生长调节剂，促根壮苗，使幼苗根深、叶绿、苗壮，增强幼苗抗倒伏和抗逆性，提高移栽成活率，加快返青，促进分蘖，提高成穗率和结实率，增加粒数和粒重，提高产量。促进水稻增产，用 0.751% 28-表芸·烯效唑水剂 10 毫升，兑水 7.5～10 千克，浸 7.5～10 千克种子，浸 24～48 小时，每隔 12 小时搅拌 1 次。浸种时，可单独使用或与其他酸、中性用于杀虫或灭菌的种子处理剂混用。浸种后进行催芽，芽齐后进行播种，出苗效果更佳。或用 5% 28-表芸·烯效唑悬浮剂 1000～1500 倍液，在水稻分蘖后期喷雾施药 1 次，亩用药液量 30 千克，选择在早、晚较凉爽时

喷施，施药后 4 小时内遇雨需重喷。

⑧ **28-高芸苔素内酯·烯效唑**。由 28-高芸苔素内酯原药和烯效唑原药加工而成的植物生长调节剂，能够激发植物内在潜能，显著降低水稻株高和基部节间长，增强水稻抗倒伏能力；提高有效穗、千粒重和每穗实粒数，从而提高水稻产量，改善农产品品质。水稻上使用，建议在水稻分蘖后期，每亩用 5%28-高芸苔素内酯·烯效唑悬浮剂 1000～1500 倍液，均匀喷雾施药 1 次，每亩用水量 30 千克，选择在早、晚较凉爽时喷施为宜，施药后 4 小时内遇雨需重喷。

⑨ **丙苔酯·*S*-诱抗素**。由丙酰芸苔素内酯和 *S*-诱抗素复配而成的植物生长调节剂，具有生根壮苗的作用，能增强作物光合作用，提高作物叶绿素含量，平衡植物生长，有效增强植物抗逆能力，可用于调节水稻生长。在 2 叶 1 心期喷雾施药 1 次，用 0.1%丙苔酯·*S*-诱抗素可溶液剂 1000～1500 倍液喷雾，亩用水量 30 千克。选择在早、晚较凉爽时喷施，施药后 4 小时内遇雨需重喷。

注意事项

（1）芸苔素内酯可与中性、弱酸性杀虫剂、杀菌剂等农药一起混合喷施，但不能与强酸、强碱性物质混用，应现配现用。与优质叶面肥混用可增强本药的使用效果。不要将芸苔素内酯用于受不良气候（如干旱、冰雹影响）及病虫害为害严重的作物。

（2）芸苔素内酯持效期长，每季仅需使用 1～3 次，使用次数过密会影响增产效果。

（3）芸苔素内酯宜在气温 10～30℃时喷施，喷药时间最好在上午 10 时左右，下午 3 时以后。大风天气或雨天不要喷。

（4）使用芸苔素内酯时，用 50～60℃温水溶解后施用，效果更好。施用时，应按兑水量的 0.01%加入表面活性剂，以便药物进入植物体内。

（5）芸苔素内酯活性较高，施用时要正确配制，防止浓度过高引起药害。

主要参考文献

[1] 冯坚, 顾群, 柏亚罗, 等. 英汉农药名称对照手册. 3 版. 北京: 化学工业出版社, 2009.

[2] 王迪轩. 水稻优质高产问答. 北京: 化学工业出版社, 2013.

[3] 张敏恒. 农药品种手册精编. 北京: 化学工业出版社, 2013.

[4] 孙家隆, 金静, 张茹琴. 现代农药应用技术丛书——植物生长调节剂与杀鼠剂卷. 北京：化学工业出版社，2014.

[5] 石明旺.新编常用农药安全使用指南. 2 版. 北京: 化学工业出版社, 2014.

[6] 农业部种植业管理司农业部农药检定所.新编农药手册. 2 版. 北京: 中国农业出版社, 2015.

[7] 骆焱平, 曾志刚. 新编简明农药使用手册. 北京: 化学工业出版社, 2016.

[8] 孙家隆, 周凤艳, 周振荣. 现代农药应用技术丛书——除草剂卷. 北京：化学工业出版社，2016.

[9] 孙家隆, 齐军山. 现代农药应用技术丛书——杀菌剂卷. 北京: 化学工业出版社, 2016.

[10] 郑桂玲, 孙家隆. 现代农药应用技术丛书——杀虫剂卷. 北京: 化学工业出版社, 2016.

[11] 唐韵, 蒋红. 杀菌剂使用技术. 北京: 化学工业出版社, 2018.

[12] 全国农业技术推广服务中心. 稻田农药科学使用指南. 北京: 中国农业出版社, 2018.

[13] 上海市农业技术推广服务中心. 农药安全使用手册. 2 版. 上海: 上海科学技术出版社, 2021.

[14] 杨雄, 张有民, 王迪轩. 水稻优质高产问答. 2 版. 北京: 化学工业出版社, 2021.

[15] 郑庆伟. 产量居世界第一的水稻使用农药产品登记情况综述. 农药市场信息, 2023, 21: 25-30, 31.

[16] 顾倩倩. 不是所有的吡唑醚菌酯都叫稻清, 而稻清, 专为水稻而生! 农药市场信息, 2023, 17：20-21, 64.

[17] 朱蓓蓓, 李可. 水稻用药需求巨量, 大市场如何去开拓？稻作会稻作绿色植保分论坛为你解难题. 农药市场信息, 2021, 21: 22-25.

[18] 中国农药信息网(chinapesticide.org.cn). 数据中心. 农药登记.